Panorama of Mathematics
数学概览
14

数学简史

（第四版）

D. J. 斯特罗伊克　著
胡滨　译

高等教育出版社·北京

图字：01-2017-8781 号

图书在版编目（CIP）数据

数学简史：第四版 /（美）D. J. 斯特罗伊克著；胡滨译. -- 北京：高等教育出版社，2018.8（2022.6重印）

书名原文：A Concise History of Mathematics

ISBN 978-7-04-050236-7

Ⅰ. ①数… Ⅱ. ① D… ②胡… Ⅲ. ①数学史 - 普及读物 Ⅳ. ① O11-49

中国版本图书馆 CIP 数据核字（2018）第 168635 号

数学简史
SHUXUE JIANSHI

策划编辑　吴晓丽　　责任编辑　吴晓丽　　封面设计　姜　磊　　版式设计　于　捷
插图绘制　杜晓丹　　责任校对　王　雨　　责任印制　田　甜

出版发行　高等教育出版社
社　　址　北京市西城区德外大街4号
邮政编码　100120
印　　刷　北京市白帆印务有限公司
开　　本　787mm× 1092mm　1/16
印　　张　21.25
字　　数　290 千字
购书热线　010-58581118
咨询电话　400-810-0598

网　　址　http://www.hep.edu.cn
　　　　　http://www.hep.com.cn
网上订购　http://www.hepmall.com.cn
　　　　　http://www.hepmall.com
　　　　　http://www.hepmall.cn

版　　次　2018年8月第1版
印　　次　2022年6月第2次印刷
定　　价　69.00 元

物 料 号　50236-00

《数学概览》编委会

《数学概览》序言

当你使用卫星定位系统 (GPS) 引导汽车在城市中行驶, 或对医院的计算机层析成像深信不疑时, 你是否意识到其中用到了什么数学? 当你兴致勃勃地在网上购物时, 你是否意识到是数学保证了网上交易的安全性? 数学从来就没有像现在这样与我们日常生活有如此密切的联系。的确, 数学无处不在, 但什么是数学, 一个貌似简单的问题, 却不易回答。伽利略说: "数学是上帝用来描述宇宙的语言。" 伽利略的话并没有解释什么是数学, 但他告诉我们, 解释自然界纷繁复杂的现象就要依赖数学。因此, 数学是人类文化的重要组成部分, 对数学本身以及对数学在人类文明发展中的角色的理解, 是我们每一个人应该接受的基本教育。

到 19 世纪中叶, 数学已经发展成为一门高深的理论。如今数学更是一门大学科, 每门子学科又包括很多分支。例如, 现代几何学就包括解析几何、微分几何、代数几何、射影几何、仿射几何、算术几何、谱几何、非交换几何、双曲几何、辛几何、复几何等众多分支。老的学科融入新学科, 新理论用来解决老问题。例如, 经典的费马大定理就是利用现代伽罗瓦表示论和自守形式得以攻破; 拓扑学领域中著名的庞加莱猜想就是用微分几何和硬分析得以证明。不同学科越来越相互交融, 2010 年国际数学家大会 4 个菲尔兹奖获得者的工作就是明证。

现代数学及其未来是那么神秘, 吸引我们不断地探索。借用希尔伯特的一句话: “有谁不想揭开数学未来的面纱, 探索新世纪里我们这门科学发展的前景和奥秘呢? 我们下一代的主要数学思潮将追求什么样的特殊目标? 在广阔而丰富的数学思想领域, 新世纪将会带来什么样的新方法和新成就?” 中国有句古话: 老马识途。为了探索这个复杂而又迷人的神秘数学世界, 我们需要数学大师们的经典论著来指点迷津。想象一下, 如果有机会倾听像希尔伯特或克莱因这些大师们的报告是多么激动人心的事情。这样的机会当然不多, 但是我们可以通过阅读数学大师们的高端科普读物来提升自己的数学素养。

作为本丛书的前几卷, 我们精心挑选了一些数学大师写的经典著作。例如, 希尔伯特的《直观几何》成书于他正给数学建立现代公理化系统的时期; 克莱因的《数学讲座》是他在 19 世纪末访问美国芝加哥世界博览会时在西北大学所做的系列通俗报告基础上整理而成的, 他的报告与当时的数学前沿密切相关, 对美国数学的发展起了巨大的作用; 李特尔伍德的《数学随笔集》收集了他对数学的精辟见解; 拉普拉斯不仅对天体力学有很大的贡献, 而且还是分析概率论的奠基人, 他的《关于概率的哲学随笔》讲述了他对概率论的哲学思考。这些著作历久弥新, 写作技巧堪称一流。我们希望这些著作能够传递这样一个重要观点, 良好的表述和沟通在数学上如同在人文学科中一样重要。

数学是一个整体, 数学的各个领域从来就是不可分割的, 我们要以整体的眼光看待数学的各个分支, 这样我们才能更好地理解数学的起源、发展和未来。除了大师们的经典的数学著作之外, 我们还将有计划地选择在数学重要领域有影响的现代数学专著翻译出版, 希望本译丛能够尽可能覆盖数学的各个领域。我们选书的唯一标准就是: 该书必须是对一些重要的理论或问题进行深入浅出的讨论, 具有历史价值, 有趣且易懂, 它们应当能够激发读者学习更多的数学。

作为人类文化一部分的数学, 它不仅具有科学性, 并且也具有艺术性。罗素说: “数学, 如果正确地看, 不但拥有真理, 而且也具有至高无上的美。” 数学家维纳认为“数学是一门精美的艺术”。数学的美主要在于它的抽象性、简洁性、对称性和雅致性, 数学的美还表现在它内部的和谐和统一。最基本的数学美是和谐美、对称美和简洁美, 它应该可以而且能够被我们理解和欣赏。怎么来培养数学的美感? 阅读数学大师们的经典论著和现代数学精品是一个有效途径。我们希望这套数学概览译丛能够成为在我们学习和欣赏数学的旅途中的良师益友。

严加安、季理真

2012 年秋于北京

代译序

一本 300 多页的数学史册子, 自其首次出版以来多次再版重印, 并被译成德、法、意、俄、中、荷、波斯、乌克兰、西班牙等多种文字, 历 70 年而传世不衰, 成为数学史著作之佼佼者 —— 这就是我们面前的这本《数学简史》(斯特罗伊克著, 以下称《简史》)。

书如其名。"简" 无疑是本书的一大特色, 然而这个 "简" 却绝不简单!

首先, 全书按中译本计仅 20 余万字, 而其所述内容在时间上从远古穿越到了 20 世纪、在空间上涵盖了世界各个文明地域, 其精炼程度可想而知。诚如作者在本书引言中所说: "只有严格地约束自己, 仅仅概述一些主要观念的脉络, 少谈其他的发展。" 本书确实是以几乎不能再少的篇幅, 描绘了最悠久、最抽象的人类知识领域 —— 数学的清晰的发展脉络。

我们现在看到的是本书的第四版。与之前的版次相比, 新版最主要的改变是增加了关于 20 世纪 (上半叶) 数学的整整一章。本书第一版出版于 1948 年, 当时编至 19 世纪末是无可厚非的。在本书刊行第三版时 (1967 年), 作者已感到 "该写写 1900—1950 年这一段数学史了, 哪怕只是以 '简史的形式' "。他期望有人能进行尝试, 但此项工作远比预计的复杂, 一直到差不多 20 年后, 还是斯特罗伊克本人完成了这项任务, 这就是第四版中的最后一章 "20 世纪上半叶"。该章一承前作的风格, 简约凝练, 从 20 世纪初各国数学学术中心与机构的活动开始, 到电子计算机的出现结束, 勾勒了 20 世纪上半叶数学发展的鲜明图像。当然, 随着社会进入新的千年, 应该又到写写整个 20 世纪数学史的时候了, 并且也已出现了不少的相关著述。不过, 依笔者所见, 历史需要一定时间的冷却与积淀, 目前撰写一部系统客观的 20 世纪数学史时机尚不成熟。《简史》中关于 20 世纪的这一章, 仍然是我们了解 20 世纪数学发展的必读篇章。

本书第一版中对古代地域文明特别是古代中国数学贡献的介绍与评论有一定缺陷, 作者在后来的版本中予以修正. 在第三版序言中我们看到这样一段: "有一天, 一位访问北京的朋友发现了一册中文译本 (北京, 1956 年) 并送给了我。该译本的序言赞扬了本书, 却对书中有关中国数学的论述提出了异议, 因为我也存在一些疑惑, 就索性重写了有关的章节。在这一版里, 古代中国数学是按照应有的地位作为中世纪和中世纪以前的一部分来讲的, 而不是把它当作科学发展主流之外的一种现象。" 笔者在此援引斯特罗伊克的原话意在强调: 其在新的版本中将中国古代数学纳入了 "科学发展的主流", 在定位上有根本性的变化。要知道在当时的西方学术界, 一般并没有达到这样的认识。即使在《简史》第三版发表以后出版的数学史著作中, 我们甚至还可以看到截然相反的观点。例如一部百万字的巨制《古今数学思想》(*Mathematical Thought from Ancient to Modern Times*, 1972) 中, 完全没有关于古代与中世纪中国数学的介绍, 而作者在前言中说明的理由恰恰是: "我忽略了几种文化, 例如中国、日本和玛雅的文化, 因为他们的工作对于数学思想的主流没有重大的影响。" 这里涉及 "什么是科学发展主流" 的问题, 我们不拟在此展开这方面的讨论, 而仅限于指出, 在《简史》第三版问世 (1967 年) 以后近半个世纪以来, 大量史料的发掘和众多学者的深入研究, 为斯特罗伊克的上述见解提供了有力的支持 (参见 V. J. Katz [2])。今天, 当我们对照《简史》的新旧版本时, 我们不能不为斯特罗伊克作为学者的博大胸怀和科学态度而点赞。至于如何理解他关于中国古代数学的历史定位, 读者通过《简史》本身的阅读一定会有所解悟。

本书的另一个引人注目的特点是将数学思想的发展与社会政治、经济和一般文化的发展联系起来进行论说。我们知道, 有两种阐述数学史的方式: 一种是着重于数学知识的内在逻辑演进, 另一种则主要关注数学发展的社会环境及其社会作用。编史学上通常称前者为"内史", 后者为"外史"。而斯特罗伊克的《简史》可以说是内史与外史结合的典范。书中对于重要数学概念、方法除了从数学本身来厘清其来龙去脉, 大多还同时分析其社会背景及影响。例如, 书中论述了公元前两千年的最后几个世纪, 地中海沿岸地区发生的政治和经济改革所产生的城邦国家的理性主义氛围, 如何导致了以逻辑推理为主线的古希腊数学的诞生; 12、13 世纪意大利商业与贸易的繁荣与文艺复兴和近代数学的兴起有怎样的联系; 等等。书中还注意介绍各国大学、科学院、数学社团等的兴办及其对数学发展的促进作用。凡此种种, 为我们提供了了解数学发展的新视角 —— 社会的与人文的视角, 斯特罗伊克在其他场合反复强调采取这种视角的必要性, 他曾指出, 即使是被认为"纯数学时代"的 19 世纪, 任何纯数学的重构都不可能充分解释这一时期数学的深刻变化 (D.J.Struik: *Mathematics in the Early Nineteenth Century*①).《简史》所展示的内史与外史相结合的编史观, 对后来的数学编史产生了很大的影响。

一般以为, 一本史书如称"简史", 难免流水乏味。然而斯特罗伊克这部《简史》不是。简约的外表下, 内涵丰富, 史料翔实, 读之兴趣盎然。尽管作者对篇幅有"严格约束", 但书中不乏对于重大事件和重要数学创新的中肯分析。例如, 我们翻到书中涉及微积分创立的章节, 短短 10 页上下的文字, 将微积分的时代背景、思想根源、酝酿与突破刻画得清清楚楚。其实, 阅读书中与非欧几何乃至 20 世纪实变函数论等有关的段落, 感受何尝不是如此。更为令人惊叹的是, 一本讲述抽象的数学学科发展的著作, 公式的出现却降

① 见 H. Mehrtens, H. Bos and I. Schneider (eds). *Social History of 19th Century Mathematics.* Boston, Basel, Stuttgart. Birkhäuser, 1981.

到了最低限度, 尤其是 20 世纪的一章, 除了个别地方出现黎曼度量式以外, 几乎看不到什么公式。这种深入浅出的功夫, 只能建立在对数学科学有深刻理解的基础之上, 如其不然, 读者就只好面对满纸的符号公式和数学术语了。再者, 在作者惜墨如金的情况下, 我们仍然能读到诸如拉普拉斯与拿破仑争论有无上帝这样的数学家的趣闻轶事, 这无疑拉近了一般读者与抽象数学之间的距离, 大大提高了可读性。

如果可以打比方的话, 笔者宁愿把阅读这本精练的数学史著述比作品尝浓缩咖啡, 其给读者的味觉冲击与洋洋数百万言的大部头作品是颇不相同的。

当然, 作为一本简史, 我们不能作面面俱到的要求。书中肯定有不充分和忽略之处。好在在第四版中, 作者在每一章宝贵的篇幅之后都加列了丰富的参考文献, 而新版的中译者又细心地标出了其中已被译成中文出版的部分。有兴趣和需要的读者可以选择阅读。考虑到第四版出版于 1987 年, 而随着作者于 2000 年去世, 第四版遂成最终版, 因此笔者在文后补充了少量 1990 年以后出版或被译成中文的英语参考文献以供读者进一步扩展阅读。

总之, 这部《简史》在林林总总的数学史著述中独树一帜。这应该归功于作者数学与人文的双重修养以及高超的语言技巧。人们有时会惊讶于这一切是如何做到的。下面我们就来谈谈本书的作者。

斯特罗伊克 (Dirk Jan Struik), 1894 年出生于荷兰鹿特丹的一个教师家庭, 1922 年以《黎曼流形上的张量方法》为题的论文获得荷兰莱顿大学博士学位, 1924 年受洛克菲勒基金资助赴意大利罗马与张量分析奠基人列维 – 齐维塔 (Tullio Levi-Civita) 合作研究, 并在那里对数学史产生了兴趣, 次年就到德国哥廷根与库朗 (Richard Courant) 一起协助编辑克莱因 (Felix Klein) 的《数学在 19 世纪的发展》, 同时自己开始研究文艺复兴时期的数学史。1926 年他接受美国麻省理工学院 (MIT) 提供的职位并在那里度过了余下的学术生涯。在麻省理工学院, 他与维纳 (Norbert Wiener) 合作研究微分几何, 同时继续研究数学史,1940 年成为 MIT 的正教授。他于 1950

年出版的《古典微分几何讲义》(*Lectures on Classical Differential Geometry*) 曾获学术界好评, 被誉为 "近 50 年来首本可读性最强的微分几何教科书"。

由上可见, 斯特罗伊克确有数学和数学史两方面的深厚素养, 他能写出这样一本广受欢迎的数学史书来, 并不是偶然的。

作为一名数学家和数学史学家, 斯特罗伊克在西方素以其马克思主义立场著称。他 1919 年就加入了荷兰共产党并终身保持了共产党员的身份。在麦卡锡时期, 斯特罗伊克被怀疑为苏联间谍而受到审查并被解除 MIT 的教职长达 5 年之久。面对美国众议院非美活动委员会的审问, 斯特罗伊克援引美国宪法条款而拒绝回答任何问题。1956 年, MIT 恢复了斯特罗伊克的教授职位。

除了《数学简史》, 斯特罗伊克另一部被广为引用的数学史著作是《数学原著选》(*A Source Book in Mathematics*, 1200—1800, Princeton University Press, Princeton, New Jersey, 1986). 斯特罗伊克是所谓 "数学社会史" 研究方向的倡导人, 他还是探讨科学与社会发展相互关系的刊物《科学与社会》(*Science and Society*, 1936) 的创办人之一。

斯特罗伊克于 1960 年从 MIT 退休, 但始终笔耕不辍, 活跃于学术界。在他百岁生日的祝寿会上, 有朋友问他如此高龄何以还能经常为杂志刊物撰写评审意见, 他回答说: "我有三 M: Marriage (婚姻, 斯特罗伊克夫人 Saly Ruth Ramler 也是一位数学家), Mathematics(数学) 和 Marxism(马克思主义)。" 斯特罗伊克逝世于 2000 年, 享年 106 岁。

对于斯特罗伊克的《数学简史》, 国内年龄稍长的读者并不陌生。早在 1956 年, 该书的初版就已被译成中文出版 (科学出版社出版, 译者关娴)。书前载有我国著名数学家关肇直先生写的一篇很有分量的长序。关序评述了该书的优缺点。如前所说, 这个序言受到了原书作者的关注, 并引起了对书中某些部分特别是中国古代数学部分的改写。这应该是中西学术交流的一则佳话。在 20 世纪 50 年代, 被译成中文的西方学术著作为数不多, 斯特罗伊克《数学简史》初版的这个中译本在国内知识界影响颇广, 就笔者而言,也是所接触到的第一本世界数学史著作。从那时至今已过去了 60 年, 这期间数学学科取得了新的巨大进展, 而斯特罗伊克这本《数学简史》也几经改版, 再停留在第一版的中译本上, 显然已不敷需求。尤其是, 经历了改革开放洗礼的中国, 正在朝着科学强国的目标挺进, 全民科学素养的提高, 是建设科学强国的必要基础。在这样的情况下, 高等教育出版社决定翻译出版最新版的斯特罗伊克《数学简史》, 确是应时顺势之举。

数学是人类文化的重要组成部分, 在其漫长的发展过程中, 数学始终是推动人类物质文明和精神文明进步的不容低估的力量。著名数学家和哲学家怀特黑德 (A. Whitehead, 1861—1947) 曾说过: 编著一部思想史而不深刻研究每一个时代的数学概念, 至少等于是在《哈姆雷特》这一剧本中把奥菲利娅 (女主角) 这一角色去掉了。如前所述, 本书恰以揭示数学与社会之相互影响见长, 对于广大读者来说, 本书是了解数学的魅力和数学的社会作用的生动读本。

读一点数学史对于数学工作者来说更是具有职业意义。数学不同于其他学科的一个重要特征正是其历史发展的累积性。重大的数学理论和方法都是在继承发展前人成果的基础上建立起来的。数学的大厦从未发生过被推倒重建的情况, 而是逐代添加使这座古老的大厦面貌常新, 始终容光焕发。斯特罗伊克在本书引言中说: "它 (数学) 的历史反映了无数代人的一些最宝贵的思想。" 确实, 这些最宝贵的思想是启迪后来创新者的取之不竭的源泉。正因为如此, 那些对数学科学有重大贡献的数学大师们, 大都既是历史的创造者, 也是历史的尊奉者。陈省身先生曾特意为笔者所作《数学史概论》(第二版, 高等教育出版社, 2002) 题词指出: "了解历史的变化是了解这门科学的一个步骤。" 华罗庚先生在许多著述中对中国古代数学成就的引用与精彩阐释, 影响了无数青年学子走上科学创新之路; 吴文俊先生、丘成桐先生更是身体力行, 亲自研究数学史, 为我们树立了古为今用的典范。以上是仅就现代中国而言, 在国际数学界, 庞加莱、克莱因、希尔伯特 …… 这样的例子更是不胜枚举.

记得王元先生有一次在跟笔者聊天时提过这样一个问题: 有多少数学论文在发表 20 年后还继续被人引用? 我们后来并没有进行过这方面的实际统计, 但问题的意义是强调数学的创造性研究需要产生能在历史上留下痕迹的成果, 而如上所述我们可以看到, 能够载入史册的工作应该植根于历史的土壤、建立在对自己研究的领域的历史发展有深刻理解的基础之上。在一定意义上我们可以说, 忽视历史者, 将被历史忽视。我们希望斯特罗伊克这本《数学简史》新译本的出版, 能够更多地唤起人们对数学史的重视, 能够激励更多的人通过历史的途径去理解数学科学, 创新数学科学。

新的中文译本由胡滨完成, 胡滨的母亲正是本书第一版的中译者关娴先生。子承母业, 这个新的译本根据了原著的最新版本, 译文流畅, 准确达意, 相信新译本将使这本经典的数学史著作在中国获得更广泛的传播, 对广大公众科学素养的提高有所贡献。

李文林
2017 年 4 月于北京中关村

补充参考文献

V. J. Katz [1], *A History of Mathematics: An Introduction*, Pearson Education Inc., 1998(2nd ed.), 2011 (3rd ed.) (第 2 版中译本:《数学史通论》, 李文林, 等, 译, 高等教育出版社, 2004).

V. J. Katz [2] (ed.), *Mathematics of Egypt, Mesopotamia, China, India and Islam: A Source Book*, Princeton University Press, 2007 (中译本:《东方数学选粹 —— 埃及、美索不达米亚、中国、印度与伊斯兰》, 纪志刚, 等, 译, 上海交通大学出版社, 2016).

Uta Merzbach and Carl Boyer, *A History of Mathematics*. 3rd ed., John Wiley & Sons, Inc., 2011. (这是列入斯特罗伊克《数学简史》新版参考书目中的 Carl Boyer 著 *A History of Mathematics* 的第三版, 也是最新版. 该书第二版 [1991, Carl Boyer and Uta Merzbach] 有中译本:《数学史》(上, 下), 秦传安, 译, 中央编译

出版社, 2012).

J. -P. Pier (ed.) [1], *Development of Mathematics* 1900—1950, Birkhauser, 1994.

J. -P. Pier (ed.) [2], *Development of Mathematics* 1950—2000, Birkhauser, 2000.

第四版序言

第四版对全文做了大量补充和修改, 收录了更加丰富的参考文献, 还增加了新的一章论述 20 世纪上半叶的数学, 我曾在上一版 (完稿于 1966 年) 的序言里, 谈到了应该写写这一段历史的期望, 现在我自己尝试着完成了。将本书译成俄文的已故 P. B. Pogrebysskiĭ 教授[①]曾经在附录里写了一篇关于这段历史的论述 (译文第二版, 莫斯科, 1969 年), 德文版第五版 (柏林,1972 年) 里也收录了这篇论述的译文。我自己对于这一复杂课题的工作部分就是根据 Pogrebysskiĭ 教授的文章, 部分根据各种专题论文和一些图书的有关章节 (其中有 C. Boyer, M. Kline, J. M. Dubbey, H. Wussing 等人的著作), 同时也根据我自己的经历。重申一下, 我所探讨的是一部 "简史", 从世纪初到第二次世界大战还大有空间写成一部全方位的数学史。

本书初版问世以后, 在英国也出了一个版本, 还被翻译成多种文字。在其中的一些翻译本中, 增加了涉及自己国家数学的段落和章节 (见后 "第三版序言")。1966 年以后出现了更多种译本, 对

① 本书中俄文姓名的写法遵循 *Mathematical Reviews* 和 *Zentralblatt für Mathematik* 的方式。该方式来源于德文, 将 "j" 的发音类似英文中的 "y"。此外, 在其他地方经常写作 "kh" 的俄文西里尔字母在该方式中写作 "h"。

西班牙文译本和意大利文译本 (译者分别是 P. Lezama 教授和 U. Bottazzini 教授), 我写了序言, 用西班牙文和意大利文概述数学史。此外, 意大利文译本补充了一篇 Bottazzini 教授所写的关于 19 世纪意大利数学的 64 页的专题文章。这些译本的参考文献以及一些其他译本的参考文献都另外包含该语言读者感兴趣的一些书目。

作者希望向 Neugebauer 博士致谢, 他对本书第一版第一章的阅读兴趣引出了不少改进。在此我还要向大家对我的慷慨鼓励致谢, 特别要感谢 E. J. Dijksterhuis, S. A. Joffe, A. P. Juškevič, R. C. Archibald, K. R. Biermann 以及本书各种译本的译者。

还要感谢所有通过评论和通信使我感觉良好的同事。感谢多佛出版公司, 他们承接了这一新的版本。

Dirk J. Struik

1986 年于麻省理工学院

第三版序言

本书的第一版于 1948 年问世。自此, 来自国内国外的反馈大都正面, 即使当苏格兰人和法国人因为我似乎淡忘了对格列戈里 (Gregory) 或罗贝瓦尔 (Roberual) 的记忆而蹙眉时, 俄国人偶尔也会对我似乎忽视了切比雪夫 (Čebyšev) 而惊讶。各地有了许多译本, 其中有些译本增加了本国的读者特别感兴趣的材料。因此在乌克兰文译本 (基辅, 1961 年) 和俄文译本 (莫斯科, 1964 年) 中多了关于俄国数学的章节。我本人在准备本书的荷兰文版本 (乌得勒支 – 安特卫普, 1965 年) 的时候, 也增添了荷兰读者感兴趣的条目。这些版本以及德文版 (柏林, 1961 年; 第三版, 1965 年) 还都增加了各自国家读者特别感兴趣的文献资料。在这些译本的出版过程中, 我也借用机会对书中的内容做补充和修改, 因此本书经过不同的版本也在进行着逐渐但又不是根本的进化, 其中多数都用在了编写这一英文新版中。

有一天, 一位访问北京的朋友发现了一册中文译本 (北京,1956 年) 并送给了我。该译本的序言赞扬了本书, 却对书中有关中国数学的论述提出了异议。因为我也存有一些疑惑, 就索性重写了有关的章节。在这一版里, 古代中国数学是按照应有的地位作为中世纪和中世纪以前的一部分来讲的, 而不是把它当作科学发展主流之外的一种现象。

新版仍然只将数学史写到 19 世纪结束, 站在 1966 年来看这已经相当久远, 已经该写写 1900—1950 年这一段数学史了, 哪怕只是以 "简史" 的形式。这事似乎还没有人尝试, 只是有过一些专题文章, 而如今市场上琳琅满目的 20 世纪物理学史, 也彰显了该有一部数学史的必要。这段历史具有更加壮观和 (在一些重要方面以不同的程度) 更加便于理解的优势, 由庞加莱、希尔伯特、勒贝格、佩亚诺、哈代、列维 – 齐维塔开创的时期更为一段精彩的数学史提供了丰富宝贵的材料, 无论是对数学本身还是相关于逻辑、物理和工程。亲爱的读者, 你们中间的哪一位, 准备接受这份邀请?

Dirk J. Struik

1966 年 6 月于麻省理工学院

目录

插图目录

引言

一

数学是在观念上的一种大广度探究: 它的历史反映了无数代 [1]
人的一些最宝贵的思想. 要想把这一历史压缩在一本两三百页的书中, 只有严格地约束自己, 仅仅概述一些主要观念的脉络, 少谈其他的发展. 文献内容也仅能给出一个提纲; 许多比较重要的著者 —— 罗贝瓦尔 (Roberval)、兰伯特 (Lambert)、施瓦茨 (Schwarz) —— 都不得不予略去. 而也许这其中最大的裁减就是不能充分地介绍各个数学得以兴盛或被摧毁时期当时广阔的文化与社会环境. 数学一直受到农业、工商业、制造业以及战争、工程和哲学、物理学和天文学的影响, 虽然只能用几句话 —— 甚或几个字 —— 来表示流体力学对于函数论、康德主义及测量对于几何学、电磁学对于微分方程、笛卡儿主义对于力学以及经院哲学对于微积分的影响, 然而只有在考虑了所有这一切决定因素时, 才能懂得数学的方向和内容, 我们却不得不用列出文献来代替历史性分析. 此外, 20 世纪下半叶的数学精彩纷呈, 作者自觉甚至对发展的主流都难以准确把握, 这本简史只叙述到大约 1945 年为止.

虽然有种种限制, 我们希望本书仍然能对历史上数学发展的主要流派以及当时的社会文化背景做出相对忠实的描述. 当然, 资料的选择不能完全根据客观因素, 不免要受作者的好恶及其学识与判断能力的影响. 谈到判断力, 我们不太可能获得所有的第一手资料, 常常用的是二手、甚至是三手的资料. 因此不仅对于本书, 同样也包括一切这类的史籍, 奉劝读者能将书中的论述尽可能地与原始材料相对照, 这是一个有多种理由的好原则. 我们对于欧几里得、丢番图、笛卡儿、拉普拉斯、高斯、黎曼等大家的认知不能仅仅局限于只言片语或介绍他们工作的书籍, 欧几里得或高斯的原著与莎士比亚的原著有着同样的活力, 而阿基米德、费马、雅可比
[2] 著作中的优美语句亦可与贺拉斯 (Horace) 或爱默生 (Emerson) 的文采相媲美.

本书的取材原则有如下几点:

1. 强调东方文明的连续性和联系性, 不对埃及、巴比伦、中国、印度、阿拉伯的文化加以机械地切割.

2. 将已经证明的事实与假设和惯例予以区别, 尤其是对于希腊数学.

3. 将文艺复兴时代的两种数学流派, 即算术–代数学派和 "流数" 学派分别与当时的商业利益和工业利益关联起来.

4. 从人物和学派出发, 而不是根据课题来讨论 19 世纪的数学. (克莱因所著的历史书可以用来作为主要的指导. 根据课题叙述可见卡约里 (Cajori) 和贝尔 (Bell) 的书, 而更专业细节的则有 *Encyklopædie der mathematischen Wissenschaften* (24 卷, Leipzig, 1898—1935 年), 以及帕斯卡所著 *Repertorium der höheren Mathematik*(5 卷, Leipzig, 1910—1929 年). 写到 20 世纪时, 则使用了比较混合的方法.

二

我们在此列入一些就整个数学史而言最重要的书目, 这个书单可以作为 G. Sarton 所著 *The Study of the History of Mathematics*

(Cambridge, 1936 年) 的补充, 该书不仅对本书做了一篇有趣的介绍, 还含有完整的参考书目. 另外还可以参考 K. O. May 的 *Bibliography and Research Material of the History of Mathematics* (Toronto, 1973 年; 2 版, 1978 年), 这是一部 827 页的个人介绍与参考书目.

以下为英文参考书:

Archibald, R. C. *Outline of the History of Mathematics*, 6th ed., rev. and enlarged. Math. Assoc. of America, 1949. (一本 114 页的出色概述, 带有很多参考书目.)

Cajori, F. A. *History of Mathematics*, 2nd ed., New York, 1938. (一本 514 页的标准教科书.)First, shorter ed., 1919; Chelsea House reprint, New York, 1980.

Smith, D. E. *History of Mathematics.* 2 Vols., Boston, 1923. Dover reprint, 2 Vols., 1958. (主要限于初等数学, 但是谈到所有领军数学家, 有很多图表.)

Bell, E. T. *Men of Mathematics.* Pelican Books, 1953. 另有: Bell, E. T. *The Development of Mathematics*, 2nd ed., New York and London, 1945. (这两本书含有数学家及其工作的大量素材, 第二本书的重点是现代数学.)

Scott, J. F. *A History of Mathematics from Antiquity to the Beginning of the Nineteenth Century.* London, 1958.

Eves, H. *An Introduction to the History of Mathematics.* New York, 1953; 4th ed., enlarged, 1976. (非常适合课堂教学.)

Turnbull, H. W. *The Great Mathematicians.* London, 1929; new
ed., New York, 1961. (另有 Newman, J. R. *The World of Mathematics*, [3]
Vol. I. New York, 1956.)

Hofmann, J. E. *The History of Mathematics.* New York, 1957. (译自德文原版第一册, 见后面书目；德文版的第二册和第三册译作 *Classical Mathematics*, New York, 1959.)

Boyer, C. B. *A History of Mathematics.* New York, 1968. (共有 xv+717 页, 也许是最佳的大学英语教材. 由 M. J. Crowe 整理的

Boyer 工作的参考文献可见 *HM*, Vol. 3 [1976], pp. 397–401.)

Kline, M. *Mathematical Thought from Ancient to Modern Times.* New York, 1972. (该书共有 xvii + 1238 页, 内含关于多个主题的历史的章节, 诸如常微分方程和偏微分方程、抽象代数、基础理论等.)

主要涉及基础数学的有:

Sanford, V. *A Short History of Mathematics.* London, 1930.

Cajori, F. *A History of Elementary Mathematics.* New York, 1896, 1917.

Ball, W. W. R. *A Short Account of the History of Mathematics,* 6th ed. London, 1915. Dover reprint, 1960. (一本年代久远、非常可靠但又陈旧的书, 叙述只到 19 世纪中叶.)

Bunt, L. N. H, Jones, P. S, and Bedient, J. D. *The Historical Roots of Elementary Mathematics.* Englewood Cliffs, N.J., 1976. (教学使用的专题、讨论和练习选集.)

Historical Topics for the Mathematical Classroom, 31st Yearbook, Nat. Council Teachers of Mathematics. Washington, D.C., 1969. (不同论题的专题文章, 均由专业作者撰写.)

写到 1800 年的数学史的最经典著作是:

Cantor, M. *Vorlesungen über Geschichte der Mathematik.* 4 Vols., Leipzig, 1880—1908. (这部巨著涵盖了直至 1799 年的数学史, 其中第四卷由康托尔领导下的一批专家撰写. 该书在不少方面已显陈旧, 特别是关于东方数学方面, 但对于初次接触这些内容的人仍不失为一部好书. G. Ernestrom 等人在数学文献的卷册中做了修订.)

其他德文书还有:

Zeuthen, H. G. *Geschichte der Mathematik im Altertum und Mittelalter*, 1st ed., Copenhagen, 1896; French ed., Paris, 1902; 2nd ed. revised by O. Neugebauer, Copenhagen, 1949.

——. *Geschichte der Mathematik im XVI. und XVII. Jahrhundert.* Leipzig, 1903.

Günther, S., and Wieleitner, H. *Geschichte der Mathematik.* 2 Vols., Leipzig: Vol. I (by Günther), 1908; Vol. II, 2 parts (by Wieleitner), 1911—1921. Ed. by Wieleitner, Berlin, 1939.

Tropfke, J. *Geschichte der Elementar-Mathematik*, 2nd ed. 7 Vols., Leipzig, 1921–1924. (Vols. I—IV in 3rd ed., 1930—1940; Vol. I in 4th ed., revised, Berlin, 1980.)

Die Kultur der Gegenwart. 3 Vols., Leipzig and Berlin, 1912. (内含: Zeuthen, H. G., *Die Mathematik im Altertum und im Mittelalter*; Voss, A., *Die Beziehungen der Mathematik zur allgemeinen Kultur*; Timerding, H. E., *Die Verbreitung mathematischen Wissens und mathematischer Auffassung.*)

Becker, O., and Hofmann, J. E. *Geschichte der Mathematik.* Bonn, [4]
1951.

Hofmann, J. E. *Geschichte der Mathematik.* 3 Vols., Berlin, 1953—1957. English trans., New York, 1957. (Vol. I, 2nd ed., Berlin, 1963.)

以下图书含有大量的参考文献:

Becker, O. *Grundlagen der Mathematik in geschichtlicher Entwicklung.* Freiburg and Munich, 1954; 2nd ed., Freiburg, 1964.

Kowalewski, G. *Grosse Mathematiker.* Munich and Berlin, 1938.

Meschkowski, H. *Problemgeschichte der Mathematik.* 2 Vols., Mannheim, 1979, 1980.

——. *Ways of Thought of Great Mathematicians.* San Francisco, 1964.

[Wussing, H., Arnold, W., Ed.] *Biographien bedeutender Mathematiker.* 2nd ed., Berlin, 1978. (从毕达哥拉斯到诺特的 41 篇传记.)

Wussing, H. *Vorlesungen zur Geschichte der Mathematik.* Berlin, 1979. (该书一直写到最近的时段, 选题包括诸如计算机. 社会背景内容充实.)

最早的一部数学史 (不计 Proclus 的书), 并且不仅仅只列出条目:

Montucla, J.-E. *Histoire des mathématiques.* 4 Vols., Paris, 1799—1802. New reprint, 1960. (也涉及应用数学, 第一版两卷于 1758 年出版, 但仍然是一份好读物.)

法文:

d'Ocagne, M. *Histoire abrégée des sciences mathematiques, ouvrage recueilli et achevé par R. Dugas.* Paris, 1952. (有人物的简单描述.)

Dedron, J., and Itard, J. *Mathématiques et mathématiciens.* Paris, 1959. (有很多插图.)

Bourbaki, N. *Eléments d'histoire des mathématiques.* Paris, 1960. (从 *Eléments des mathématiques*, Paris, 1939 至今, 系列收集的历史瞬间集锦.)

[Dieudonné, J., Ed.] *Abrégé d'histoire des mathématiques* 1700—1900. 2 Vols., Paris, 1970. (多位作者的短文集.)

亦可见下面的 M. Daumas 和 R. Taton 的著作.

Collette, J. P. *Histoire des mathématiques.* Montreal, 1973. (写至 17 世纪开始.)

意大利文:

Loria, G. *Storia delle matematiche.* 3 Vols., Turin, 1929—1933.

Maracchia, S. *La matematica come sistema ipotetico-deduttivo*, profile storico. Florence, 1975.

Frajese, A. *Attraverso la storia della matematica.* Florence, 1973.

俄文:

Rybnikov, K. A. *Istoriya matematiki.* 2 Vols., Moscow, 1960—1963.

Juškevič, A. P., Ed. *Istoriya matematiki.* 3 Vols., Moscow, 1970—
[5] 1972. (多位作者的短文集.)

还有一些数学作品文集:

Midonick, H. *A Treasury of Mathematics.* New York, 1965.

Smith, D. E. *A Source Book in Mathematics.* London, 1929.

Wieleitner, H. *Mathematische Quellenbücher.* 4 Vols., Berlin, 1927—1929.

Speiser, A. *Klassische Stücke der Mathematik.* Zurich and Leipzig, 1925.

Newman, J. R. *The World of Mathematics.* 4 Vols., New York, 1956. (一部数学家谈数学的短文集.)

Struik, D. J. *A Source Book in Mathematics 1200—1800.* Cambridge, Mass., 1969.

同样关于"资料图书"系列, 亦可见 J. van Heijenoort 和 G. Birkhoff 关于 19 世纪和 20 世纪所编辑的图书.

另一部有用的图书是:

Callandrier, E. *Célèbres problèmes mathématiques.* Paris, 1949.

有些书讲述某项数学问题的历史, 其中必须提到以下几部:

Dickson, L. E. *History of the Theory of Numbers.* 3 Vols., Washington, 1919—1927.

Muir, T. *The Theory of Determinants in the Historical Order of Development.* 4 Vols., London, 1906—1923. Supplement, *Contributions to the History of Determinants 1900—1920*, London, 1930.

von Braunmühl, A. *Vorlesungen über Geschichte der Trigonometrie.* 2 Vols., Leipzig, 1900—1903.

Dantzig, T. *Number: The Language of Science*, 3rd ed., New York, 1943; also, London, 1940.

Coolidge, J. L. *A History of Geometrical Methods.* Oxford, 1940.

Loria, G. *Il passato e il presente delle principali teorie geometriche*, 4th ed., Turin, 1931.

——. *Storia della geometria descrittiva dalle origini sino ai giorni nostri.* Milan, 1921.

——. *Curve piani speciali algebriche e trascendenti.* 2 Vols., Milan, 1930. German ed., previously published, 2 Vols., Leipzig, 1910—1911.

Cajori, E. *A History of Mathematical Notations.* 2 Vols., Chicago, 1928—1929.

Karpinski, L. C. *The History of Arithmetic.* Chicago, 1925. (Bibliography of Karpinski's work by P. S. Jones: *HM*, Vol. 3 [1976], pp. 193–202.)

Walker, H. M. *Studies in the History of Statistical Methods.* Baltimore, 1929.

Reiff, R. *Geschichte der unendlichen Reihen.* Tübingen, 1889.

Todhunter, I. *History of the Progress of the Calculus of Variations During the Nineteenth Century.* Cambridge, 1861.

——. *History of the Mathematical Theory of Probability from the Time of Pascal to That of Laplace.* Cambridge, 1865.

——. *A History of the Mathematical Theories of Attraction and the Figure of the Earth from the Time of Newton to That of Laplace.* 2 Vols., London, 1873.

Coolidge, J. L. *The Mathematics of Great Amateurs.* Oxford, 1949.

Archibald, R. C. *Mathematical Table Makers.* New York, 1948.

Dugas, R. *Histoire de la mécanique.* Neuchâtel, 1950. Also see *Mathematical Reviews*, Vol. 14 (1953), pp. 341–343.

[6] Boyer, C. *History of Analytic Geometry.* New York, 1950.

——. *History of the Calculus and Its Conceptual Development.* New York, 1949. Dover reprint, 1959.

Beth, E. W. *Geschiedenis der logica.* The Hague, 1944.

Markuschewitz (Markuševic), A. I. *Skizzen zur Geschichte der analytischen Funktionen.* Berlin, 1955 (译自俄文版).

Goldstine, H. H. *A History of the Calculus of Variations from the 17th Through the 19th Century.* New York, etc., 1980.

Dobrovolskiĭ, V. A. *Essays on the Development of the Analytical Theory of Differential Equations* (俄文). Kiev, before 1976. (See *HM*, Vol. 3 [1976], pp. 221–223.)

Caruccio, E. *Matematica e logica nella storia e nel pensiero contemporaneo.* Turin, 1958. English translation: London, 1964.

Styazhkin, N. I. *History of Mathematical Logic from Leibniz to*

Peano. 译自俄文版: Cambridge, Mass., 1969. (See *HM*, Vol. 2 [1975], pp. 361–365.)

Tietze, H. *Geloste und ungelöste mathematische Probleme aus alter und neuer Zeit.* Munich, 1949; 2nd ed., Zurich, 1959. English translation: New York, 1965.

Dieudonné, J. *Cours de géométrie analytique.* Paris, 1974. (第一册讲述历史.)

Lebesgue, H. *Notices d'histoire des mathématiques.* Geneva, 1959. (A. T. Vandermonde, C. Jordan 和其他人的自传式笔记.)

Struik, D. J. *The Historiography of Mathematics from Proklos to Cantor, NTM* (Leipzig), Vol. 17 (1980), pp. 1–22.

Maistrov, L. E. *Probability Theory, a Historical Sketch.* New York and London, 1974. (译自俄文版, 1967.)

[Grattan-Guinness, 1st Ed.] *From the Calculus to Set Theory 1630—1910.* London, 1980. (多位作者的短文集.)

Biggs, N. C. *Graph Theory* 1736—1936. Oxford, 1976.

Glaser, A. *History of Binary and Other Non-Decimal Numeration.* Southampton, Pa., 1971.

一些全面论述科学史的书籍也论述了数学史, 经典著作是:

Sarton, G. *Introduction to the History of Science.* 3 Vols., Washington and Baltimore, 1927—1948. (该书的论述直到 14 世纪, Sarton 的短文 *The Study of the History of Science, with an Introductory Bibliography,* Cambridge, 1936 年又进行了补充. 另外可见前文提到的 Sarton 的著述以及该作者所著的 *History of Science: Ancient Science through the Golden Age of Greece.* Cambridge, Mass., 1952.)

另有:

[Daumas, M., Ed.] *Histoire de la science.* Encyclopédie de la Pléiade. Paris, 1957.

[Taton, R., Ed.] *Histoire generale des sciences.* Vols. I, II, III_1, III_2, Paris, 1957—1964.

适宜于做教材的有:

Sedgwick, W. T, and Tyler, H. W. *A Short History of Science*, 3rd ed., New York, 1948.

Singer, C. *A Short History of Science to the Nineteenth Century.* Oxford, 1941, 1946.

[7] 下列著作论述了数学的文化影响和文化对数学的影响:

Kline, M. *Mathematics in Western Culture.* New York, 1953.

Bochner, S. *The Role of Mathematics in the Rise of Science.* Princeton, N.J., 1966.

Wilder, R. L. *Evolution of Mathematical Concepts.* New York, 1968. 亦见 HM, Vol. 1, 1979, pp. 29–46; Vol. 6, 1979, pp. 57–62.

——. *Mathematics as a Cultural System.* Oxford, etc., 1981.

站在哲学与数学史分界线的角度的论述有:

[Worrall, J., Zahar, E., Ed.] *Imre Lakatos. Proofs and Refutation. The Logic of Mathematical Discovery.* Cambridge, 1976.

关于数学发现, 见:

Hadamard, J. *The Psychology of Invention in the Mathematical Field.* Princeton, N.J., 1945, 1949 (译自 1939 年法文版). Dover reprint, 1954.

其他参考文献有:

Miller, G. A., “A First Lesson in the History of Mathematics” “A Second Lesson” 等, 在 *Nat. Math. Mag.*, Vols. 13–19 (1939—1945) 上的 10 篇文章的系列.

[Poggendorff, J. C. , Ed.] *Biographisch-literarisches Handwörterbuch zur Geschichte der exakten Wissenschaften.* 首先于 1863 年出版了 2 卷, 以后随着时间发展不断扩充, 至 1974 年已有了 18 卷. 见 *Supplement-Band to Band VIIa* (Berlin, 1971).

Naas, J., Schmidt, H. L. *Mathematisches Wörterbuch.* 2 Vols., Berlin and Leipzig, 1961.

Meschkowski, H. *Mathematiker Lexikon*, 3E Auflage, Zurich, etc.

1980. (1968 年第一版, 包含数学家的短篇传记、文集书目以及数学家传记的书目.)

以下文章可能会使读者产生兴趣:

Struik, D. J. “Why Study History of Mathematics?” *UMAP Journal*, Vol. 1, 1980, pp. 3–28.

下列期刊涉及数学史 (或者科学通史):

Archiv für die Geschichte der Mathematik, 1909—1931.

Bibliotheca mathematica, Ser. 1–3, 1884—1914.

Quellen und Studien zur Geschichte der Mathematik, 1931—1938.

Scripta mathematica, 1932—present.

Isis, 1913-present.

Revue d'histoire des sciences, 1947—present.

Archives internationales d'histoire des sciences, 1947—present (former Archeion).

Annals of Science, 1936—present.

Scientia, 1907—present.

Centaurus, 1950—present.

Istoriko-matematičeskie Issledovaniya, 1948—present. [8]

Boethius, 1962—present.

Physis, 1959—present.

NTM (Zeitschrift für Geschichte der Naturwissenschaften, Technik und Medizin), 1960—present.

AHES (Archive for History of Exact Sciences), 1960—present.

Biometrika, 1901—present.

HM (Historia Mathematica), 1974—present.

Indian Journal of History of Science.

Bollettino di Storia delle Scienze Matematiche, 1981—present.

Journal of the History of Arabic Science.

Annals of the History of Computers, 1979—present.

AHES 和 *HM* 是专用于数学的期刊, *HM* 收录了至今的数学参考文献, 而 *Isis* 则收录了全部科学史的参考文献. 又见 *Mathematical Reviews*, 1940— 现在, 它有一部分讲历史, 有德文版和俄文版.

已故杰出数学家的传记可见 15 卷的 *Dictionary of Scientific Biography (DSB)*, New York, 1970—1980(第 15 卷是索引).

A World Directory of Historians of Mathematics, 2nd ed., 1981, 由加拿大多伦多大学科技历史与哲学研究所 (Institute for the History and Philosophy of Science and Technology at the University of Toronto, Canada) 编制, 以后的版本由在布拉格的捷克斯洛伐克科学院 (Czechoslovakian Academy of Sciences in Prague) 的 L. Novy 教授编制.

第一章　文明早期

一

人类最初有数和形的观念要追溯到旧石器时代. 在那几百万
年的时间里, 人们以小的群体聚集在一起, 生活在和动物相差不多 [9]
的情形之下, 主要精力是用最原始的方法在任何可能的地方采集食物. 他们为打猎和捕鱼造出了器具, 发展了语言彼此交流, 并且在旧石器时代后期创造了各种艺术形式, 诸如雕像和绘画, 来丰富自己的生活. 在法国和西班牙的洞穴里, 大约 15000 年前的绘画很可能带有仪典的意义, 但无疑表现了当时的人们对图形的非凡了解; 用数学的语言来说, 就是表现了对空间中物体的二维映像的了解.

不过, 直到从仅仅食物采集转化到真正从事粮食生产, 从打猎捕鱼真正进入到农业, 人们对于数量和空间关系的了解才有了相当的进步. 这种根本的改变, 是一次人们对大自然的态度由被动变主动的革命, 从此历史进入了新石器时代.

人类历史上这一伟大事件大约发生在 10000 年以前, 当时覆盖在欧洲和亚洲的冰层开始融化, 大地出现了森林和沙漠, 人们寻找食物的游牧流浪也慢慢地结束了. 大部分渔民和猎人被原始的农民所取代, 只要土地还够肥沃, 农民就会停留在固定的地方. 人们开始建造更为长久的住所, 不久为了应对气候变化和敌人劫掠又产生了乡村. 考古已经发掘出许多这种新石器时代的定居所, 出土文物显示出最初的手工业如制陶、木工和纺织是怎样逐渐发展起来的. 村民们用谷仓储存余粮, 就能够对付冬天和困难的时期. 当时的人们已经会烤面包、酿啤酒, 在新石器时代后期还会熔铸黄铜、青铜器具. 新发明出现了, 特别是制陶的转盘和车轮; 船和住所也改善了. 不过所有这些非凡的创新只是发生在局部的地方, 很少流传到别的地方去. 例如, 美洲印第安人在白人刚到美洲时还并
[10] 不了解车轮的技巧. 虽然如此, 与旧石器时代比起来, 技术进步的节奏是大大地加快了.

乡村之间有着可观的贸易往来, 范围之广可以使相隔数百里的地方发生联系. 人们发现了熔化和制造的手艺, 最初用黄铜, 接着就有青铜的器具和兵械. 这些强烈刺激了贸易活动, 推动了语言的进一步形成, 当然这些语言里的字表现的还是很具体的东西, 抽象的内容很少, 但是已经有些简单的数字和图形关系的词汇了. 许多大洋洲人、美洲人和非洲人的部落在与白人最初接触的时期还过着这样的生活, 有些部落现在仍旧生活在这样的情形下. 只要我们抛弃某些先入为主的偏见, 就有可能去研究他们的生活习惯和表达方式, 从而在某种程度上了解他们.

二

数词 —— 如亚当 · 斯密 (Adam Smith) 所说, 可以表达某些 “人类心智所能形成的最抽象的观念” —— 是慢慢地被使用起来的. 它们开始出现时是定性的而不是定量的, 不过是一、二和多之间的区别. 斐济古语中十条船称作 “bola”, 十个椰子称作 “koro”, 一千个椰子称作 “saloro”. 数的概念的古代定性的起源, 还能在某些语言中, 如希腊语或凯尔特语 (Celtic) 中的一些特殊的双字词中看到蛛丝

马迹. 当数的概念延伸后, 后面的数首先由加法形成: 3 是 2 加 1, 4 是 2 加 2, 5 是 2 加 3.

这里还有一些来自澳大利亚人的例子:

在默里河 (Murray River) 地区: 1 = enea, 2 = petcheval, 3 = petcheval-enea, 4 = petcheval-petcheval.

在卡米拉罗易 (Kamilaroi) 地区: 1 = mal, 2 = bulan, 3 = guliba, 4 = bulan bulan, 5 = bulan guliba, 6 = guliba guliba. ①

手工品贸易的发展刺激了数的概念的具体化, 数排列起来并组合成大的单位, 人们常用的是一只手或两只手的手指, 贸易上这是自然的方式. 首先以五为进位基数, 后来以十为进位基数, 再加上加法或减法来完成计数, 如此 12 是 10 + 2, 9 是 10 − 1. 有的时候手指和脚趾总共的数目 20, 也会被选为进位基数. 在易勒斯 (W. C. Eels) 所调查过的原始美洲人的 307 种计数法中, 146 种是十进位的, 106 种是五进位的或五和十进位的、二十进位的或五和二十进位的. ② 墨西哥的玛雅人和欧洲的凯尔特人用的就是最典型的二十进位系统.

人们又用相同的重复计数: 木棍上的刻痕、绳子上的绳结、把
鹅卵石或贝壳五个摆成一堆 —— 这些做法很像旧时客店老板所用 [11]
的计数棍. 从这样计数到引进特殊的符号代表 5, 10, 20 等, 只有一步之遥, 而且我们发现在文字历史开始时期, 也就是在所谓文明的黎明期, 人们的确已经使用符号了.

使用计数棍最古老的例子之一可以远溯于旧石器时代, 是 1937 年在摩拉维亚 (Moravia) 的韦斯托尼采 (Věstonice) 发现的. 这是一根幼狼的骨头, 7 英寸 (1 英寸 = 2.54 厘米) 长, 刻着 55 道深刻痕, 其中前 25 道是 5 道一组. 随后是单独一道 2 倍长的刻痕作为这一系列的结束; 然后又从一道 2 倍长的刻痕开始新的系列的 30 道刻

① L. Conant, *The Number Concept* (New York, 1896), pp. 106–107 有许多类似的例子.

② W. C. Eels, "Number Systems of North American Indians", *Amer. Math. Monthly*, Vol. 20 (1913), pp. 263–272, 293–299; 特别见 p. 293.

痕. [①]考古还发现了其他这样有刻痕的计数棒.

于是我们就清楚了雅各布 · 格林 (译者注: Jakob Grimm, 他与弟弟威廉 · 格林一起创作了《格林童话》, 以格林兄弟而闻名) 书里所说并且被人们反复引用的话, “计数始于数手指” 的古老说法是错误的. 用手指计数, 也就是一五一十地计数, 只是在社会发展到一定阶段才出现的. 一旦到达这种程度, 数就可以用一个基数表示出来, 然后再由此构成更大的数目. 于是开始了算术的原始形式, 14 被表示为 $10+4$, 有的时候是 $15-1$. 当 20 不被表示为 $10+10$, 而是 2×10 的时候乘法就开始了. 这种二重运算被视为加法和乘法之间的一种中间道路, 被人们使用了几千年, 特别是在埃及和在印度河流域雅利安之前 (pre-Aryan) 的摩亨佐 – 达罗 (Mohenjo-Daro) 文化中. 除法的开始是当 10 被表示为 “整体的一半” 的时候, 虽然那时有意识地构成分数还是极其稀少的. 例如在北美洲部落, 人们只发现了很少这种构成的实例, 并且几乎全部都是 1/2, 个别情况有 1/3 或 1/4. [②] 一个奇特的现象是, 当时人们非常喜爱很大的数目, 这种喜爱或许是由夸大杀死敌人数量的合乎人情的欲望而刺激出来的; 这种倾向的痕迹也出现在《圣经》和其他宗教或非宗教的典籍里.

三

以后丈量物体的长度和容积也成为必需, 当时量度标准粗放, 常常就以人体的某个部分作为标准, 于是就出现了像一指、一脚、一拃这样的单位. 英语中的 “ell” (译者注: 相当于 45 英寸, 原字是臂肘之意)、“fathom” (译者注: 约 6 英尺 (1 英尺 =0.3048 米) 或 8 英尺长, 原文是指两臂伸直时两手指尖之间的距离)、“cubit” (译者注: 原文是指从肘至中指末端的长度) 就显示人们的这种习惯. 建

① *Isis*, Vol. 28 (1938), pp. 462–463 (from *Illustrated London News*, Oct. 2, 1937).

② 米勒 (G. A. Miller) 注意到 one-half, semis, moitié 这些单词与单词 two, duo, deux 没有直接的联系 (与 one-third, one-fourth 等相反), 似乎表示 1/2 的来源与整数不同. *Nat. Math. Mag.*, Vol. 13 (1939), p. 272.

美国印第安人画出的几何图形 (选自 Spier 的著作, 见本章末的参考文献.)

造房子时, 如印第安的农民或中欧高架房的居民, 会用直尺摆在地上保持房子盖直, 拐角成直角. 英语里 “straight (直)” 是与 “stretch (伸展)” 有关系的, 表示把绳子拉开; ① 由 “line (线)” 到 “linen (细
[13] 麻布)” 则反映出编织的手艺和几何学起源之间的关系. ②这是测量需求进化的一种方式.

新石器时代的人们对于几何图形也逐渐产生了敏锐的感觉. 陶器的烧制和着色、灯芯草的编织、篮筐和衣料的编织以及后来金属的制造都促使人们去了解平面与空间的关系. 舞蹈动作一定也起了相当的作用, 新石器时代的装饰很乐于表现和谐、对称和相似. 数的关系也会出现在这种图形中, 就像某些史前图形中就显示了三角形的数字, 还有的显示了 “神圣的” 数字.

图 1—4 是陶器、编织物或篮筐上出现的一些有趣的几何图形. 图 1 的设计见于波西尼亚 (Bosnia) 新石器时代陶器和美索不
[14] 达米亚 (Mesopotamian) 乌尔 (Ur) 时期的艺术品. ③ 图 2 的装饰图案出自古埃及王朝统治前 (约公元前 4000 — 前 3500 年) 的埃及陶器.④ 图 3 显示的图形是初期铁器时代 (中欧, 约公元前 1000 — 前 500 年) 原南斯拉夫的卢布尔雅那 (Ljubljana) 附近的高架房居民所用的. ⑤ 图 4 的图形中方形里填三角形, 三角形里填圆形, 是匈牙利肖普朗 (Sopron) 附近的墓葬出土的瓮上的花纹, 它显示了构造三角形数的努力, 在后期的毕达哥拉斯数学中有着重要的作用. ⑥

这类图形在历史上一直很流行. 在米诺斯 (Minoan) 和早期希腊的双瓶、后拜占庭和阿拉伯的镶嵌细工、波斯和中国的挂毯上都能找到美丽的实例. 最初的早期图形可能含有宗教或魔法的意

① 操绳师 (英语:rope-stretchers, 希腊语: harpedonaptai, 阿拉伯语: massah, 亚述语: masihānu) 在很多国家都是对于测量人员的称呼 —— 见 S. Gandz, *Quellen und Studien zur Geschichte der Mathematik*, Vol. I (1931), pp. 255–277.

② 关于数字名称的衍化, 可见 K. Menninger 的著述 (见后参考文献).

③ W. Lietzmann, “Geometrie und Praehistorie”, *Isis*, Vol. 20 (1933), pp. 436–439.

④ D. E. Smith, *History of Mathematics* (Boston, 1923), Vol. I, p. 15. (Dover reprint, 2 Vols., 1958.)

⑤ M. Hoemes, *Urgeschichte der bildenden Kunst in Europa* (Vienna, 1915).

⑥ 也见 F. Boas, *General Anthropology* (New York, 1938), p. 273.

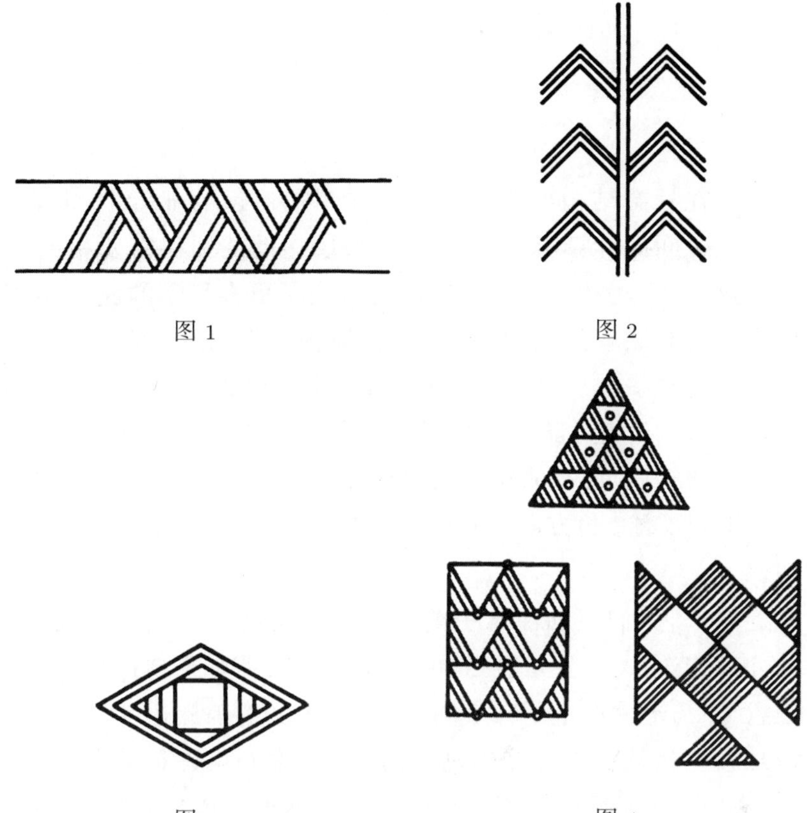

图 1

图 2

图 3

图 4

义, 后来其中的美学形象逐渐成为主流. 在石器时代的宗教里我们可以体会到人们面对自然界、面对社会结构以及面对个人经历的初步尝试, 宗教仪式里大量充斥着我们现在认为是魔幻的内容, 而且这种魔幻的元素与当时数和形以及雕刻、音乐和绘画中的观念结合在一起. 有的数 (例如 3, 4, 7) 和有的图形 (如五角星和万十字) 被看作是有魔力的, 有些学者甚至认为数学的这一方面正是数学发展中的决定因素,① 虽然数学的社会根源到当今时代已经变得模糊不清, 但在人类历史的早期时代却是相当明显的. “近代的”数字学是来自新石器时代甚或旧石器时代巫术或神秘仪式的一件

① W. J. McGee, *Primitive Numbers, Nineteenth Annual Report*, Bureau Amer. Ethnology 1897—1898 (1900), pp. 825—851. 尤其见后面引用的 A. Seidenberg 的各篇文章.

遗物.

四

即使在社会结构离我们的科技文明很遥远的部落中, 也能发现人们在时间的计算上, 与日、月、星辰运动的知识密切相关. 农业和商业发达一些以后, 这一知识就增加了更多科学的成色. 人类历史很早的时候就开始使用阴历, 将植物生长的变化形式与月亮盈亏的变化联系在一起. 原始的人们也注意到冬至和夏至, 还有黎明时昴宿星的升起. 最早期文明的人类会利用他们遥远的史前时代的天文学知识, 还有的民族以星座作为航行的指南. 从这种天文学人们得到了球、角方向和圆的一些知识, 甚至还有更加复杂图形的知识.

近年来, 人们更加注意史前石头遗迹可能具有的天文和历法意义, 诸如英国大约公元前 2000 年的巨石阵. ①如果遗迹具有天文
[15] 历法意义, 马上就产生了一个问题: 这种天文的因此也就是数学的知识是怎样从某一中心传播过来的. 这个中心也许是美索不达米亚 (亦称 “两河流域”)(弥漫说), 或者具有本地生成的起源 (这种观点近来得到很多支持). 美洲的文明发展似乎就独立于欧洲文明和非洲文明, 至少关联很小.

五

以上数学开端的简短展示表明, 一种科学的历史发展不一定会经历过我们现在在书本中所划分的那些阶段. 人类所知道的一些最古老的几何形状, 比如绳结和图案, 只是在近年来才受到充分的科学关注. 另一方面, 数学的一些比较基础的部分, 例如图表法或初等统计学, 只开始于相对现代的时期. 正如施派泽 (A. Speiser) 刻薄而略带夸张的评论:

① 对于这个课题的一般性讨论, 见后面所引用的 D. C. Haggie 的书.

> 初等数学已经有着显著的日益冗长的趋向, 这似乎是它所固有的, 其实初等数学可能开始得很晚, 因为开创性的数学家只偏爱去注意那些有趣而优美的问题. ①

六

在此也许正该提到三个古老的数学文明, 它们是米诺斯 – 迈锡尼 (Minoans-Mycenaeans) 文明、玛雅文明和印加文明, 这些文明本身不乏精彩, 却对数学以后的发展少有影响. 它们的科学不能算 "初期的" 科学, 而是属于下一章要谈到的古代东方科学.

人们在克里特岛 (Crete) 和希腊大陆的米诺斯 – 迈锡尼文明的废墟里发现了公务中使用的数学符号, 这些符号出现在称为 A 类线形文字和 B 类线形文字的手迹里, 属于大约公元前 1800 — 前 1200 年的时期. 数字表示和埃及一样 (当然符号不同) 使用加的方式, 1, 10, 100, 1000 各有特殊符号. 另外还有简单分数的符号, 不全是单位分数. 因为书写者不曾烘烤他们书写的泥板, 保留下的只有城市最后发生大火时受到烘烤的部分, 我们对于这一文明的数学知识程度的认识是不全的, 它也许可以和埃及的数学相媲美. 至少我们知道荷马 (Homer) 笔下的英雄中有能在泥板上做算术的抄写员.

中美洲的玛雅文明, 主要建立在现在的尤卡坦 (Yucatán) 和危
地马拉, 持续了 1500 年之久, 在大约公元 200—900 年的所谓经典 [16]
时期达到高峰. 玛雅的算术主要解读于非手写的石刻遗迹、法典和西班牙的史籍. 与他们的天文学, 特别是他们的历法系统紧密相关的是二十进位制 (至今依然), 用点表示从 1 到 4, 横杠表示 5 到 15 的数目. 对于更大的数, 他们使用以 20 为基的位置制, 20 的幂也用与 20 相同的符号也就是单位符号表示. 用于历法时则有一些修改. 这种位置体系需要表示 0 的符号, 常常是一种贝壳或半睁眼

① 这是一个诙谐的评论, 但是一位优秀教师所教授的 "初等数学" 根本不会冗长. 而且那些从柏拉图到现今人们都感兴趣的正多面体和黄金分割难道不属于 "初等数学"?

符号. 这一系统及其与历法的联系还流传到中美洲的其他民族. 大家认为在墨西哥城发现的著名阿兹特克 (Aztecs) 时期日历石就是在 11 世纪末传到这个地方的.

印加从 13 世纪中叶开始, 在南美的安第斯山脉中部和以西的地方建起了广大的帝国, 首都是库斯科 (Cuzco). 帝国庞大的社会制度在管理、手工业和工程方面很强势, 在交流和信息上不使用书写文字, 使用一种结绳文字. 结绳中最基本的是彩色棉或毛的一根主绳, 与主绳相结的绳子上又结有成组的绳结, 各组间有一定距离. 每组结的数目是 1—9 个, 比如说, 4 个结的一组后面是 2 个结的一组, 然后是 8 个结的一组, 就表示 428. 因此说这是一个位置系统, 其中 0 表示为两结间一段较大的距离. 绳子的不同颜色表示不同物体: 羊、士兵等; 绳子的位置以及绳子所联结的绳子, 对于会 "读"

埃及王朝统治前时代的水瓮. 图片来自大都会美术馆 (Helen Miller Gould 夫人捐赠, 1910 年)

结绳文字的记录人来说, 可能就是一段非常复杂的统计故事.

结绳文字里可能会有数百根结在一起的绳子, 目前发现最大的一件垂有 1800 根绳子, 可能表示的是军人或工人的团队. 人们只发现了 400 来件结绳, 都是出土于墓葬, 因为西班牙人曾将其视为邪恶而加以销毁.

这种结绳文字告诉我们, 没有书写技艺也能具有发达的社会文明. 巨石阵那样的文化是否可能拥有现在已经永远失传的类似交流和存储信息的方法? 这些绳结得以保存是因为掩埋在沿太平洋的沙漠地区, 那些埋在不太干燥地区的就都丢失了.

参考文献

除了已经引用过的 Conant, Eels, Smith, Lietzmann, McGee 和 Speiser 的著作以外, 见:

Menninger, K. *Zahlwort und Ziffer, Eine Kulturgeschichte der Zahlen*, 2nd ed. 2 Vols., Göttingen, 1957—1958.

Struik, D. J. "Stone Age Mathematics". *Scientific American*, Vol. 179 (December, 1948), pp. 44–49.

Smith, D. E., and Ginsburg, J. *Numbers and Numerals*. New York [18]
Teachers' College, 1937.

Childe, Gordon. *What Happened in History*. Pelican Books, 1942.

下述著作描述了一些有趣的图案:

Spier, L. "Plains Indian Parfleche Designs". *Univ. of Washington Publ. in Anthropology*, Vol. 4 (1931), pp. 293–322.

Deacon, A. B. "Geometrical Drawings from Malekula and Other Islands of the New Hebrides". *J. Roy. Anthrop. Institute*, Vol. 64 (1934), pp. 129–175.

Popova, M. "La géometrie dans la broderie bulgare". *Comptes Rendus, Premier Congrès des Mathématiciens des pays slaves* (Warsaw, 1929), pp. 367–369.

关于美洲印第安人的数学, 也见:

Thompson, J. E. S. "Maya Arithmetic". *Contributions to Amer. Anthrop. and History*, Vol. 36, Carnegie Inst. of Washington Publ. No. 528 (1941), pp. 37–62.

Smith, D. E. *History of Mathematics.* Boston, 1923. Dover reprint, 2 Vols. in 1, 1958. (见 p. 14 扩展文献.)

Lounsbury, F. C. "Maya Numeration, Computation, and Calendrical Astronomy", *DSB*, Vol. 15 (1978), pp. 759–818. (细节需参阅更多文献.)

Ascher, M. and D. *Code of the Quipos: A Study in Media, Mathematics and Culture.* Ann Arbor, Mich., 1981. 另见 *AHES*, Vol. 8 (1972), pp. 288–320 和 *Visible Language* (Cleveland, Ohio, 1975), pp. 329–356.

关于非洲的数学:

Zaslavsky, C. *Africa Counts.* Boston, 1973.

Crowe, D. W. "The Geometry of African Art". I, *Journal of Geometry*, Vol. 1 (1971), pp. 169–182; II, *HM*, Vol. 2 (1975), pp. 253–271.

关于 "巨石" 的天文学和数学, 例如巨石阵, 见:

Hawkins, G. S. *Beyond Stonehenge.* London, 1973.

Haggie, D. C. *Megalithic Science.* London, 1981.

关于宗教仪式与数学的关系, 见:

Seidenberg, A. "The Ritual Origin of Geometry". *AHES*, Vol. 1 (1960—1961), pp. 480–527.

——. "The Ritual Origin of Counting", *AHES*, Vol. 2 (1962), pp. 1–40.

——. "The Origin of Mathematics", *AHES*, Vol. 18 (1970), pp. 301–342.

关于在儿童中开发数学概念, 见:

Riess, A. *Number Readiness in Research.* Chicago, 1947.

Piaget, J. *La genèse du nombre chez l'enfant.* Neuchâtel, 1941.

——. *Le développement des quantités chez l'enfant.* Neuchâtel,

1941.

Bunt, L. N. H. *The Development of the Ideas of Numbers and Quantity According to Piaget.* Groningen, 1951.

Freudenthal, H. *Mathematics as an Educational Task.* Dordrecht, 1973. (中译本:《作为教育任务的数学》, 陈昌平, 唐瑞芬, 等, 编译, 上海教育出版社, 1995 年.)

第二章　古代的东方

一

公元前 5000 年、前 4000 年和前 3000 年期间, 在非洲和亚洲的几条大河沿岸的亚热带及近亚热带区域内, 从发展良好的新石器时代社群演化出更新的、技术更进步的社会形态. 这几条大河是尼罗河、底格里斯河和幼发拉底河、印度河以及发展稍后的恒河、黄河和再稍后的长江. 美洲的有些社会也可以追溯到这一时期. [19]

只要能控制住洪水, 使湿地变干, 大河沿岸的土地就能获得谷物丰收. 与这些国家外围的不毛沙漠、山区和平原不同, 河谷的土地非常肥沃. 经过几个世纪, 人们筑堤修坝, 开挖水渠, 建造水库, 解决了水患难题. 调节供水需要协调广大地区间的农事, 其规模远超过之前的一切活动, 从而权力中心走出荒山僻壤, 人们在城市中心设立了中央管理机构. 农业获得全方位的改进和加强, 出现了相对富足的剩余, 从整体上提高了人们的生活水平, 同时也产生了以有权有势的酋长为首的城市贵族. 社会出现了由工匠、兵士、办事员和祭司所从事的多种专门化行业, 公共事业的管理交付到终身任职的官吏手中. 这些人精通季节变化、天体运动、土地区划、食品储存、征税纳税, 行政管理的要求与酋长的职责被编纂成册, 官僚们以及行业人员具有大量的专门知识, 其中包括冶炼和医药, 还包含计算和度量的技术.

到了这时, 从酋长、自由农与佃农、手工业者、文职人员、官吏到农奴与奴隶, 社会阶层已有明确的划分. 随着财富和权力增大, 地方首领由权力有限的封建领主变成了有绝对主权的地方君王, 统治者之间的纠纷和战争最后形成由单一君主所统一的大块国土. 以灌溉和精耕细作的农业为基础的这种社会形态形成了一
[20] 种 “东方的” 专制统治形式, 这种专制统治有时会维持几个世纪然后垮台, 有些是被河谷财富所吸引来的山地和沙漠部落所冲击, 或者由于对广大、复杂和重要的灌溉体系的忽视. 在这种情形下, 权力可能由一个部落的国王转移到另外一个, 或者社会可能分解成较小的封建单位, 然后统一进程又重新开始. 然而, 在所有的改朝换代或从封建统治到专制统治的反复转变过程中, 作为社会基础的村庄却基本上保持不变, 从而基本的经济和社会结构也就能保持不变. 东方社会周期性地运作着, 至今在亚非两洲仍存在着许多持续几千年生活方式不变的社会. 在这样的环境下, 进步是缓慢和不规则的, 文化发展的进程中会穿插着几个世纪的停滞和倒退. 在谈到东方社会时, 我们必须注意不要把东方社会的特性过多地归因于其水利和精耕细作的基础, 土地所有、封建关系、古老的家庭传统等方方面面对于亚洲、非洲和美洲的不同国家有着不同的作用. 但无论如何, 在这些不同的社会里还保持着血缘关系, 而这一点正是了解这些社会都产生了算术 – 代数这种数学的关键.

“东方” (包括早期的美洲社会) 的稳定性赋予其政教合一的国家机器一种根深蒂固的神圣, 官员们经常分享国家的这种宗教性质, 在许多东方国家中, 僧侣就是国土的管理人. 因为钻研科学是官员们的职责, 我们发现在许多 —— 但不是全部的 —— 东方国家中, 僧侣成为科学知识最杰出的传播者.

二

“东方的” 数学起源于一种便于推算历法、管理收获、组织公

共劳役和征收赋税的实用科学, 最初强调的当然是实用的算术和测量. 然而, 这种科学经过专职人员 —— 这些人不仅要运用数学, 还要保守数学的神秘 —— 几个世纪的钻研, 就使数学发展出抽象的趋势, 渐渐地人们就为了数学而钻研数学了. 算术演化成代数并不仅仅是因为可以用来更好地进行实际计算, 还是一种科学经过专职人员培养发展的自然成果. 同样的原因, 测量发展成理论几何学的雏形 —— 仅仅是雏形.

尽管这些古代社会都热衷于各种贸易和商业, 但以乡村为中心、以孤立与传统为特色的农业还是社会经济的核心. 其结果是, 虽然不同的文化有着经济结构和科学知识本质上的相似性, 但是它们仍保持着显著的区别. 那些时期的中国人和埃及人的与世隔
绝是众所周知的, 我们很容易就能区别埃及人、美索不达米亚人 [21]
(Mesopotamian)、中国人与印度人的艺术和文字, 同样我们也可以同样容易地分辨埃及人、美索不达米亚人、中国人与印度人的数学, 尽管它们的算术 - 代数的一般性质极为相同. 即使一国的科学进步在某一时期超过其他国家, 它仍在方法和符号上保持着自己的特色.

确定东方古老发现的时间很困难, 稳态的社会结构常能保持那里的科学知识历经数百年甚至数千年不变, 一个闭塞乡镇中的发现可能永远也流传不到其他地方去. 科学和技术知识的储备还遭到王朝更替、战争或洪水的破坏. 相传, 公元前 221 年专制统治者秦始皇统一中国时, 曾命令销毁一切学术著作, 以后虽有许多著作又根据记忆被部分地重新写出, 但这类事件一定会使确定发现的时间变得难上加难.

确定东方科学发展时间的另外一个困难来自用于保存科学成果的材料. 美索不达米亚人烘烤的泥板很难被毁坏①, 埃及人使用的纸莎草也因为干燥的气候而得以大量保存, 而中国人和印度人则用的是一些太容易腐烂的材料, 比如树皮或竹子. 中国人在大约

① 除非泥板出土以后没有得到精心保护, 由于搬动时不够仔细而破损的泥板不在少数.

公元前 1 世纪开始用纸, 但是公元 700 年以前的上千年的材料很少保存下来, 所以我们对于东方数学的知识是很粗浅的. 在前希腊化时期的几个世纪中, 我们基本上只限于美索不达米亚和埃及的材料. 新的发现将完全可能会带来对于各种东方形式数学的相对价值的重新评价. 很长时期我们最丰富的历史舞台全在埃及, 是由于 1858 年发现了《莱茵德纸草书》(*Papyrus Rhind*)①, 这些纸莎草写于公元前 1650 年, 但内容含有更为古老的材料. 在过去几十年中, 由于诺伊格鲍尔 (O. Neugebauer) 和吐娄 – 当冉 (F. Thureau-Dangin) 的惊人发现, 我们对于巴比伦数学的认识大大丰富, 他们破译了大量的泥板. 现在看来, 巴比伦数学的发展远比其他东方各国发达. 这个判断可能已成定论, 因为几个世纪以来巴比伦和埃及文献中的真实性质存在着某种共性, 而且美索不达米亚的经济比由美索不达米亚延伸到埃及的那块所谓近东新月沃土上的其他国家更为发达. 美索不达米亚又是许多商队路线的枢纽, 而埃及却相对与世隔
[22] 绝. 此外, 约束变化不定的底格里斯河和幼发拉底河要比约束威尔卡克爵士 (Sir William Willcocks) 口中的 "所有河中最有绅士味道的" 尼罗河②需要更多的工程技巧和管理手段. 对于古代印度数学的进一步研究尚可能发现意料不到的精彩, 虽然迄今为止人们对此还未看到令人信服的佐证.

三

我们对于埃及数学大部分的了解都来自两份数学纸草书: 前面已经提到的《莱茵德纸草书》包含 85 个问题, 另一份称为《莫斯科纸草书》(*Moscow Papyrus*) 的也许还要更早两个世纪, 包含了 25 个问题. 这些问题在当时结集成篇时就早已有了定论, 而反观另外一些年代更加近代、甚至是罗马时期的小纸草书却可以发现, 它们

① 以苏格兰银行家和古董商莱茵德 (A. Henry Rhind, 1833—1863 年) 命名, 莱茵德在尼罗河畔的卢克索 (Luxor) 购得此卷, 现存大英博物馆 (The British Museum).《莱茵德纸草书》也称《阿梅斯纸草书》(*Ahmes Papyrus*), 阿梅斯是抄录纸草书的僧人, 是数学史上为人所知的最早的人名.

② W. Willcocks, *Irrigation of Mesopotamia*, 2d. ed. (London, 1917), p. xi.

在解题方法上并没有什么差别. 二者使用的数学都是基于一种十进位制的计数法, 每一位更高的数位由一种特殊符号表示, 因为和罗马数字遵循着相同的原则, 我们对此并不陌生: MDCCCLXXVIII = 1878. (译者注: 罗马数字中, M 代表 1000, D 代表 500, C 代表 100, L 代表 50, X 代表 10, V 代表 5, I 代表 1, 所有数字相加可得.) 根据这种进位制, 埃及人发展了一种以加法为主的算术, 它的主要做法是用连加化简乘法. 例如一个数乘以 13 时, 可以先乘以 1, 然后依次两倍地乘以 2、乘以 4、乘以 8, 最后将乘以 1, 4, 8 (13 的组成部分) 的乘积相加得到答案.

例如, 计算 11×13:

$*1$　　11

　2　　22

$*4$　　44

$*8$　　88

将带 * 的得数加起来, 得到 $11 + 44 + 88 = 143$.

埃及算术最精彩的部分是分数计算, 所有分数都化归为分子是 1 的单位分数的和. 单位分数通常是在分母的数字上面加一个符号来表示, 我们这里取符号为一条横线, 于是 1/10 就表示为 $\overline{10}$. 唯一的例外是 1/2 和 2/3, 表示它们有特殊的符号. 人们借用数学表将分数简化为单位分数的和, 因为分子是任何数都能拆成若干个 2 和至多一个 1 的和, 只需要此表列出形如 $2/n$ 的分数的分解式.《莱茵德纸草书》上有一张表, 对于 5—101 的所有奇数 n, 给出了 $2/n$ 所对应的单位分数分解, 如:

$n = 5 - \overline{3}\,\overline{15}$　$(2/5 = 1/3 + 1/15)$

$7 - \overline{4}\,\overline{28}$

$9 - \overline{6}\,\overline{18}$

$59 - \overline{36}\,\overline{236}\,\overline{531}$

$97 - \overline{56}\,\overline{679}\,\overline{776}$

这里简化至单位分数的特定原则还不清楚 (例如, 为什么 $n =$ [23]
19 化为 $\overline{12}\,\overline{76}\,\overline{114}$ 而不是 $\overline{12}\,\overline{57}\,\overline{228}$?), 这样的分数计算使埃及数学蒙上一层繁复和笨拙的色彩, 然而除了依靠单位分数有些蹩脚外, 几千年来它还是很实用的, 不仅在希腊时期, 即使在中世纪也是如

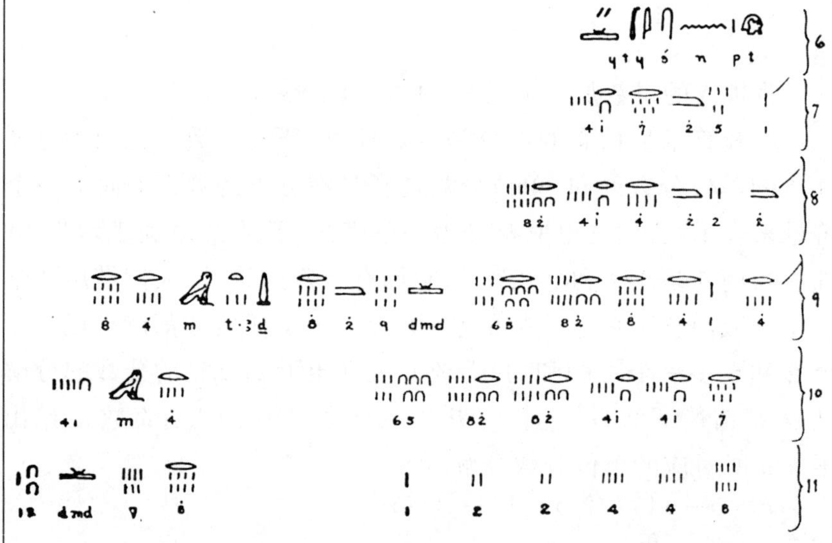

伟大的《莱茵德纸草书》中的

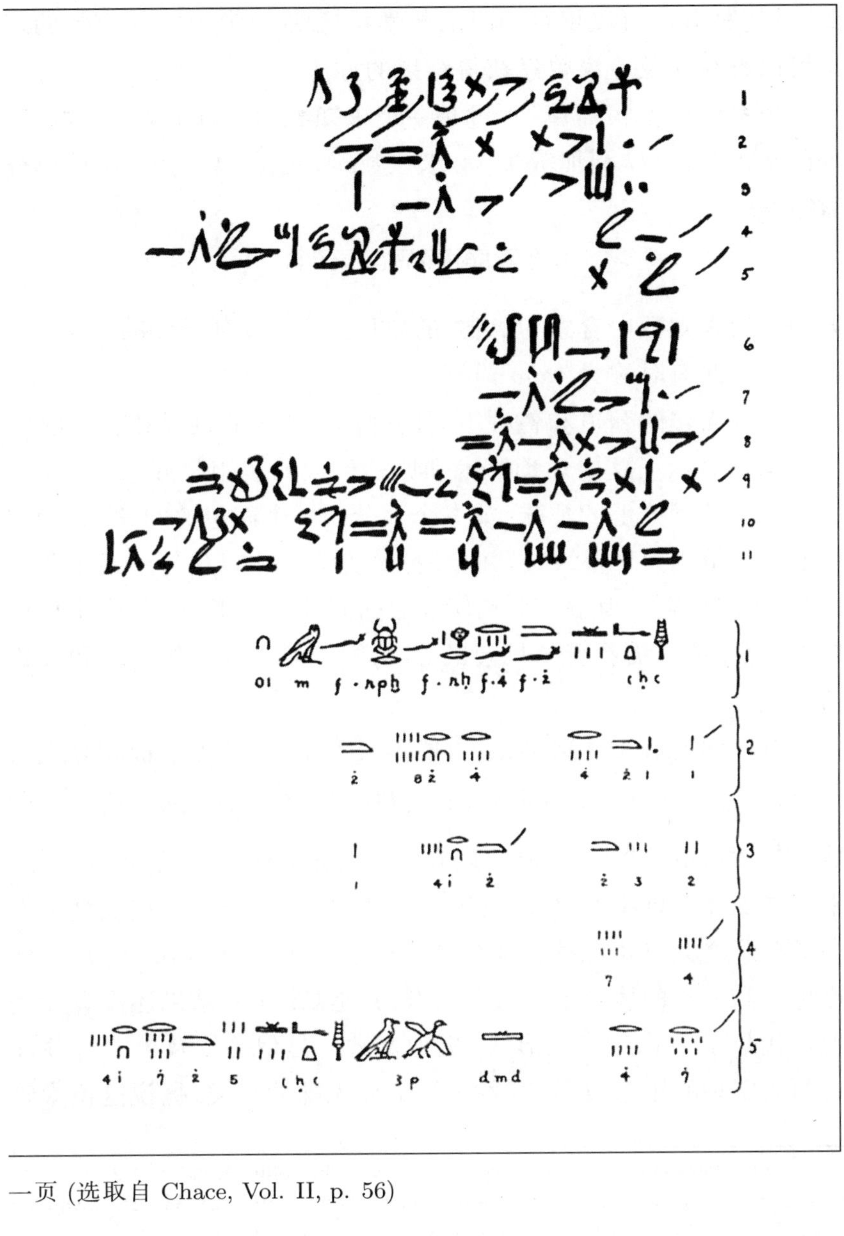

一页 (选取自 Chace, Vol. II, p. 56)

此. 从这种分解可以想见当时的数学技巧, 而且确有一些有趣的理论可以解释埃及专家曾经获得结果的方法. ①

很多问题都很简单, 不过是一个未知数的线性方程: 某数, 某数的 2/3, 1/2, 1/7 相加等于 33, 求该数. 答案是 14 28/97, 用单位分数写作:

$$14\,\overline{4}\,\overline{97}\,\overline{56}\,\overline{679}\,\overline{776}\,\overline{194}\,\overline{388}.$$

方程里的未知数由含意为 “堆” 的象形文字 *hau* 或者 *aha* 表示, 埃及代数因此有时称为 “*aha*-演算”.

涉及面包的劲道和各种不同的啤酒 、动物的饲料和谷物的储存等问题显示了这些烦琐算术和原始代数的实用起源. 有些问题表现出一种理论上的趣味, 如 5 个人分 100 个面包的问题, 分的结果要使各份成为等差级数, 并且最大 3 份的和的 1/7 等于最小两份的和. 我们甚至发现了一个几何级数的问题, 7 座房子, 每座房子里有 7 只猫, 每只猫看着 7 只老鼠等, 反映了对于几何级数求和公式的知识. ②

有些问题属于几何类型, 主要涉及度量. 三角形的面积是底与高乘积的一半; 直径为 d 的圆的面积写作 $\left(d-\frac{d}{9}\right)^2$, 从中可得 π 的数值为 $256/81 \approx 3.1605$. 此外还有实体物体的体积公式, 如立方体 、平行六面体 、圆柱体, 全部具体化作装谷物等的容器. 埃及度量术的最精彩之处是正四棱台体积的计算公式 $V=(h/3)(a^2+ab+b^2)$, 这里 a 和 b 是四棱台上下底的边长, h 是高. 这一结果还没有在其他古代数学中看到类似形式, 更加奇妙的是似乎埃及人当时并没
[26] 有勾股定理的概念, 尽管有着拉绳定界先师的传说, 据说这位大师

① O. Neugebauer, “Arithmetik und Rechentechnik der Ägypter”, *Quellen und Studien zur Geschichte der Mathematik*, Vol. B 1 (1931), pp. 301–380; B. L. van der Waerden, *Die Entstehungsgeschichte der ägyptischen Bruchrechnung*, Vol. 4 (1938), pp. 359–382; E. M. Bruins, “Ancient Egyptian Arithmetic: 2/N”, *Proc. Nederl. Akad. Wet.*, Vol. A 55 (1952), pp. 81–91.

② 联想到那首儿歌: “我赴圣地伊夫斯, 路遇一男携七妻, 每妻各背七布袋, 每袋各装七猫咪, 每猫各护七崽子. 猫崽 、猫咪 、袋与妻, 几多同去伊夫斯?” 可见这类问题经久不衰.

曾用 $3+4+5=12$ 结节的绳子构建直角三角形. ①

此处我们必须要注意不要过分夸大古代埃及的数学知识. 人们曾将各种先进科学都归功于公元前 3000 年以及更早的金字塔建造者, 甚至广泛流传着公元前 4212 年的埃及人使用所谓的天狼年计算历法. 这样精确的数学和天文学的工作源于刚刚缓慢地从新石器时代走出来的人, 实在很难经得住认真推敲, 而这些故事的来源常常可以追溯到由希腊人传递给我们的一种晚期埃及人传统. 将基本知识定位到远古时代是古代文明的共同特点, 但人们发现的所有文献都显示埃及数学涉及的领域相当有限, 尽管在范围之内相当高深. 当时的天文学也是处于相同的水平. 当然, 随着我们对于生活在石器时代或刚刚走出石器时代人们的天文知识的更加尊重, 我们对此事的观点也许会发生改变.

四

美索不达米亚的数学远比埃及数学达到了更高的水平, 这里我们甚至能够看到随着世纪进程的发展, 早在公元前 3000 年到苏美尔 (Sumerian) 末期 (乌尔第三王朝约公元前 2100 年) 的最古老文献已经显示了敏锐的计算能力. 这些文献中包括的乘法表, 将一种成熟的六十进位制叠加在一种原始的十进位制之上, 还有楔形符号代表 1, 60, 3600, 而且还有 60^{-1}, 60^{-2}. 然而, 这还不是最具有特色的, 比起埃及人用一个新符号代表一个更高数位, 苏美尔人只使用一种符号, 但用位置表示不同数值. 这样, 1 后面再有 1 就是 61, 5 后面有 6 再有 3(我们可以写作 (5, 6, 3)) 就是 $5\times60^2+6\times60+3=18363$. 这个位置制 (或称位值制) 与我们现在写数字的制式实际上是相同的, 因为我们写 343 就表示 $3\times10^2+4\times10+3$. 这一方法对于计算有很大优势, 用我们的进制和用罗马数字的进制各做一下乘法就可以明显地看出. 位置制还排除了分数算术中的不少困难, 就像我们现在用十进制写分数一样. 这一整套进制的发展似乎是管理技

① 见 S. Gandz, *Quellen und Studien zur Geschichte der Mathematik*, Vol. I (1930), pp. 255–277.

术的一个直接结果, 同一时期数以千计的文献都涉及牲畜和谷物等的运送以及由此产生的算术计算就说明了这一点.

这种计算也有一些模糊不清的地方, 因为每一符号的确切含义有时不能仅凭位置搞清楚. 这样 (5,6,3) 也可能表示 $5 \times 60^1 +$
[27] $6 \times 60^0 + 3 \times 60^{-1} = 306\ 1/20$, 要想准确解读就需要参照上下文了. 另一种不确定性来自空格有时代表零, 这样 (11,5) 有可能表示 $11 \times 60^2 + 5 = 39605$. 后来出现了一个代表零的特殊符号, 但时间不早于波斯时代. 因此, 所谓 "零的发明" 是实行位置制的一个逻辑结果, 但也必须是计算技术达到了相当完美的程度以后.

六十进制和位置制都在人类进程中得以永久保留. 我们现在将小时划分为 60 分钟和 3600 秒, 将圆划分为 360 度, 每度划分为 60 分, 每分划分为 60 秒, 就要追溯到苏美尔人. 我们有理由相信, 选择 60 而不是 10 为单位, 是为了尝试统一各种度量制, 当然也可能因为 60 具有多个因数. 位置制的永久重要性一直被人们与字母相媲美 (两种发明都以一种可以为许多人所容易了解的方法取代了一种复杂的符号制), 它的历史却仍然相当扑朔迷离. ① 设想印度人和希腊人在经过巴比伦的商路上掌握了位置制是有道理的, 我们也知道阿拉伯学者把它认作是印度的发明, 但是可能还是巴比伦的传统影响了后来一切对于位置制的采用.

五

此后的一批楔形文文献当属于汉谟拉比国王 (King Hammurabi) 统治巴比伦的第一巴比伦王朝 (the first Babylonian Dynasty, 约公元前 1750 年), 闪米特人 (Semitic) 征服了原住的苏美尔人. 在这些文献里, 我们发现算术已经演化为完备的代数学. 此时的埃及人只能解简单的一次方程, 汉谟拉比时代的巴比伦人却完全掌握了解二次方程的技术. 他们还会解有两个变量的一次和二次方程, 甚至还有三次、四次方程的问题, 只是解的问题都有特殊的系数,

① O. Neugebauer, "The History of Ancient Astronomy", *Journal of Near Eastern Studies*, Vol. 4 (1945), p. 12.

但所用方法非常肯定地表明他们懂得一般的规则.

下面的例子取自该时期的泥板, 翻译成现代的语言:①

> 两个正方形组成的面积 A 为 1000, 一个正方形的边长是另一个正方形边长的 2/3 减 10, 求该正方形的边长.

由此可得方程:$x^2+y^2=1000$, $y=\dfrac{2}{3}x-10$, 解由下面的二次方程给出:

$$\frac{13}{9}x^2-\frac{40}{3}x-900=0,$$ [28]

它只有一个正数解, $x=30$.

楔形文文献中的实际解和所有的东方问题一样, 将自己局限在了简单列举解二次方程所必需的代入数字的步骤:

10 的平方得到 100,1000 减 100 得到 900, 等等. 数字 1000 写作 (16,40),900 写作 (15,0), 等等.

巴比伦数学的这种强烈算术 - 代数特性在几何学中也是明显的. 与埃及一样, 巴比伦的几何学是在涉及度量的实际问题的基础上发展起来的, 但问题的几何形式常常不过是呈现代数问题的一个方法. 前面的例子显示出一个关于正方形面积的问题引出了一个不小的代数问题, 这个例子不是例外. 文献显示闪米特时期的巴比伦几何拥有简单直线型图形的面积公式和简单立体的体积公式, 只是还没有看到棱台的体积公式. 那时的人们已经知道勾股定理是直角三角形三边之间的数字关系, 不仅对于特殊情况, 而且具有充分的普遍性. 由此人们又发现了 “勾股数” , 如 (3, 4, 5), (5, 12, 13) 等. 但是, 这一几何学的主要特色是对代数学的支持, 这一点在以后的新巴比伦 、波斯 、塞琉古 (Seleucid) 时期 (约公元前 600 年 — 300 年) 的文献中也同样正确, 特别是那些我们已经有丰富积累的第三个时期的文献.

这些较晚时期的文献受到巴比伦天文学发展的强烈影响, 那时的天文学以一些精心演算的各种星历表为特征, 也常常用于占星术, 似乎很有科学范儿. 数学在计算技术上变得更加完美, 代数

① K. Vogel, *Vorgriechische Mathematik*, Vol. II (Hanover and Paderborn, 1959), p. 50. 这块泥板现藏于斯特拉斯堡国立大学图书馆.

解决的方程问题即使在今天也需要相当的数字技巧, 有些塞琉古时期的计算达到六十进位制下的十七位. 如此繁复的数字工作不再与捐税或度量的问题相关, 只是受到天文学问题或对计算的纯粹爱好的激励, 可见 "东方数学" 的确不是纯实用的.

多数这样的计算算术是用数学表做的, 从简单的乘法表到倒数表、平方立方根表都有. 有一张表给出 n^3+n^2 的数值, 似乎可用来解 $x^3+x^2=a$ 这样的三次方程. 还有一些极佳的近似值: $\sqrt{2}$ 表示为 $1\frac{5}{12}$ $\left(\sqrt{2}=1.4142\cdots, 1\frac{5}{12}=1.4167\cdots\right)$, ① $1/\sqrt{2}=0.7071\cdots$ 表示为 $17/24=0.7083\cdots$. 平方根似乎可由下列公式得到:

[29] $$\sqrt{A}=\sqrt{a^2+h}\approx a+\frac{h}{2a}=\frac{1}{2}\left(a+\frac{A}{a}\right).$$

在大多数巴比伦数学中, 没有看到比《圣经》的 $\pi=3$(列王记上七章 23 节) 更好的近似, 圆的面积取作周长平方的 1/12, 但是有的地方将 π 近似为 $3\frac{1}{8}$. ②

方程 $x^3+x^2=a$ 出现在求解方程组 $xyz+xy=1+1/6$, $y=\frac{2}{3}x$, $z=12x$ 的问题中, 由此得出 $(12x)^3+(12x)^2=252$, 由表得出 $12x=6$ 从而 $x=1/2$, 进一步 $y=1/3$, $z=6$.

楔形文字的文献里还有复利的问题, 诸如利率 20% 的一笔钱多久可以翻番的题目, 所得的方程是 $\left(1\frac{1}{5}\right)^x=2$, 求解时首先注意到 $3<x<4$, 再使用线性插值 (按我们的写法记作):

$$4-x=\frac{(1.2)^4-2}{(1.2)^4-(1.2)^3},$$

得到 $x=4$ 年减去 (2,33,20) 个月.

大约公元前 2000 年代数发展的特殊原因之一似乎是闪米特的新统治者巴比伦人使用了原来苏美尔人的手稿. 象形文字这样的

① O. Neugebauer, *Exact Science in Antiquity*, Univ. of Pennsylvania Bicentennial Conf., Studies in Civilization (Philadelphia, 1941), pp. 13–29.

② E. M. Bruins and M. Rutten, *Textes mathematiques de Suse* (Paris, 1961), p.18.

现存于大英博物馆的一块楔形文字的一面 (由大英博物馆提供)

古代手稿由表意文字组成, 每一个字代表一个单独的概念, 闪米特人将它用自己语言的语音翻译, 也承继了原意中的一些符号. 这些符号用于表达概念, 但发音已经不同. 这种表意文字很适合代数语言, 就像我们现在的符号 +, −, : 等, 其实也是表意文字. 在巴比伦行政官吏的学校中, 许多年以来代数语言都是课程的一部分, 尽管帝国几度更替: 加喜特人 (Kassites)、亚述人 (Assyrians)、米堤亚人 (Medes)、波斯人先后成为统治者, 传统却不曾改变.

更加复杂的问题要追溯到古代文明再稍后的时期, 主要是波斯时期和塞琉古时期. 这个时候巴比伦已不再是重要的政治中心, 但几个世纪以来仍是庞大帝国的文化心脏, 在这里巴比伦人与波斯人、希腊人、犹太人、印度人以及许多民族生活在一起, 所有的楔形文字文献都是对传统的持续传承, 也表现了地区发展的一种连续性. 这种地区发展也会受到接触其他文明的刺激, 并且刺激又有双向性, 这点几乎无可置疑. 我们知道这时期的巴比伦天文学影响了希腊天文学, 巴比伦数学影响了计算算术, 有理由设想, 经过巴比伦文职学校中介, 希腊科学与印度科学相遇. 波斯人和塞琉古美索不达米亚人在传播古代天文学和数学中所起的作用尚不太为人所知, 但所有已知证据都表明其作用不能忽视. 中世纪阿拉伯和
[31] 印度科学不仅源于亚历山大城 (Alexandria) 的传承, 也源于巴比伦的传承.

六

在所有古代东方数学中, 没有找到我们称之为证明的任何尝试, 没有陈述过推理, 只有某些规则: “如此做, 做这个.” 我们无从知晓定理被发现的途径, 例如, 巴比伦人是怎样懂得了勾股定理? 人们想出了埃及人和巴比伦人获得结论的几种解释, 但都是假说性质的. 对于经过欧几里得式严格推理教育的我们来说, 整个的东方推理方式最初似乎是怪异而且令人极其不满的. 但是当我们意识到我们教授给今天的工程师和技术人员的数学不过就是 “如此做, 做这个” 形式, 很少有严格的证明时, 这种怪异也就烟消云散了. 在许多高中, 代数仍被当作一堆法则而不是一门演绎科学来讲授. 从这方面来说, 东方数学似乎一直都没从几千年来技术和管理问题的影响之下解放出来, 它正是为了解决这些问题而发明的.

七

希腊、中国、巴比伦影响的问题深刻地决定着古印度数学的研究. 后来的印度与中国本地学者曾经很强调他们数学源远流长,

现在有时仍会听到这样的说法, 但是却不曾发现可以确定是公元前的数学文献. 现存最古老的印度文献也许是公元 1 世纪的, 最古老的中国文献也是出于相同时期或者稍微早一些. 我们确知古印度人使用没有数位标志的十进位制计数法, 这一方法由所谓的布拉米数字组成, 每一个数字 $1, 2, 3, \cdots, 9, 10$; $20, 30, 40, \cdots, 100$; $200, 300, \cdots, 1000, 2000, \cdots$ 都有一个特殊的记号, 这些符号至少也会源于阿育王 (King Aśoka) 的年代 (约公元前 300 年).

当时存在所谓的《苏勒瓦苏特拉》(*Śulvasūtras*), 其中有一部分还要早到公元前 500 年或更早, 所含的数学规则可能就起源于古代的当地. 这些规则见于典仪程式之中, 有些涉及建造祭坛. 我们在其中发现构造正方形和长方形的方法、正方形的边长与对角线长的关系表达式、等面积的圆与正方形之间的关系表达式. 也有特殊情形下勾股定理的知识, 还有一些用单位分数表示的很奇特的近似值, 诸如 (用我们的表示法):

$$\sqrt{2} \approx 1 + \frac{1}{3} + \frac{1}{3 \times 4} - \frac{1}{3 \times 4 \times 34} (\approx 1.4142156),$$

$$\pi \approx 4\left(1 - \frac{1}{8} + \frac{1}{8 \times 29} - \frac{1}{8 \times 29 \times 6} + \frac{1}{8 \times 29 \times 6 \times 8}\right)^2$$
$$\approx 18(3 - 2\sqrt{2}).$$

《苏勒瓦苏特拉》中的这些结果并未见于以后的印度著作中,
这一奇特的现象表明, 我们尚不能谈论印度数学传承的连续性, 而 [32]
这种连续性在埃及和巴比伦数学中非常典型. 同时由于印度国土辽阔, 这种连续性有可能实际上是缺失的, 也许不同学派有不同的传承性. 例如我们知道, 与佛教一样古老的耆那教 (Jainism, 约公元前 500 年) 曾经推崇数学研究, 在耆那教的圣书中, 曾给出数值 $\pi = \sqrt{10}$. ①

八

对于古代中国数学的研究由于缺乏翻译的材料而长期受到

① B. Datta, "The Jaina School of Mathematics", *Bull. Calcutta Math. Soc.*, Vol. 21 (1929), pp. 115–146.

限制, 我们大多数并非中国学者的研究者只好求助于从三上义夫 (Makami,1913 年)、李约瑟 (Needham,1959 年) 等人的著作或其他专门文章中得到的信息. 目前又有了几份翻译文献, 其中有俄文版和德文版的《九章算术》(译者注: 目前《九章算术》已有英文版、日文版和法文版). 这部书和《周髀算经》在汉代 (公元前 206 — 220 年) 时就有了现在的形式, 可能还包含了更古老的材料.《周髀算经》只是部分谈到数学, 它引起人们关注是因为其中含有对于勾股定理的讨论. 而《九章算术》则是一部完全的数学著作, 已经具有以后一两千年时间中国古代数学的特色.

在《易经》这样的汉代古籍 (译者注: 说《易经》出自汉代是受 20 世纪部分学者的影响, 现在包括《易经》在内的中国传统典籍的成书年代普遍都往前推了. 国内一般的研究者认为《周易》的经文部分是在西周的时候就有了.) 中还发现了一些非常古老的图表, 其中之一是幻方 (《洛书》):

4	9	2
3	5	7
8	1	6

与之相关还有许多传说.

中国人计数一直都是十进位制, 我们发现早在公元前 2000 年, 人们就用 9 个符号和位置制表示数字, 这个体系在汉代或可能更早时期固定下来. 9 个数字由竹棍 (称为算筹) 的不同排列表示, 这样就有 ⊥ ⊤⊤ = ⊤⊤⊤⊤① 表示 6729, 书写也用这样的方法. 基本的演算在算盘上进行, 空位就是我们放零的地方 (零作为一种特殊符号直到 13 世纪才出现, 但也许早一些). 在历法计算中, 人们使用了
[33] 六十进制, 有点像两个啮合的齿轮, 一个 12 齿, 一个 10 齿, 因此 60 是一个较高的单位, 名为 "甲子", 即丁尼生 (Tennyson) 诗中的 "中国甲子" (cycle in Cathay). (译者注: 丁尼生 (1809—1892 年) 有诗句 Better fifty years of Europe than a cycle of Cathay.)

① 此处原著有误, 应为 ⊥ ⊤⊤ || ⊤⊤⊤⊤.

《九章算术》中的数学主要是一系列对解有普遍规则的问题，它们具有计算算术的特性并过渡到有数字系数的代数方程. 开平方根和立方根, 如 $751\frac{1}{2}$ 是 $564752\frac{1}{4}$ 的平方根, 圆周率 π 取作 3 (译者注: 即所谓 "周三径一"). 还有一类问题引出线性方程组, 例如:

$$\begin{cases} 3x + 2y + z = 39, \\ 2x + 3y + z = 34, \\ x + 2y + 3z = 26, \end{cases}$$

并且用系数矩阵的形式写出, 方程的解用我们现在称为矩阵变换的方式得到. 在这些矩阵里我们发现了负数, 这在历史上是第一次出现.

中国数学一直处于独特的地位, 它的传统直到近代一直不曾打破过, 相对于属于消逝文明的埃及和巴比伦数学, 研究数学在中国社会中的地位会更好一些. 例如, 我们知道应考举人必须展示自己对于经典具有严格规范的掌握, 而考试主要根据正确背诵典籍的能力, 传统知识要依靠苦读一代代地传承, 在这种迟缓的文化氛围下, 新的发现难得一见, 这一点又更加保证了数学传统的不变性. 这样的传统可能经千年不变, 仅仅偶尔为巨大的历史灾难所动摇. 印度也有类似的情况存在, 我们甚至会看到, 数学文献被编成顺口溜以便于记忆. 如果相信古埃及和巴比伦的做法会与印度和中国的做法大不相同, 那是没有道理的. 只有全新文明的出现才能打破数学的相对僵化, 希腊文明对于生命特性的不同观点终于将数学带入一种新型的科学标准之中.

参考文献

The Rhind Mathematical Papyrus, T. E. Peet, Ed. London, 1923.

The Rhind Mathematical Papyrus, A. B. Chase et al., Eds. 2 Vols., Ohio, 1927—1929.

(内含一份详尽的有关埃及和巴比伦数学的参考书目. 参考书目亦见 O. Neugebauer, *Exact Science in Antiquity*, Philadelphia, 1941, p. 18. 多数关于古代天文学.)

[34] *Mathematischer Papyrus des staatlichen Museums der schönen Künste in Moskau*, W. W. Struve and B. A. Turajeff, Eds. Berlin, 1930.

Gillings, R. J. *Mathematics in the Time of the Pharaohs*. Cambridge, Mass., 1972 (Dover reprint, 1982). (见 *HM*, Vol. 4 (1977), pp. 445–452, M. Bruckheimer 和 Y. Salomon 的文章.)

Neugebauer, O. *Vorlesungen über Geschichte der antiken mathematischen Wissenschaften, I: Vorgriechische Mathematik*. Berlin, 1934.

——. *Mathematische Keilschrift-Texte*. 3 Vols., Berlin, 1935–1937.

——. *The Exact Sciences in Antiquity*. Princeton, 1952; 2nd ed., 1957; Dover reprint, 1969.

—— and Sachs, A. *Mathematical Cuneiform Texts*. New Haven, 1945.

Thureau-Dangin, F. "Sketch of a History of the Sexagesimal System". *Osiris*, Vol. 7 (1939), pp. 95–141.

——. *Textes mathématiques babyloniens*. Leiden, 1938.

上述两位作者对巴比伦数学的解释有差别. 一个观点表达于:

Gandz, S. "Conflicting Interpretations of Babylonian Mathematics", *Isis*, Vol. 31 (1940), pp. 405–425.

也见:

Bruins, E. M., and Rutten, M. *Textes mathématiques de Suse*. Paris, 1961.

Vogel, K. *Vorgriechische Mathematik*. 2 Vols. Hanover-Paderborn, 1958–1959.

关于前希腊数学较早的综述可见:

Archibald, R. C. "Mathematics Before the Greeks". *Science*, Vol. 71 (1930), pp. 109–121, 342. 亦见同一文献, Vol. 72 (1930), p. 36.

Smith, D. E. "Algebra of 4000 Years Ago". *Scripta Math.*, Vol. 4 (1936), pp. 111–125.

关于印度数学, 见 *Bulletin of the Calcutta Mathematical Society* 各卷以及:

Datta, B., and Singh, A. N. *History of Hindu Mathematics.* 2 Vols., Lahore, 1935—1938. [Reviewed by O. Neugebauer in *Quellen und Studien*, Vol. 3B (1936), pp. 263–271.]

Gurjar, L. V. *Ancient Indian Mathematics and Vedha.* Poona, 1947. [亦见 *Math. Rev.*, Vol. 9 (1948), p. 73.]

Kaye, G. R. “Indian Mathematics”. *Isis*, Vol. 2 (1919), pp. 326–356.

Seidenberg, A. “The Ritual Origin of Geometry”. *AHES*, Vol. 1 (1962), pp. 488–527.

Müller, C. “Die Mathematik der Śulvasūtra”. *Abh. Math. Seminar Univ. Hamburg*, Vol. 7 (1929), pp. 173–204.

关于中国和日本的数学见:

Mikami, Y. *The Development of Mathematics in China and Japan.* Leipzig, 1913.

Berezkina, E. I. “The Ancient Chinese Treatise ‘Mathematics in Nine Chapters’ ”. *Istor.-mat. Issled.*, Vol. 10 (1957), pp. 423–584 (俄文)

德文版: [35]

Chiu Chang Suan Shu, Neun Bücher arithmetischer Technik, übers. und erläutert von K. Vogel. Ostwalds Klassiker der exakten Wissenschaften, Neue Folge 4. Braunschweig, 1908.

Needham, J. *Science and Civilization in China.* Cambridge, 1959. (见 Vol. III, pp. 1–168.) 这是目前主要的信息来源. (译者注: 此书有中译本,《中国科学技术史 · 第三卷数学》, 科学出版社,1978 年.)

Haudricourt, A., and Needham, J. “La science chinoise antique”. In *Histoire générale des Sciences* (Paris, 1957), Vol. 1, pp. 184–201.

Libbrecht, U. *Chinese Mathematics in the Thirteenth Century: The Shu-Shu Chiuchang of Ch’in Chiu-shao.* Cambridge, Mass., 1973.

Lam, L. Y. *A Critical Study of the Yang Hui Suan Fa. A Thirteenth Century Chinese Mathematical Treatise.* Singapore, 1977.

The I Ching or Book of Changes. Trans. by R. Wilhelm, New York, 1950; and by J. Legge, London, 1899 (Dover reprint, 1963).

Gillon, B. S. "Introduction, Translation and Discussion of Chao Chun-ch'ing's Notes to the Diagram of Short Legs and Long Legs and of Squares and Circles". *HM*, Vol. 4 (1977), pp. 253–293.

Struik, D. J. "On Ancient Chinese Mathematics". *Mathematics Teacher*, Vol. 56 (1963), pp. 424–431; 还有 *Euclides*, Vol. 40 (1964), pp. 65–79.

关于东方社会的性质见下面的文献和第四章的参考文献:

Wittfogel, K. A. "Die Theorie der orientalischen Gesellschaft". *Zeitschrift für Sozialforschung*, Vol. 7 (1938), pp. 90–122. 还有 "Le mode de production asiatique". *La Pensée*, Vol. 114 (1964), pp. 3–73.

Needham, J. "Science and Society in East and West". *Science and Society*, Vol. 28 (1964), pp. 385–408. (译者注: 此书有中译本,《东西方的科学与社会》, 徐汝庄, 译, 自然杂志, 1990 年第 12 期.)

关于东方数学, 可以进一步参见:

van der Waerden, B. L. *Science Awakening.* 2nd ed., New York, 1961. (译自荷文版: Groningen, 1950.)

Vol. XV, Supplement I of *DSB* (New York, 1978) has on pp. 531–818 "Topical Essays" on "Mathematical Astronomy in India" (D. Pingree); "Man and Nature in Mesopotamian Civilization" (A. L. Oppenheim); "Mathematics and Astronomy in Mesopotamia" (B. L. van der Waerden); "The Mathematics of Ancient Egypt" (R. J. Gillings); "Egyptian Astronomy, Astrology and Calendrical Reckoning" (R. A. Pinker); "Japanese Scientific Thought" (S. Nakayama); 和 "Maya Numeration, Computation and Calendrical Astronomy" (F. C. Lounsbury).

van der Waerden, B. L. "On Pre-Babylonian Mathematics" (I, II). *AHES*, Vol. 23 (1980), pp. 1–26, 27–46. (关于中国、巴比伦和埃及数学可能的史前来源, 见 Seidenberg, *AHES*, Vol. 18 (1978), pp. 301–342.)

第三章 希腊

一

在公元前 2000 年的最后几个世纪中, 地中海沿岸发生了巨大的经济和政治变革. 在移民与战争的动荡氛围里, 青铜器时代被称作我们的时代的铁器时代所取代. 对于这一时期的变革, 我们不谙详情, 只知道在它的末期, 大概约公元前 900 年时, 米诺斯人 (Minoan)、迈锡尼人 (Mycenaean)、赫梯人 (Hittite) 的世界消失了, 埃及和巴比伦日渐式微, 新的部族登上历史舞台, 他们中间最突出的是希伯来人 (Hebrews)、亚述人 (Assyrians)、腓尼基人 (Phoenicians) 和希腊人. 铁器替代青铜器不仅带来了战争的变化, 还通过降低生产工具成本, 增加了社会积累, 刺激了商业, 促使一般民众更广泛地参与经济和公共事业. 这一点反映在两大改进: 容易掌握的字母代替了古代东方笨拙的文字, 出现了有助于刺激商业的铸造货币, 宗教和科学再也不是东方官场专利的时代已经到来了. [37]

这些移民在埃及文献中被称为 "海盗", 他们的行为最初都伴随着巨大的文化损失, 米诺斯和迈锡尼文明消失, 埃及艺术式微, 巴比伦和埃及的科学停滞了几个世纪, 至今我们都见不到这一过渡时期的数学文献. 当稳定的结构重新建立后, 古代东方仍然主要沿着传统轨道复兴, 而历史舞台却为全新的文明所占领, 这就是希腊文明, 它的荷马 (Homer) 史诗对迈锡尼的过去只剩下口头上的记忆.

沿着小亚细亚 (Asia Minor) 海岸和希腊大陆上兴起的城镇不再是东方暴政的行政中心, 而是商业城市, 这里旧时的封建地主必须要与独立的、政治上觉醒的商人阶级进行一场注定要失败的战争. 在公元前 7 世纪和前 6 世纪, 商人阶级赢得统治权后, 还必须要与小商人和手工业者这些 "城邦平民" 争夺自己的地位, 从而导致自我管理的希腊 "城邦国家" 的兴起, 它是一种与苏美尔和其他
[38] 东方国家早期的城邦国家完全不同的社会尝试. 最重要的城邦国家出现在安那托利亚 (Anatolian) 海岸的爱奥尼亚 (Ionia), 那里繁荣起来的商业将它们与地中海沿岸、美索不达米亚、埃及、锡西厄 (Scythia)、甚至更远处的国家联系起来, 米利都 (Miletus) 在很长时间都居领导地位. 其他海岸的城邦也在积累财富并提升地位: 在希腊大陆先有科林斯湾 (Corinth), 继而有雅典; 在意大利海岸, 有克罗东 (Croton) 和他林敦 (Tarentum); 在西西里有叙拉古 (Syracuse).

新的社会秩序创造了新型的商人, 他们从来没有享受过这样多的独立, 同时又懂得独立性是持续而艰苦斗争的结果, 永远也不会抱有东方的静止观念. 他们生活在一个只能与 16 世纪的西欧同日而语的地理发现时期, 不承认所谓拥有一成不变神力的专制君王和权力. 而且, 由于坐拥财富和或多或少的奴隶劳动, 他们能够享受一定程度的休闲, 还会以哲学观点思索他们的世界. 缺失完备的宗教导致这些沿岸城邦的许多居民接受某种形式的神秘主义, 但同时又刺激了它的对立面, 理性主义和科学观的成长.

二

现代数学就诞生于这种爱奥尼亚的理性主义氛围之中, 这种数学不仅提出东方型问题 "怎么样", 也提出现代科学问题 "为什

么". 传统的希腊数学之父是米利都商人泰勒斯 (Thales), 他曾在公元前 6 世纪的上半叶访问过巴比伦和埃及. 虽然泰勒斯一生充满传奇, 他本人却代表着一些高度的真实, 所象征的不仅是现代数学, 也是现代科学和现代哲学的基础得以建立起来时的一种环境.

早期希腊数学研究有一个主要目标, 根据理性的图像了解人在宇宙中的位置. 数学曾经帮助人们在纷乱中理出秩序, 在逻辑链中排列理念, 找出根本的原则. 数学是所有科学之中最合理的学科, 尽管人们基本确定希腊商人在他们的贸易之路上熟悉了东方数学, 但他们很快就发现东方人未做合理化的大部分工作. 为什么等腰三角形两底角相等? 为什么三角形的面积等于同底等高的矩形的面积的一半? 这些问题对于那些向宇宙学、生物学和物理学提出类似问题的人来说是自然而然的.

不幸的是, 我们找不到勾勒早期希腊数学发展图像的原始资料, 现存文献都来自基督和伊斯兰时代, 而且仅仅由稍早期的埃及纸草略加补充. 典籍专家帮助我们还原了一些公元前 4 世纪及以后的文献, 我们得以拥有欧几里得 (Euclid)、阿基米德 (Archimedes)、阿波罗尼奥斯 (Apollonius) 和其他古代伟大数学家的可靠著述. 但这些著述呈现的是已经充分发展的数学科学, 即使在后人注释的
帮助下也难以寻找历史的发展轨迹. 关于希腊数学的形成年月, 我 [39]
们只有完全依靠后来著述者传递过来的细小片断, 以及哲学家和其他并非严格的数学著者的零散点评. 当然, 高度的智慧和耐心的考据已经使许多模糊的早期历史日渐清晰起来, 而就是因为这一考据 (由塔内里 (P. Tannery)、希思 (T. L. Heath)、措伊滕 (H. G. Zeuthen) 和弗兰克 (E. Frank) 等人进行, 工作仍在继续), 我们才能提出希腊数学在其形成年代的一种比较连贯且又不无假设的图像.

三

公元前 6 世纪, 一个新生而庞大的东方力量在亚述帝国的废墟上兴起, 这就是阿契美尼德人 (Achaemenids) 的波斯. 它征服了

安那托利亚的城镇, 但希腊大陆上的社会结构已经牢不可破, 波斯的入侵在马拉松、萨拉米斯 (Salamis)、布拉的 (Plataea) 等地的历史性战争中被击退. 希腊胜利的主要后果是雅典的扩张和霸权, 这里在公元前 5 世纪后半叶伯里克利 (Pericles) 的统治下, 民主元素的影响日益增加, 成为经济和军事扩张背后的驱动力. 到公元前 430 年, 雅典已经不仅是希腊帝国的先锋, 还是一种新兴而惊人的文明 —— 希腊黄金时代 —— 的中心.

在社会和政治斗争的框架中, 哲学家和导师们提出了他们的理论, 同时也提出新数学. 这些比任何过去的学问家都少受传统束缚的批评人士就是 "诡辩学家", 他们在历史上第一次将处理数学性质的问题当作哲学探索自然与道德世界的一部分, 发展了一种以理解而不是利用的精神去研究的数学. 因为这种思想态度能够使诡辩家达到精确思维本身的基础, 所以追随他们的讨论必定是极受启发的. 然而, 不幸的是, 这时期的纯数学片断迄今只存有一篇, 由爱奥尼亚哲学家希俄斯人希波克拉底 (Hippocrates of Chios) 所写. ① 这一片断记述的是关于由两段或多段圆弧所围绕的所谓 "新月问题", 是一个极为典型的 "不实际" 而有理论价值的有趣课题, 反映了高度完美的数学推理与求解.

这个问题 —— 求解两段可以用直径有理地表示的圆弧所围绕的面积问题 —— 与圆的求面积问题有直接的关系, 是希腊数学的一个中心问题. 希波克拉底在分析问题②时, 显示出希腊黄金时代的数学家对于平面几何具有一种有序系统, 这一系统充分采用了从一个语句到另一个语句的逻辑推理 (反证法) 的原则. 正如推测
[40] 为希波克拉底所著的《原本》的书名所示, 当时的人们已经建立了初步的公理体系, 所有希腊公理学论著 (包括欧几里得的著作) 都有同样的书名. 希波克拉底研究了以直线和圆弧围绕的平面图形

① 不要与科斯人希波克拉底 (Hippocrates of Cos) 医生混淆, 但是他们是同时代人.

② 对于一个现代的分析, 见 E. Landau, "Uber quadrirbare Kreisbogenzweiecke", *Berichte Berliner Math. Ges.*, Vol. 2 (1903), pp. 1–6. 也见: T. Dantzig, *The Bequest of the Greeks* (New York, 1955), Ch. 10; and *DSB*, Vol. 6 (1972), pp. 411–416.

的面积, 他教导说, 相似圆弓形的面积与其弦的平方成正比. 他知道勾股定理, 也知道非直角三角形相应的不等式. 整部论著已经带有也许可以称作欧几里得传统的风格, 但他要比欧几里得早一个多世纪.

圆的求积问题从这个时期开始成为 "古代三大著名数学问题" 的研究课题之一, 这三个问题是:

1. 三等分角, 将给定角分为三个相同部分的问题.

2. 二倍立方体, 求一体积为已知立方体体积两倍的立方体的边长 (即所谓 "提洛 (Delian) 问题").

3. 化圆为方, 求与给定圆面积相同的正方形.

这些问题的重要性在于, 它们不能用构建有限数目的直线和圆的几何方法解决, 除非使用近似, 因此成为探索数学新领域的方法. 前两个问题常常简化为寻找两条线段 x 和 y, 使得 $a:x=x:y=y:b$, 其中 a 和 b 是所给线段. 这个问题就是求 x 使 $a:x=x:b$ 这个几何均值问题的延伸, 但是仅用直尺和圆规不能求解二重几何均值. 由此再度引出圆锥截面和一些三次和四次曲线以及一种称为割圆曲线的超越曲线的发现. 问题偶尔被传播的轶事形式不应使我们对于这些问题的基本重要性产生偏见, 往往一个基本问题会以一件轶事或一个疑惑的形式呈现, 就像牛顿 (Newton) 的苹果、卡尔达诺 (Cardano) 的失信 (译者注: 后面第五章第七节有对此的比较详细的讲述.)、开普勒 (Kepler) 的酒桶. 包括现代的不同时期的数学家, 都指出了这些希腊问题与现代方程论 —— 涉及关于有理性、代数数、群论等领域 —— 之间的联系.①

四

在那些某种程度上与民主运动有关的诡辩学家以外, 大约还

① 例如, 见 F. Klein, *Vorträge über ausgewählte Fragen der Elementargeometrie* (Leipzig, 1895) (有中译本, 克莱因,《初等几何的著名问题》, 沈一兵, 译, 高等教育出版社, 2005 年); 以及 F. Enriques, *Fragen der Elementarmathematik* (Leipzig, 1907), Vol. II.

有着另外一些与贵族相关而且爱好数学的哲学家. 他们被称为毕
[41] 达哥拉斯学派. 其创始人毕达哥拉斯 (Pythagoras) 相当神秘, 大概是一位神秘主义者、科学家、贵族政治家. 大多数诡辩学家 —— 特别是追随留基伯 (Leucippus) 和德谟克利特 (Democritus) 的原子论者 —— 强调变化的真实性, 而毕达哥拉斯学派则强调对自然与社会中不变元素的研究. 他们在对于宇宙永恒法则的追寻中, 研究了几何、算术、天文和音乐等 "四艺", 其中最出色的领袖是他林敦人阿尔希塔斯 (Archytas of Tarentum), 此人生活在大约公元前 400 年. 如果我们依照弗兰克的假设, 很多毕达哥拉斯品牌的数学都要归功于他. 毕达哥拉斯学派的算术是一门高度推理的科学, 与同时代的巴比伦计算技术少有共同之处. 他们对数 (即整数) 进行分类, 有奇数、偶数、两奇数之积、两偶数之积、素数、合数、完全数、亲和数、三角形数、正方形数、五角形数等. 其中三角形数最为有趣, 反映了几何与算术之间的联系:

```
                                 ·
                     ·          · ·
            ·       · ·        · · ·
  · 1,     · · 3,  · · · 6,   · · · · 10,   等
```

我们的名称 "正方形数 (俗称平方数)" 就来源于毕达哥拉斯学派的思索:

```
                     · · ·
           · ·       · · ·
  · 1,     · · 4,    · · · 9,   等
```

这些图形本身极为古老, 散见于新石器的陶器. 毕达哥拉斯学派研究了图形的特性, 蒙上学派特有的数字神秘主义色彩, 将它们置于所有基本关系都可简化为数的关系的宇宙哲学的中心 ("万物皆数"). 点就是 "位置的单元".①尤其重要的是数之比, 比的等式构成的比例可依哲学和社会的解释分为算术均值 ($2b = a + b$)、几何

① 关于毕达哥拉斯学派的算术, 见 B. L. van der Waerden, *Math. Annalen*, Vol. 120 (1948), pp. 127–153, 676–700.

均值 ($b^2 = ac$) 与调和均值 $\left(\frac{2}{b} = \frac{1}{a} + \frac{1}{c}\right)$.

毕达哥拉斯学派了解正多边形和正多面体的一些性质, 他们指出了如何用直角三角形、正方形和正六边形铺满平面以及怎样用立方体填满空间. 对于后一个结论, 后来亚里士多德 (Aristotle) 还曾经想补充一个错误论断 —— 空间可以被正四面体填满. ① 毕达哥拉斯学派也许还知道正八面体和正十二面体, 在意大利发现的黄铁矿结晶体就是十二面体, 而从伊特鲁里亚 (Etruscan) 时代 [42]
开始, 十二面体就一直用来作为装饰品和魔幻标志, 历史可追溯至大约公元前 900 年的铁器时代初期以及稍晚的中欧凯尔特人 (黄铁矿就是铁的来源). ②

毕达哥拉斯学派将勾股定理的发明归功于他们的掌门, 而且传闻毕达哥拉斯为了表示感激, 曾向神敬献了一百头牛. 我们已经看到, 这个定理早为汉谟拉比 (Hammurabi) 时代的巴比伦人所掌握, 但首次的一般性证明很可能是由毕达哥拉斯学派得到的. 巴比伦人只把它看作是测量中的一项成就, 而毕达哥拉斯学派则将其构想为一个抽象的几何定理.

归功于毕达哥拉斯学派的最重要的发现是用不可通约的线段发现了 "无理数" . 这个发明可能是他们对于几何均值 $a : b = b : c$ 感兴趣的结果, 因为几何均值是贵族的标志. 1 和 2 这两个如此神圣的符号的几何均值是什么? 这使得人们去研究正方形的对角线与边长之比, 发现这个比不能用 "数" 表示, 也就是不能用当时所知的那些数 —— 我们现在所称的有理数 (整数和分数) —— 来表示. 按照亚里士多德的思路, ③ 我们可以从下面的推理看出这一点:

假设这个比是 $p : q$, 我们就可以将 p 和 q 看作是一对

① D. J. Struik, *Nieuw Arch. v. Wiskunde*, Vol. 15 (1925), pp. 121–137; M. Senechal, "Which Tetrahedra Fill Space?" *Mathematics Magazine*, Vol. 54 (1981), pp. 227–243.

② F. Lindemann, *Sitzungsberichte bayr. Akad. Wiss., München*, Vol. 26 (1897), pp. 625–758. 还有,*ibid.* (1934), pp. 265–275.

③ 亚里士多德在他的《前分析篇》(I, 23) 只是作为归谬法的例子提示了这个证明. 证明可见 T. L. Heath, *The Thirteen Books of Euclid's Elements* (Dover reprint, 1956), Vol. III, p. 2.

> 互素的整数, 则 $p^2 = 2q^2$, 因此 p^2 是偶数, 从而 p 是偶数, 设 $p = 2r$. 于是 q 就必须是奇数, 但是因为 $q^2 = 2r^2$, 它又必须是偶数. 这就出现了一个矛盾.

无论在东方还是文艺复兴时期的欧洲, 都没有通过扩展数的概念解决这一矛盾, 只是排斥了这种情况的数的理论, 寻求一种几何上的综合处理.

这一推翻了算术和几何之间简易和谐的发现大约发生在公元前 5 世纪的最后几十年中, 与此同时, 还从有关变化的真实性的争论中出现了另一个难题, 那场争论使从那时起直到今天的哲学家都不得空闲. 这一难题一直被认为是由巴门尼德 (Parmenides) 的门徒埃利亚人芝诺 (Zeno of Elea, 约公元前 450 年) 提出的, 巴门尼德这个保守的哲学家教导他理智只承认绝对存在, 而变化仅仅是表面上的. 芝诺的悖论在确定棱锥体体积这样的问题所必须研究的无穷过程中显示出数学意义, 它与那些古老而直觉的无穷小和无穷大的概念发生冲突. 人们一直相信, 无穷个数量 —— 即使每一个数量极小 —— 的和可以任意地大 ($\infty \times \epsilon = \infty$), 也相信有限多个或无限多个为零的数量的和是零 ($n \times 0 = 0, \infty \times 0 = 0$). 芝诺的危机改变了这些观念, 他的四个悖论造成的震荡, 余波至今未息. 这四个悖论经亚里士多德记录下来, 分别称为阿喀琉斯 (Achilles)
[43] 悖论、飞矢不动悖论、二分法悖论和游行队伍悖论, 有这样的名称是为了强调在运动和时间的概念上的矛盾, 对此人们还没有得到满意的解释.

用以下的现代语言解释一下阿喀琉斯悖论和二分法悖论, 就能搞清楚这些论证的概略:

> **阿喀琉斯悖论** 阿喀琉斯和乌龟沿直线向相同方向运动, 阿喀琉斯比乌龟快得多, 但要赶上乌龟, 他必须先经过乌龟的起点 P. 等他到达 P, 乌龟已经走到 P_1, 阿喀琉斯要追上乌龟先要经过 P_1, 但此时乌龟已经走到新点 P_2. 等他到达 P_2, 乌龟又走到 P_3, 等等, 所以阿喀琉斯永远也追不上乌龟.

二分法悖论 假设我想沿直线从 A 到 B, 在到达 B 之前先要走过 AB 距离的一半 AB_1, 而要到达 B_1, 又先要到达 AB_1 的中点 B_2, 如此下去无穷无尽, 运动永远无法开始.

芝诺的论证表明, 一条有限线段可以分为无穷多条有限长的小线段, 论证还表明, 解释所谓直线由点 "构成" 具有困难. 很有可能芝诺本人也不了解他的论证的数学含义, 在哲学和数学讨论中不断出现最终变成他的悖论的问题, 我们将其看作是关于 "潜" 无穷和 "实" 无穷关系的问题. 然而塔内里却相信芝诺的论证特别针对的是毕达哥拉斯学派空间是点之和的观点 ("点就是位置的单元").① 无论事实如何, 芝诺的论证确实影响了多少代人的数学思想, 他的悖论可以与伯克莱主教 (Bishop Berkeley) 1734 年使用的悖论相媲美, 伯克莱主教当时表明了微积分原理构成欠缺引出的逻辑悖论, 但没有提出更好的根据.

发现无理数以后, 芝诺的论证更使数学家担忧. 数学作为一门准确的科学是否可能? 塔内里② 曾把希腊数学中的 "危机" 称为 "一个真正的逻辑丑闻".③ 如果确实如此, 那这次危机起源于伯罗奔尼撒战争 (Peloponnesian War) 后期, 在这场公元前 404 年的战争中, 雅典失败, 由于雅典的失败预示着占有奴隶的民主帝国的毁灭和贵族至高权的新时期的开始, 危机只能由新时期的精神才能化解, 从中我们可以窥探到数学危机和社会制度危机之间的联系.

五

希腊历史这一新时期的典型情形是统治阶级的某些阶层财富

① P. Tannery, *La géométrie grecque* (Paris, 1887), pp. 217–261. 另一个观点见于 B. L. van der Waerden, *Math. Annalen*, Vol. 117 (1940), pp. 141–161.

② *Ibid.*, p. 98. 塔内里在这里只考虑了作为不可通约线段的发现的后果的古代比例理论的坍塌.

③ 对此, 见 H. Freudenthal, "Y avait-il une crise des fondaments des mathématiques dans l'Antiquité?" *Bull. Soc. Math. Belgique*, Vol. 18 (1966), pp. 43–55.

[44] 日益增加, 同时穷人日益贫困, 境遇更加悲惨. 统治阶级愈加将其物质存在稳固在奴隶制基础之上, 因而有闲暇去玩艺术、玩科学, 更加厌恶一切体力劳动. 悠闲的绅士看不起奴隶和手工艺人的工作, 将精力用在钻研哲学与伦理学来自我消遣. 柏拉图 (Plato) 和亚里士多德都表现了这种态度, 在柏拉图的《理想国》(*Republic*, 可能写于公元前 360 年) 中, 我们可以看到他最清晰地表达了奴隶主统治阶级的理想. 柏拉图理想城邦的 "卫士" 必须要学习包括算术、几何、天文和音乐的 "四艺", 以了解宇宙的规律. ① 当时至少有三位数学大师与柏拉图学院有关联, 他们是阿尔希塔斯 (Archytas)、泰特托斯 (Theaetetus, 逝于公元前 369 年) 和欧多克索斯 (Eudoxus, 约公元前 408 — 前 355 年). 泰特托斯一直被认为对无理数论有贡献, 见于欧几里得《几何原本》第十卷. 欧多克索斯的名字与欧几里得在第五卷书中所著的比例论相关, 也与严格计算面积与体积的所谓 "穷竭法" 相关. 这意味着正是欧多克索斯解决了希腊数学中的危机, 而他的严格表述帮助决定了希腊公理学的发展, 也在相当大的程度上决定了整个希腊数学的进程.

欧多克索斯的比例论纠正了只能用于可通约量的毕达哥拉斯学派的算术论, 是一个纯几何理论, 以严格公理的形式使不可通约量和可通约量的论述变得多余.

欧几里得《几何原本》第五卷的定义五是非常标准的:

> 几个量中, 如果第一个量和第三个量取任意等倍数, 第二个量和第四个量取任意等倍数时, 前者的等倍数会同样地大于、同样地等于或同样地小于后者所取的相应的等倍数, 我们就说它们有相同比例, 即第一个量比第二个量与第三个量比第四个量比例相同. ②

① 根据后来的史料, 在柏拉图学院的大门上有题词: "不懂几何者不得入内."

② T. L. Heath, *The Thirteen Books of Euclid's Elements* (Cambridge, 1912), Vol. 2, p. 114. (Dover reprint, 1956.)

Preclarissimus liber elementorum Euclidis perspi/
cacissimi: in artem Geometrie incipit quãfoelicissime:
Punctus est cuius ps nõ est. ❡ Linea est
lõgitudo sine latitudine cuiꝰ quidẽ ex/
tremitates st duo pũcta. ❡ Linea recta
ẽ ab vno pũcto ad aliũ breuissima extẽ/
sio i extremitates suas vtrũqz eoꝝ reci
piens. ❡ Supficies ẽ q̃ lõgitudinẽ ⁊ lati
tudinẽ tm̃ hz: cuiꝰ termi quidẽ sũt linee.
❡ Supficies plana ẽ ab vna linea ad a/
liã extẽsio i extremitates suas recipiẽs
❡ Angulus planus ẽ duarũ linearũ al/
ternus ꝯtactus: quaꝝ expãsio ẽ sup sup/
ficiẽ applicatioqz nõ directa. ❡ Quãdo aũt angulum ꝯtinet due
linee recte rectilineꝰ angulus noiat. ❡ Qñ recta linea sup rectã
steterit duoqz anguli vtrobiqz fuerit eq̃les: eoꝝ vterqz rectꝰ erit
❡ Lineaqz linee supstãs ei cui supstat ppendicularis vocat. ❡ An
gulus vo qui recto maior ẽ obtusus dicit. ❡ Angulꝰ vo minor re
cto acutꝰ appellat. ❡ Terminꝰ ẽ qd vniuscuiusqz finis ẽ. ❡ Figura
ẽ q̃ tmino vl terminis ꝯtinet. ❡ Circulꝰ ẽ figura plana vna q̃dem li/

De principijs p se notis: ⁊ p̃mo de diffini/
tionibus earundem.

欧几里得《几何原本》第一版 (1482 年) 一页的一部分

用我们的记号表示就是, 如果 $ma > nb$ 蕴含 $mc > nd$, $ma = nb$ 蕴含 $mc = nd$, $ma < nb$ 蕴含 $mc < nd$, 这里 m 和 n 是整数, 那么 $a : b = c : d$. 这一定义的成立首先因为所谓的阿基米德公理, 欧几里得《几何原本》在此之前先给出了的定义四:

> 若两个量中任一量在翻倍后会超过另一个量, 则说这
> [46] 两个量互成比例. [①]

也许对这个定义有一个更好的名称: 欧多克索斯公理. 由戴德金 (Dedekind) 和魏尔斯特拉斯 (Weierstrass) 所发展的当今无理数理论几乎完全照搬欧多克索斯的思维方式, 但由于使用了现代的算术方法, 开辟了更加宽广的前景.

"穷竭法" (exhaustion method, "exhaust" 一词首见于圣樊尚 (Grégoire de Saint-Vincent),1647 年) 是柏拉图学派对芝诺的回答, 通过舍去无穷小量并将可能导致无穷小的问题简化为只涉及形式逻辑的问题, 避免了无穷小陷阱. 例如, 当需要证明一个四面体的体积 V 等于一同底等高的棱柱体的体积 P 的三分之一时, 证明包括表明两个假设 $V > 1/3P$ 和 $V < 1/3P$ 都不能成立. 为此引进一条与阿基米德 (或欧多克索斯) 公理等价的公理, 阿基米德将这个公理阐述如下: 对于两个不相等的量, "将大量超过小量的量加到该量本身上面, 就会超过可与这两个量相比的任意指定的量".[②] 这里 "加到该量本身上面" 可以重复任意次. 在我们四面体的情况下, 推理就是: 假设 $V = A$, 证明 $A > \frac{1}{3}P$ 是矛盾的. 将四面体置于 n 个棱柱组成的外切阶梯四面体之内, 每个棱柱高 h/n, h 是四面体的高, 可见当 n 取足够大时, 阶梯四面体的体积就会小于 A, 因为它的体积一定大于 V, 我们就得到矛盾. 用类似的方法, 我们用内接阶梯四面体可以证明 $V < 1/3P$ 不能成立. 欧几里得用这个方法证明了几个命题, 其中有 "两圆面积之比等于直径之比的平方" 的定理.

这个间接方法非常严格, 成为希腊和文艺复兴时代计算面积和体积标准的严格证明模式, 而且还可以很容易地翻译成满足现

① *Ibid.*, p. 114.

② Archimedes, *On the Sphere and Cylinder*, Book I, Assumption 5. 见 T. L. Heath, *The Works of Archimedes* (Cambridge, 1897), p. 4.

代分析所要求的证明. 它的一大缺陷是事先要已知需要证明的结果, 数学家必须先用其他不太严格和更有实验性的方法把结果求出来.

有清楚的证据表明, 当时的确使用过这样的不严格方法. 现在存有的一封直到 1906 年才发现的阿基米德寄给艾拉托色尼 (Eratosthenes, 约公元前 250 年) 的信, 信中阿基米德就描述了一种不太严格但对于找到结果很有效的方法. 这封信就以 "方法" 著称. 很多人特别是卢里亚 (S. Luria) 曾认为, 这封信代表了一个与欧多克索斯学派竞争的数学推理学派, 其时代同样要追溯至 "危机" 时期, 并且这个学派与原子理论的创始人德谟克利特的名字有关. 按照卢里亚的说法, 是德谟克利特学派引进了 "几何原子" 这一概念, [47]
一条线段、一块面积或一个体积都可以被设想为由大量而有限数目的不可分割的 "原子" 构建而成的, 计算体积就是这一物体所包含的所有 "原子" 的体积之和. 乍听起来, 这一理论似乎有矛盾, 但我们要知道, 当时在牛顿之前的好几位数学家, 特别是开普勒, 都曾使用将圆周化为极大数目的微小线段这种本质上相同的观念. 说古人曾经在这个基础上发展出严格的方法还缺乏证据, 但是我们现代的极限观念已经可能用这种 "原子" 理论构建一个像 "穷竭法" 那样严格的理论. 甚至今天我们仍然经常在弹性理论、物理学和化学中使用 "原子" 的概念建立数学模型, 而把严格的 "极限" 理论留给职业数学家去做. ①

"原子法" 较 "穷竭法" 的优势在于更容易找到新的结果, 古人因而可以在严格但相对贫瘠与根基不稳但比较富有成果的两种方法之间做出选择, 富有教益的是, 在实践中所有经典文献都使用 "穷竭法". 这一点还可能与数学已经成为奴隶制度下享乐阶级的一项业余爱好有关, 他们不关心发明, 仅热衷于沉思. 这同时也是在数学哲学领域内柏拉图唯心主义战胜德谟克利特唯物主义的一

① "因此, 在只考虑一阶近似时, 一个点附近的小段曲线可以看作直线并是一块表平面的一部分; 在短时间内一个粒子可以看作做匀速运动并且任何物理进程都以匀速进行. " [H. B. Phillips, *Differential Equations* (New York, 1922), p. 7.]

种反映.

六

公元前 334 年, 亚历山大大帝 (Alexander the Great) 开始了对波斯的征服, 至他于前 323 年逝世于巴比伦时, 整个近东已经陷于希腊人之手. 亚历山大征服的土地被他的几个将军瓜分, 最终出现了三个帝国: 托勒密王朝 (Ptolemies) 统治的埃及、塞琉古王朝 (Seleucids) 统治的美索不达米亚和叙利亚、安提戈努 (Antigonus) 及其后继者统治的马其顿 (Macedonia). 甚至印度河谷也有了希腊的宗王, 大希腊文化时期开始了.

亚历山大战役的直接后果是加速了希腊文明向大片东方土地的推进, 埃及、美索不达米亚和印度的一部分被希腊化, 希腊的商人、医生、冒险家、旅行家、雇佣兵像潮水一样涌进近东, 从那些希腊名称一看就知道, 大批的新兴城市处于希腊的军事和行政的控制之下. 然而, 希腊文化主要是一种城市文明, 乡村仍保持着本土性和传统方式. 城市里古老的东方文化遇到希腊的输入文明并部分融合在一起, 尽管两个世界之间永远都存在着一条鸿沟. 希腊
[48] 君主们接受了东方的礼仪, 必须要处理东方的管理问题, 这同时也激发了希腊的艺术、文学和科学.

希腊数学因而也移植到新的环境, 许多方面保持着老传统, 但也受到了东方必须要解决的管理和天文学问题的影响. 希腊科学与东方的亲密接触硕果丰富, 特别是在最初几个世纪中. 实际上几乎所有我们称为 “希腊数学” 的真正有创造力的工作都产生于公元前 350 年至前 200 年, 从欧多克索斯到阿波罗尼奥斯这一相对短暂的时期, 即便是对于欧多克索斯的成就, 我们也是通过欧几里得和阿基米德的解释才得以知晓. 同样值得一提的是, 虽然巴比伦本地数学具有更高的地位, 但希腊数学的全盛期却发生在托勒密王朝之下的埃及, 而不在美索不达米亚.

这一发展的原因可能是由于埃及这时处于地中海地区的中心

位置, 新首都亚历山大建筑在沿海地区, 成为大希腊世界文化和经济的中心, 而巴比伦则不过是遥遥驼道上的一个中转站, 最后竟被塞琉古王朝的新首都泰西封 – 塞琉西亚 (Ctesiphon-Seleucia) 取代而消失. 就我们所知, 没有一位伟大的希腊数学家与巴比伦有关. 安条克 (Antioch) 和帕加马 (Pergamum) 虽然也是塞琉古王朝的城市, 但因为靠近地中海, 曾出现过重要的希腊学派. 巴比伦本土天文学和数学的发展在塞琉古王朝时期达到了高峰, 希腊天文学也获得了推动, 其重要性到今天才开始有更深刻的认识. 除了亚历山大以外, 还有一些研究数学的中心, 尤以雅典和叙拉古最为著名. 雅典成为教育中心, 叙拉古则出现了阿基米德这位最伟大的希腊数学家.

七

在这个时期, 出现了将自己的一生贡献给追求知识并以此获得薪水的职业科学家, 这批人中的一些最杰出的代表生活在亚历山大, 几代托勒密在所谓的博物院内建立了一个伟大的研究中心, 并配有著名的图书馆. 这里保存并发展了希腊的科学与文学遗产, 而且做得相当成功. 最初与亚历山大有关的学者中就有一位欧几里得, 他是对各个时代都最有影响的数学家之一.

对于欧几里得的生活, 我们没有任何确切的了解. 他大约主要活动在托勒密一世 (the first Ptolemy, 公元前 306 — 前 283 年) 的时代, 据说也就是对这位国王, 欧几里得说出了那句旷世箴言: “几何学中无御道.” 他最著名也是最首要的著作当属十三卷的《几何原本》(*Elements*, 希腊原名 *Stoicheia*), 另外还有几部部头较小的著作传世, 如《已知数》(*Data*) 包含我们称为代数的几何应用的内容, 却使用了严格的几何语言. 我们不知道这些著作中有多少是欧几里得本人写的, 又有多少是他编纂的, 但都在很多方面显示了令 [49]
人惊奇的洞察力, 是目前保存的最早的完全的数学著作.

《几何原本》大概是西方世界历史上仅次于《圣经》的一部再

版最多、研究最多的书. 自从印刷术发明以来已经出现了一千多种版本, 在这之前, 其手抄本曾经主导了几何学的教材. 大多数中小学校的几何课程是选自 (常常是照搬) 这十三卷书中的八、九卷, 欧几里得的传统在我们的初等数学中仍然占很大比重. 对于职业数学家, 这些书有着无法抗拒的诱惑力 (尽管他们的弟子常常叹息), 书中的逻辑结构对科学思维的影响大概超过了世界上任何一本著作.

欧几里得处理问题的基础是, 从一系列定义、公设和公理出发, 对定理进行严格的逻辑推理. 前四卷书涉及平面几何但不涉及比例论, 从直线和角的最基本的性质导出三角形的全等性、面积的相等、勾股定理 (第一卷命题 47)、与给定长方形面积相等的正方形的作法、黄金分割、圆和正多边形. 这里勾股定理和黄金分割是作为面积的属性引入的. 第五卷以纯几何形式介绍了欧多克索斯的比例理论. 在第六卷有平面图形相似性的应用, 这里再次回到勾股定理和黄金分割 (第六卷命题 31, 30), 但现在是作为关于比例的定理. 到这么晚才引入相似性是欧几里得平面几何方法与现在方法之间最重要的区别之一, 原因是欧几里得对于欧多克索斯新奇的不可通约数理论的强调. 常常被看作是欧几里得最难懂的第十卷里重新开始了几何讨论, 包含着二次无理数及其平方根, 即形如 $a \pm \sqrt{b}, \sqrt{a \pm \sqrt{b}}$ 的数的几何分类. 最后三卷书则论述立体几何学, 平行六面体、锥体、四面体和球体的体积, 以至似乎要作为巅峰的对于五种 (柏拉图) 正多面体以及仅存在这五种正多面体的讨论.

第七、八、九卷致力于数论 —— 不是计算技术而是整数的可除性、几何级数的求和、素数的性质等这类毕达哥拉学派的题目. 我们从中找到求已知一组数的最大公约数的 “欧几里得算法” 和存在无穷多个素数的 “欧几里得定理” (第九卷命题 20). 最有趣的是, 在书中我们首次接触到关于最大值问题的一个定理 (第六卷命题 27), 证明在所有给定周长的矩形中正方形的面积最大. 第一卷的第五公设 (欧几里得书中 “公理” 与 “公设” 之间的关系不明确) 相当于所谓的 “平行公理”, 过一点可以画一条也只能画一条与给定直线平行的直线. 试图将此公理简化为一条定理的尝试曾使 19 世纪的人们无比敬佩欧几里得将其定为公理的远见, 也使人们发明了另一种称为非欧几何的几何学, 对于阿基米德公理的拒绝也以相似的方式导致了非阿基米德几何学. [50]

欧几里得书中的代数推理全部化为几何形式, $\sqrt{A}$ 的表达式是作为面积为 A 的正方形的边长引入的, 乘积 ab 是边长分别为 a 和 b 的矩形的面积, 线性方程与二次方程用产生所谓 "应用面积" 的几何构造来解. 这种表达方式主要是由于欧多克索斯的比例论, 该理论清楚地反对线段的数字表示, 并用纯几何的方式处理不可通约数 —— 仅算术地限制为 "数" (整数) 及数的比.

欧几里得著书《几何原本》目的何在? 我们可以比较确定地设想, 他是想在一本书中将当时刚产生不久的三项伟大发明收集在一起: 欧多克索斯的比例论、泰特托斯的无理数论以及在柏拉图宇宙学中占有突出位置的五种正多面体的理论, 这三方面都是希腊成就的典型代表.

八

阿基米德 (公元前 287 — 前 212 年) 是希腊时期 —— 同时也是整个古代时期 —— 最伟大的数学家. 他以赫农王 (King Hiero) 顾问的身份生活在叙拉古, 是古代为数不多的不仅留下姓名的科学名人之一, 历史保留了有关他的生活和个人的种种资料. 我们知道他在将他的技术技巧教给城市的守卫者掌握之后被占领叙拉古的罗马人杀害. 这种对于实际应用的兴趣如果和与他同时代的柏拉图学派所抱的对于实践的鄙视相比, 也许显得奇特, 但是在普卢塔克 (Plutarch) 的《马塞勒斯传》(*Vita Marcelli*, XVII, 4) 有一段常被人引用的解释:

> …… 虽然这些发明使他获得了超出人类智慧的声誉, 他却并不打算留下任何有关的著述, 因为他认为机械及其各种可供使用和获得效益的技巧是卑贱丑陋的, 他更要把

自己全部的抱负置于那些不曾被世俗生活所玷污的优美精致的思辨之上.

当然这些文字是出自阿基米德死后 300 年的一位柏拉图学派的人之手, 生活在更接近阿基米德时代的作者如波力比奥斯 (Polybius) 和维特鲁维厄斯 (Vitruvius) 就不曾提到这些良心上的苦闷, 而只是把阿基米德看作是伟大的机械技术大师.

阿基米德对数学最重要的贡献是在我们现在称为 "积分学" 的领域 —— 平面图形求面积和立体物体求体积的定理. 在《圆的度量》(*Measurement of the Circle*) 一书中他找到了利用内接和外切正多边形得到圆周长的近似值, 将他的近似值扩展到 96 边形, 他得到 (用我们的记号表示):

[51]

$$3\frac{10}{71} < 3\frac{284\frac{1}{4}}{2018\frac{7}{40}} < 3\frac{284\frac{1}{4}}{2017\frac{1}{4}} < \pi < 3\frac{667\frac{1}{2}}{4673\frac{1}{2}} < 3\frac{667\frac{1}{2}}{4672\frac{1}{2}} = 3\frac{1}{7}.$$ ①

此式常常表示为 $\pi \approx 3\frac{1}{7}$. 在阿基米德《球与圆柱》(*On the Sphere and Cylinder*) 一书中, 我们得到球面积的表达式 (球面积为大圆面积的四倍) 和球体积的表达式 (球体积等于外切圆柱体体积的 2/3). 阿基米德对于抛物线段的面积的表达式 (抛物线段的面积等于与线段同底、顶点使该点切线平行于底的内接三角形面积的 4/3) 见于他的著作《抛物线求积法》(*Quadrature of the Parabola*),《论螺线》(*On Spirals*) 一书讲到 "阿基米德螺线" 及其面积计算,《论锥型体与球型体》(*On Conoids and Spheroids*) 讲的是某些二次曲面旋转的体积. 阿基米德的名字还与关于浸泡在液体中的物体的失重定理联系在一起, 这一部分写在《论浮体》(*On Floating Bodies*) 一书中, 是一部流体静力学的专著.

在所有这些著作中, 阿基米德兼有一种惊人的思想独创性、计

① $3.1409 < \pi < 3.1429$, 这一计算表示上下极限给出 $\pi = 3.1419$. 正确的值是 $3.14159\cdots$. 符号 π 在古代没有我们现在的意义 (在古希腊, π 表示 80). 钟斯 (William Jones) 是第一位赋予 π 新意义的人 (1706 年), 他是牛顿的朋友, 又是一位伟大的梵语学家的父亲. 只是 π 要到 1748 年欧拉 (Euler) 在他的《无穷小分析引论》(*Introductio*) 里用到以后才广为人们所接受.

算技术的熟练性以及证明的严谨性, 这种严谨性的典型是我们已经引用的“阿基米德公理”(见前面第五节) 和不断使用穷竭法证明他的积分结果. 我们已经看到他是怎样用一种更有探索性的方式 (“衡量” 无穷小) 得到这些结果的, 但他后来发表时却用了最严格的要求. 阿基米德在计算熟练性上与大多数富有成果的希腊数学家不同, 这使他的工作除了典型的希腊特色以外, 还有着一抹东方的色彩. 在他的“奶牛问题”上就不难看到这抹色彩, 这是一个非常复杂的不定分析问题, 它可以解释成一个引出“佩尔 (Pell)” 型方程

$$t^2 - 4729494u^2 = 1$$

的问题, 该方程的解涉及非常大的数.

这可以作为柏拉图传统一直都没有完全主导希腊数学的标志之一, 希腊的天文学也有相同的特征.

九

跟随第三位伟大的希腊数学家珀加人阿波罗尼奥斯 (约公元前 247 — 前 205 年), 我们再一次沉浸到希腊几何的传统之中. 似乎曾在亚历山大和帕加马教过书的阿波罗尼奥斯写了八卷论著《圆锥曲线论》(*Conics*), 其中七卷得以保存, 有三卷仅有阿拉伯译本
(译者注: 该书第一至四卷有中译本, 朱恩宽, 等, 译, 陕西科学技术 [54]
出版社,2007 年). 这是一部关于椭圆、抛物线和双曲线的论著, 从由圆锥的截面引入开始, 一直深入到对于圆锥曲线渐近线的讨论. 我们都是从阿波罗尼奥斯书中所给的名称认识这些圆锥曲线的, 这些名称指的是这些曲线的某些面积性质, 按我们的方式用方程表示为 (齐次表示法, p 和 d 在阿波罗尼奥斯的书中是直线)

$$y^2 = px, \qquad y^2 = px \pm \frac{p}{d}x^2$$

(正号给出双曲线, 负号给出椭圆). 抛物线一词的本义是“展开”, 椭圆是“有欠缺的展开”, 双曲线是“有超出的展开”. 阿波罗尼奥斯

ΚΤΚΛΟΤ ΜΕΤΡΗΣΙΣ.

σονα ἢ ὃν ,γιγ ∟′ δ′ πρὸς ψπ. δίχα ἡ ὑπὸ ΓΑΗ τῇ ΑΘ· ἡ ΑΘ ἄρα διὰ τὰ αὐτὰ πρὸς τὴν ΘΓ ἐλάσσονα λόγον ἔχει ἢ ὃν ,εϡκδ ∟′ δ′ πρὸς ψπ ἢ ὃν ,αωκγ πρὸς σμ· ἑκατέρα γὰρ ἑκατέρας δ ιγ′· ὥστε ἡ ΑΓ πρὸς τὴν ΓΘ ἢ ὃν ,αωλη θ ια′ πρὸς σμ. ἔτι δίχα ἡ ὑπὸ ΘΑΓ τῇ ΚΑ· καὶ ἡ ΑΚ πρὸς τὴν ΚΓ ἐλάσσονα [ἄρα] λόγον ἔχει ἢ ὃν ,αζ πρὸς ξϛ· ἑκατέρα γὰρ ἑκατέρας ια μ′· ἡ ΑΓ ἄρα πρὸς [τὴν] ΚΓ ἢ ὃν ,αθ ϛ′ πρὸς ξϛ. ἔτι δίχα ἡ ὑπὸ ΚΑΓ τῇ ΛΑ· ἡ ΑΛ ἄρα πρὸς [τὴν] ΛΓ ἐλάσσονα λόγον ἔχει ἢ ὃν τὰ ,βιϛ ϛ′ πρὸς ξϛ, ἡ δὲ ΑΓ πρὸς ΓΛ ἐλάσσονα ἢ τὰ ,βιζ δ′ πρὸς ξϛ. ἀνάπαλιν ἄρα ἡ περίμετρος τοῦ πολυγώνου πρὸς τὴν διάμετρον μείζονα λόγον ἔχει ἤπερ ,ϛτλϛ πρὸς ,βιζ δ′, ἅπερ τῶν ,βιζ δ′ μείζονά ἐστιν ἢ τριπλασίονα καὶ δέκα οα′· καὶ ἡ περίμετρος ἄρα τοῦ ϙϛγώνου τοῦ ἐν τῷ κύκλῳ τῆς διαμέτρου τριπλασίων ἐστὶ καὶ μείζων ἢ ι οα′· ὥστε καὶ ὁ κύκλος ἔτι μᾶλλον τριπλασίων ἐστὶ καὶ μείζων ἢ ι οα′.

ἡ ἄρα τοῦ κύκλου περίμετρος τῆς διαμέτρου τριπλασίων ἐστὶ καὶ ἐλάσσονι μὲν ἢ ἑβδόμῳ μέρει, μείζονι δὲ ἢ ι οα′ μείζων.

---

1 ∟′] Eutocius, γ′ AB(C). 3 ,εϡκδ] Eutocius, e corr. B, ,ετκδ ABC. ∟′] Eutocius, e corr. B, ε′ A, 3 B. 4 σμ] B²C, σν AB. ιγ′] B², ιγ′ α′ A(C); δ ιγ′ om. B. 5 ια′] B², om. AB(C). 7 ξϛ] C, e corr. B, σξϛ AB. 8 ἑκατέρας] B², εκατερα ABC. ια μ′ ἡ ΑΓ] B², *Wallis*, οιμαι AB, οιμ() C. πρὸς ΓΚ Eutocius. ΚΓ ἢ ὃν] B², *Wurmius*; (ΓΚ) . . (χε)ν C, καταγον A. ,αθ ϛ′] B²C, αοϛ A. 10 ΛΓ] *Wallis*, ΑΓ ABC; πρὸς ΑΓ Eutocius. 13 ,ϛτλϛ] Eutocius, B², *Wallis*, ,ϛτα ϛ′ ABC. 14 ,βιζ (pr.)] e corr. B, ,ζιζ AC. 15 οα′] B, corr. ex ο′ α′ C, ο′ α′ A. 16 ϙϛγώνου] C, ϙϛ πολυγωνου AB. 17 ι οα′] e corr. B, δν ο′ ια′ AB(C). 18 ι οα′] e corr. B, θ′ ια′ AC. 20 ἐλάσσονι] scripsi, ελασσων ABC. μείζονι—21 μείζων] scripsi,

DIMENSIO CIRCULI.

$$A\Gamma : \Gamma H < 3013\tfrac{1}{2}\,\tfrac{1}{4} : 780 \text{ [u. Eutocius]}.$$

secetur $\angle \Gamma A H$ in duas partes aequales recta $A\Theta$; propter eadem igitur erit $A\Theta : \Theta\Gamma < 5924\frac{1}{2}\,\frac{1}{4} : 780$ [u. Eutocius] siue $< 1823 : 240$; altera[1]) enim alterius $\frac{4}{13}$ est [u. Eutocius]; quare $A\Gamma : \Gamma\Theta < 1838\frac{9}{11} : 240$ [u. Eutocius]. porro secetur $\angle \Theta A \Gamma$ in duas partes aequales recta KA; est igitur $AK : K\Gamma < 1007 : 66$ [u. Eutocius]; altera[1]) enim alterius est $\frac{11}{40}$; itaque

$$A\Gamma : \Gamma K < 1009\tfrac{1}{6} : 66 \text{ [u. Eutocius]}.$$

porro secetur $\angle KA\Gamma$ in duas partes aequales recta $A\Lambda$; erit igitur

$$A\Lambda : \Lambda\Gamma < 2016\tfrac{1}{6} : 66 \text{ [u. Eutocius]},$$

et $A\Gamma : \Gamma\Lambda < 2017\frac{1}{4} : 66$ [u. Eutocius]. et e contrario ⟨$\Gamma\Lambda : A\Gamma > 66 : 2017\frac{1}{4}$ [Pappus VII, 49 p. 688]. sed $\Gamma\Lambda$ latus est polygoni 96 latera habentis; quare⟩[2]) perimetrus polygoni ad diametrum maiorem rationem habet quam $6336 : 2017\frac{1}{4}$, quae maiora sunt quam triplo et $\frac{10}{71}$ maiora quam $2017\frac{1}{4}$; itaque etiam perimetrus polygoni inscripti 96 latera habentis maior est quam triplo et $\frac{10}{71}$ maior diametro; quare etiam multo magis[3]) circulus maior est quam triplo et $\frac{10}{71}$ maior diametro.

ergo ambitus circuli triplo maior est diametro et excedit spatio minore quam $\frac{1}{7}$, maiore autem quam $\frac{10}{71}$.

---

1) Exspectaueris *ἑκάτερος* (sc. ὅρος) *γὰρ ἑκατέρου* (*ἑκάτερα γὰρ ἑκατέρων* Wallis), sed genus femininum minus adcurate refertur ad auditum uerbum *εὐθεῖα*, quasi sit $A\Theta = 5924\frac{1}{2}\,\frac{1}{4}$, $\Theta\Gamma = 780$.

2) Ueri simile est, Archimedem ipsum haec addidisse. similes omissiones durae inueniuntur p. 240, 4, 6; 242, 5, 8, nec dubito eas transscriptori tribuere, sicut etiam p. 240, 8 *τὸ πολύγωνον* pro *ἡ περίμετρος τοῦ πολυγώνου*, p. 242, 17 *ὁ κύκλος* pro *ἡ περίμετρος τοῦ κύκλου*.

3) Quippe quae maior sit perimetro polygoni (De sph. et cyl. I p. 10, 1).

μειζων δε AC, maior B, autem quam decem septuagesimunis add. B[2]. In fine: *Αρχιμηδους κυκλου μετρησις* A.

《阿基米德全集》中显示计算 π 的两页复制品 (*ARCHIMEDES OPERA OMNIA*, J. L. Heiberg, Ed., Vol. I, 1910)(这不是阿基米德本来的书写方式, 因为古希腊语仅使用大写字母)

当时没有我们的坐标方法, 因为他没有代数符号 (也许是受欧多克索斯学派的影响而有意拒绝), 但是他的很多结果 —— 包括他所涉及的渐屈线的性质 —— 都可以立刻改写为坐标语言, 而且与笛卡儿 (Descartes) 方程完全相同.① 同样的情形对于阿波罗尼奥斯的其他著作也是一样的, 部分被保存下来, 其中包括用几何语言, 因此也就是齐次语言讨论的 “代数的” 几何学. 在书中我们看到阿波罗尼奥斯的 “相切问题”, 即要求作一个圆与已知三个圆相切, 这三个圆也可以改换为直线或点. 在阿波罗尼奥斯的著作中, 我们第一次看到几何作图只允许使用圆规和直尺的明确规定, 可见这并不是像某些人相信的那样是希腊普遍的规定.

十

从古至今, 数学都无法与天文学分开. 农业和灌溉的广泛需要 —— 某些程度上也是航海的需要 —— 使得天文学在东方和希腊科学中占据首要的地位, 它的发展进程又极大地影响了数学. 数学的计算内容乃至大部分的概念内容, 很大程度上受天文学影响, 天文学的进步同样又依靠着当时数学著述的功力. 行星系统的构成虽然是用相对简单的数学方法就能得到的影响深远的结果, 但它同时又具有充分的复杂性去激励人们改进这些方法以及天文学理论本身. 在希腊时代之前不远的时期, 东方人已经在天文计算上取得了长足进步, 特别是在亚述晚期和波斯时期的美索不达米亚. 当时人们经过长时期的持续观察, 对很多天体的运动都有了出色的了解. 从古代到 18 世纪, 月球的运动是对数学家提出的最富挑战性的天文学问题, 巴比伦的 (占星术) 天文学家对此付出了很多努力. 塞琉古王朝时期希腊科学与巴比伦科学相遇带来了计算与理
[55] 论上的巨大进步, 巴比伦科学继续着古代历法的传统, 而希腊科学

① “因此我的论点是, 解析几何的实质是通过它们的方程研究其轨迹, 这一点曾经为希腊人所知, 并且是他们研究圆锥曲线的基础.” J. L. Coolidge, *A History of Geometrical Methods* (Oxford, 1940), p. 119. 不过, 看一下我们对于笛卡儿的评价, 库利奇 (Coolidge) 的评论给我们的感觉是有悖于历史的, 这些希腊人的全部数学思路都和我们不一样.

则取得了一些最有意义的理论成就.

现在所知希腊对理论天文学最古老的贡献是那位曾经鼓舞了欧几里得的欧多克索斯提出的行星理论, 该理论尝试用假设四个同心旋转的球体的叠加来解释行星 (绕着地球) 的运动, 每一个球体运动轴的末端固定在围绕它的球体上. 这个理论很新颖, 具有希腊风格, 是对天体现象的解释而不是记录. 除了形式具有特殊性, 欧多克索斯的理论包含着直到 17 世纪所有行星理论的中心思想, 它与用圆周运动的叠加来解释月球和行星表观轨迹的不规则性相吻合, 随着傅里叶级数 (Fourier series) 的引进, 立即成为现代动力学理论计算方面的基础.

在欧多克索斯之后是 "古代哥白尼" 萨摩斯人阿利斯塔克 (Aristarchus of Samos, 约公元前 280 年), 阿基米德把行星运动的中心是太阳而不是地球的假说归功于他. 在古代尽管很多人可以接受地球绕着自己的轴旋转, 这一假说却未被人们理解. 日心说的很小成功主要还是由于尼西亚人希帕凯斯 (Hipparchus of Nicaea) 的权威, 希帕凯斯常常被认作是古代最伟大的天文学家.

希帕凯斯的观测在公元前 141 到公元前 127 年进行, 他的工作很少直接流传下来, 我们了解他的成就的主要来源是生活在他之后三个世纪的托勒密 (Ptolemy). 托勒密最重要的著作《至大论》(*Almagest*) 的很多内容可能都要归功于希帕凯斯, 特别是使用偏心圆和周转圆解释太阳、月亮和行星的运动, 还有发现岁差. 希帕凯斯用天文学方法决定了经度和纬度, 只是在古代不可能整合足够的科学力量去做大尺度的星图. (古代的科学家在地理位置上和历史时间上的分布都非常稀疏散见.) 希帕凯斯的工作与在此时期已达到空前高度的巴比伦天文学有着密切联系, 可以看作是大希腊时期希腊与东方接触最重要的科学成果.①

① O. Neugebauer, *Exact Science in Antiquity*, Univ. of Pennsylvania Bicentennial Conf., Studies in Civilization (Philadelphia, 1941), pp. 22–31; 以及同一作者的 *The Exact Sciences in Antiquity* (Princeton, 1952; 2nd ed., 1957; Dover reprint, 1969).

十一

古代社会第三个也是最后一个时期是罗马统治时期, 叙拉古在公元前 212 年、迦太基 (Carthage) 和希腊在公元前 146 年、美索不达米亚在公元前 64 年、埃及在公元前 30 年分别陷于罗马, 罗马统治的整个东方, 包括希腊, 都沦为罗马执政官员管辖下的殖民地. 不过除了交纳苛捐重税, 罗马人的管控没有太影响到东方国家的经济结构. 罗马帝国自然地分成了两部分, 西部有着适合于大规模奴隶制的大面积农业, 东部是除了家务劳动和公共事务以外从
[56] 不使用奴隶的精耕细作. 虽然城市发展和商业活动已经出现在整个欧洲大陆, 罗马帝国的整个经济结构仍然是以农业为基础, 奴隶制经济在这样的社会里蔓延对所有原创的科学工作都是致命性的. 作为一个阶级, 奴隶主很少对技术发现有兴趣, 部分是因为奴隶可以廉价地做一切工作, 部分是因为他们害怕奴隶掌握任何会增强智慧的工具. 当然, 也有一些有知识的奴隶. 真心想学习哲学和科学的人都要研究希腊语, 统治阶级的很多人因此涉猎艺术和科学, 但浅尝辄止只能催生出庸才而不是多产的思想. 当随着奴隶市场的衰落罗马经济也在衰落时, 即便是关心过去几个世纪的平庸科学的人也不多了.

只要罗马帝国还呈现着稳定, 东方科学就如同希腊元素与东方元素的一个奇特混合体持续地繁荣. 尽管创造性和激励性逐渐消失, 但罗马帝国统治下持续多个世纪的和平却维护着科学探究沿着传统轨迹不受干扰. 与罗马帝国统治下的和平共存几百年的是中国的太平, 欧亚大陆在其整个历史中从未有过如两位安东尼皇帝 (the Antonines) 下的罗马和汉朝下的中国那样一个持续和平的时期, 因而知识在从罗马和雅典到美索不达米亚、中国、印度这片大陆上的传播比过去都要容易. 希腊科学继续流入伊朗和印度, 又反过来被这些国家的科学影响. 巴比伦天文学和希腊数学的零星片断也传到意大利、西班牙和高卢 (Gaule), 其中一个例子是在罗马帝国广泛流传着用 60 进位制划分角和小时. 韦普克 (F. Woepcke)

有一个理论说, 追溯所谓印度 – 阿拉伯数字在欧洲的传播可以看到新毕达哥拉学派在晚期罗马帝国的影响 (1863 年), 虽然当时是否有这一传播还真假莫辨, 但如果此事真有那样久远, 那更有可能是受商贸的影响而不是哲学的影响.

亚历山大一直是古代数学的中心, 人们继续着创新的工作, 尽管整理和注释越来越成为科学活动的主要形式. 古代数学家和天文学家的很多结果通过这些整理者的著作流传至今, 有时都很难分辨出哪些工作是他们抄录的, 哪些是他们自己发现的. 为了尝试了解希腊数学的逐渐衰落, 我们必须还要考虑它的技术层面: 笨拙的几何风格的表示法, 对代数符号的一贯拒绝, 使得对于圆锥曲线的任何超越几近不可能. 代数和计算留给了被轻视的东方人, 他们的学问被希腊文明的外表遮盖了. 然而, 相信亚历山大的数学在传统的欧几里得 – 柏拉图意义下纯粹是 "希腊" 的并不正确, 埃及 – 巴比伦类型的计算算术和代数是与抽象的几何证明并列发展的. 我们只要想一想托勒密、海伦 (Heron, 也写作 Hero) 和丢番图 (Diophantus), 就会信服这一事实. 各个民族和学派之间仅有的联系 [57]
是, 他们都使用希腊文.

十二

在罗马时期, 最早的一个亚历山大数学家是杰拉萨人尼科马凯斯 (Nicomachus of Gerasa, 约 100 年), 他的《算术引论》(*Introduction to Arithmetic*) 是现存毕达哥拉学派算术最完整的阐述. 书中很大一部分谈到与欧几里得《几何原本》一样的主题, 但欧几里得用直线代表数, 尼科马凯斯在表示未定数时则使用算术符号和普通语言. 他对于多边形数和四面体数的处理影响了中世纪的数学, 而且主要是假博伊西斯 (Boethius) 之手.

亚历山大第二时期最伟大的著作之一是托勒密的《天文学大成》(*Great Collection*), 此书的阿拉伯书名《至大论》(*Almagest*, 约 150 年) 更加广为人知. 《天文学大成》是一部集权威性和原创性大成的天文学巨著, 尽管书中许多观点可能来自希帕凯斯或者西丹努斯 (Kidinnu) 以及其他巴比伦天文学家. 书中还涉及三角学, 收录了一份间隔半度的弧长表, 它可以根据下述公式等价于一个正弦表: 弧长 $\alpha = 2R\sin\alpha/2$, 这里 $R = 60$. 托勒密得到 1° 的弧长的值是 $(1,2,50) = \dfrac{1}{60} + \dfrac{2}{60^2} + \dfrac{50}{60^3} \approx 0.017453$; π 的弧长值为 $(3,8,30) = \dfrac{377}{120} \approx 3.14166$. 我们在《天文学大成》看到两角和与两角差的正弦与余弦的公式以及球面三角学的初步. 定理是用几何形式表示的, 我们现在的三角学符号是 18 世纪欧拉才开始使用的. 我们还在这部书中看到圆内接四边形的 "托勒密定理". 在托勒密的《平球论》(*Planisphaerium*) 可以看到立体图形投影的讨论, 在他的《地理学》(*Geographia*) 中, 地球上各处的位置由经纬度决定, 这是古代在球上使用坐标的例子. 立体图的投影是构建星盘的基础, 而星盘是一种人们用来确定自己在地球上位置的仪器, 古时已为人所知, 一直使用至 18 世纪才被八分仪或以后的六分仪取代.①

比托勒密晚一些的是门纳劳斯 (Menelaus, 约 100 年), 他在《球面几何》(*Sphaerica*) 一书讨论了球面三角, 这是欧几里得书中未涉及的课题. 书中有关于三角学的 "门纳劳斯定理" 及其在球面上的推广. 托勒密的天文学采用六十进位的分数很好地处理了大量计算, 而门纳劳斯用的是纯粹的欧几里得传统几何方法.

海伦也可以说是属于门纳劳斯时代的, 至少我们知道他准确
[58] 地描述了公元 62 年的一次月食.② 在他的名下我们看到不少论述几何、计算和力学课题的著作, 表现着希腊与东方的一种奇特的交融. 他在《度量论》(*Metrica*) 中推算出纯几何形式的三角形面积的 "海伦公式"

$$A = \sqrt{s(s-a)(s-b)(s-c)}, \qquad \text{其中 } s = \frac{a+b+c}{2}.$$

① H. Michel, Traité de l'astrolabe (Paris, 1947). 还有, O. Neugebauer, "The Early History of the Astrolabe", *Isis*, Vol. 40 (1949), pp. 240–256. 比较全面的论述: Eva G. L. Taylor, The Haven-finding Art (1956).

② O. Neugebauer, "Über eine Methode zur Distanzbestimmung Alexandria-Rom bei Heron", *Hist. fil. Medd. Danske Vid. Sels.*, Vol. 26, No. 2 (1938), 28pp.

这一命题本身也归功于阿基米德. 同样在《度量论》中还能看到典型的埃及单位分数, 如 $\sqrt{63}$ 可近似为

$$7+\frac{1}{2}+\frac{1}{4}+\frac{1}{8}+\frac{1}{16}.$$

海伦关于平截头四棱锥体 (四棱台) 体积的公式可以方便地改写为在古代《莫斯科纸草书》中看到的公式. 另一方面, 他对于五种正多面体体积的度量又是遵循欧几里得的精神.

十三

东方色彩在丢番图 (Diophantus, 约 250 年) 的《算术》(*Arithmetica*) 一书中更加强烈, 他的原著只有六卷保存下来, 全书的卷数现在只能凭猜测. 书中对于不定方程的技巧处理显示, 巴比伦也许还有印度的古代代数学不仅在希腊文明的笼罩下保存下来, 还得到少数活跃人士的改进. 这一切是如何做、何时做的, 我们不得而知, 正如我们不知道丢番图为何人, 他可能是一位希腊化的巴比伦人, 他的书是从希腊 – 罗马时期保存下来的最迷人的著作之一.

丢番图所搜集的问题包罗万象, 其解法常常又是高度巧妙的. “丢番图分析” 包括对诸如以下的不定方程

$$Ax^2+Bx+C=y^2,$$
$$Ax^3+Bx^2+Cx+D=y^2$$

或这样的方程组求解. 丢番图的特点是他只关心正有理数解, 称无理数解为 “不可能”, 他会仔细选择系数以求得到他所寻求的正有理数解. 在这些方程中, 可以看到现在所称的 “佩尔 (Pell) 方程”:

$$x^2-26y^2=1,$$
$$x^2-30y^2=1.$$

丢番图对于数论也有几个命题, 比如定理 (III, 19): 如果两个整数 [59]

均为两平方之和, 那么它们的乘积可以用两种方法写成两个平方之和. 还有将一个数写成三个平方和与四个平方和的一些定理.

丢番图的书中第一次系统地使用代数符号, 他对于未知数、减号、倒数都有特殊记号. 对于未知数的每一次幂都有一个特殊符号.① 这些符号以我们的感觉不过只具有简写的性质而非代数符号 (它们构成所谓的 "简记" 代数). 毫无疑问, 这里不仅还同巴比伦一样仍有确定的代数性质的算术问题, 并且也有完整的代数记法, 对解决以往不曾遇到的复杂问题有很大帮助.

十四

亚历山大学派的最后一篇伟大数学论著的作者是帕普斯 (Pappus, 4 世纪初期), 他的《数学汇编》(*Collection*, 希腊原文 *Synagoge*) 是一部研究希腊几何学的手册, 附有对于现有定理和证明的历史评注、改进和变形, 应该与原著作一起读, 而不是单独读. 不少古代作者的结果都是以帕普斯保存的形式而为后人所知, 其中的例子有圆的面积问题、倍立方体问题和三等分角问题. 最有意思的是关于等周图形的一章, 从中我们知道, 圆比所有等周长的正多边形的面积都大. 书中还有评论指出蜂窝的巢满足某些极大 – 极小的特性, ②阿基米德的半正面体也经由帕普斯而为人所知. 和丢番图的《算术》一样,《数学汇编》也是一部富于挑战性的书, 书中的问题启发了人们日后的进一步研究.

---

① 密西根大学 1921 年收藏的 620 纸草书包含一些希腊代数问题, 时间早于丢番图的时代, 大约是 2 世纪早期. 这份手稿中出现了丢番图书中的一些符号, 见 F. E. Robbins, *Classical Philology*, Vol. 24 (1929), pp. 321–329; K. Vogel *ibid.*, Vol. 25 (1930), pp. 373–375. 文词代数 (全部文字叙述)、简记代数和符号代数 (我们现在的代数) 的区别可见 G.H.F. Nesselman, *Die Algebra der Griechen* (Berlin, 1842).

② 对这个问题的全面讨论可见 D'Arcy W. Thompson, *Growth and Form*, 2nd ed. (Cambridge, 1942). (译者注: 此书有中译本,《生长与形态》, 袁丽琴, 译, 上海科学技术出版社, 2003.) 研究这些所谓的等周问题, 就会联想到芝诺多罗斯 (Zenodorus, 公元前 2 世纪) 这个名字. 他的论文已经失传, 但帕普斯对此有综述, 可与施泰纳 (Steiner, 见后面第八章第九节) 对比.

亚历山大学派渐渐随着古代社会的衰落而消亡, 但作为整体, 仍然是异教信仰抵抗基督教扩张的一个堡垒, 其中几位数学家也在古代哲学史上留下足迹. 普罗克洛斯 (Proclus, 410—485 年) 是雅典新柏拉图主义的领袖, 他所著的《欧几里得第一卷评注》(*Commentary on the First Book of Euclid*) 是我们了解希腊数学历史的主要来源之一. 这一学派在亚历山大的另一位代表人物是希帕蒂娅 (Hypatia), 她评注了大量经典数学家的著作, 于 415 年被圣西瑞尔 (St. Cyril) 的信徒所杀害, 她的一生被查理斯 · 金斯利 (Charles Kingsley) 写成小说.① 这些哲学学派以及他们的评注者经过几个世纪的沉浮, 最后雅典的学院在 529 年被皇帝查士丁尼 (Emperor Jus- [60]
tinian) 作为 "异教" 而查封. 但此时在君士坦布尔 (Constantinople, 现称伊斯坦布尔,Istanbul) 和荣迪沙帕尔 (Jundīshāpūr) 这样的地方又出现了一些学派, 许多古旧的抄本在君士坦丁堡保存下来, 评注家们继续用希腊文字延续着希腊科学和哲学的记忆. 630 年亚历山大被阿拉伯人占领, 他们以阿拉伯上层文明取代了在埃及的希腊上层文明. 我们没有理由相信是阿拉伯人毁坏了著名的亚历山大图书馆, 因为当时这所图书馆是否还存在已经不能确定.② 实际上, 阿拉伯征服者未曾实质性地改变在埃及的数学研究的性质, 埃及数学也许有了一些倒退, 但是当我们再一次听到埃及人 (比如阿尔哈森,Alhazen) 的数学时, 它仍然沿袭着古代希腊 — 东方的传统.

十五

在本章结束之前, 我们要再对希腊的算术 (arithmetica) 和计算法 (logistics) 补充几句. 希腊数学家对 "算术" 即数的科学 (arithmoi) 与 "计算法" 即实际运算分得很清, "arithmoi" 这个词只表示一个自然数, 一个 "由多个单元构成的量" (欧几里得, 第七卷, 定义 2, 这

---

① C. Kingsley, *Hypatia* (1853). 亦见 F. Mauthner, *Hypatia* (1892, 德文).

② E. A. Parsons (*The Alexandrian Library. Glory of the Hellenistic World* [Amsterdam, etc., 1952]) 持相反的说法.

也意味着不认为 “1” 是个数). ①实数的概念当时是没有的, 因此一条线段也不是总有长度的, 我们对于实数的工作由几何推理替代. 当欧几里得想要表示三角形的面积等于底乘以高的一半时, 他必须要说明这个面积是一个同底且处于相同平行线之间的平行四边形的面积的一半 (欧几里得, 第一卷, 41). 勾股定理成为三个正方形的面积之间的关系, 而不是三条边长的关系. 欧几里得的《几何原本》讲到二次方程式的理论, 但却用了所谓面积的应用词汇来表达, 同时由于根是进行某些特定的构建得到的线段, 只好说仅采用正根; 但是在《几何原本》中, 线段又不一定具有附加的数值. 这些线和数的概念可以说是希腊统治阶级里对数学有兴趣那部分人中柏拉图唯心主义的胜利所带来的一种有意的行为, 因为同时代的东方关于代数与几何关系的观念并未有任何数的概念的限制. 我们有种种理由相信, 勾股定理对于巴比伦人是边长之间数的关系, 而且爱奥尼亚数学家所熟悉的也正是这种类型的数学.

一般的计算数学称为 “计算方法”, 在希腊历史的各个时期都
[61] 生机勃勃, 欧几里得排斥它, 但阿基米德和海伦用起来却驾轻就熟, 毫无顾忌. 实际上计算方法采用的是与时俱进的计数系统. 早期的希腊计数法是根据一种与埃及和罗马计数法相似的加法的十进位原则, 亚历山大学派时期或也许更早, 出现了一种书写数字的方法, 使用了 1500 多年, 不仅科学家在用, 商人和行政人员也在用. 这种方法借用了希腊字母的顺序, 从表示 $1, 2, \cdots, 9$ 开始, 然后表示 $10, 20, \cdots, 90$, 最后表示 $100, 200, \cdots, 900 (\alpha = 1,\ \beta = 2$, 等等). 24 个希腊字母以外又增加了 3 个古字母凑齐必需的 27 个符号. 有了这一法则的帮助, 每一个小于 1000 的数都可以用最多 3 个符号写出来. 比如 14 就是 $\iota\delta$, 因为 $\iota = 10,\ \delta = 4$. 大于 1000 的数可以简单地扩展这一法则表示出来. 阿基米德、海伦以及其他所有古典著者的现存手稿中使用的都是这一法则, 考古证据也证实学校里在教授这一法则.

① 这种观点一直持续到文艺复兴时期, 斯蒂文 (Stevin) 在他 1585 年的 *Arithmétique* 一书中, 言辞热烈地呼吁将 “1” 承认为一个像其他整数那样的数.

这是一种十进位的非位置法则, $\iota\delta$ 和 $\delta\iota$ 都表示 14. 人们有时会把位置制的缺失和不能少于 27 个符号作为这种法则不良的证明, 但古代数学家使用时的熟练、希腊商人甚至于在相当复杂的交易中也给予的接受、它长时期的持久性 —— 在东罗马帝国一直用到 1453 年灭亡之时 —— 似乎都指向了某些优越性. 该法则的某些实用性的确可以使我们相信, 只要掌握了符号的含义, 就能十分容易地演算四则运算. 有了适当符号的分数运算也不难, 只是希腊人没有统一的法则来规范. 他们使用埃及的单位分数、巴比伦的六十进位分数以及很像我们旧时符号的分数, 却从未用过十进位分数, 当然这一伟大进步要到计算工具已经远远超过古代使用的一切的欧洲文艺复兴时期才会出现; 直到 18 世纪和 19 世纪, 许多教科书还没有采取十进位分数.

人们一直在质疑, 这种字母计数法则是否对希腊代数学的发展有害, 是否用字母表示确定数妨碍了像我们在代数里那样使用字母表示一般的数, 其实这样一种在丢番图以前希腊没有代数的传统解释应该抛弃, 虽然我们也不否认一种合宜符号的伟大价值. 如果古典的著者曾经关注了代数学, 他们就会创造出合宜的符号制, 实际上丢番图曾经开始做过. 只有在整个希腊与东方关系的框架中进一步研究希腊数学家和巴比伦代数之间的关联, 才能够弄清楚希腊代数学的问题.

参考文献

我们现在可以看到希腊古典著述者的优秀著作, 其中的主要著作还有英文译本. 下列书目中有最好的介绍:

Heath, T. L. *A History of Greek Mathematics.* 2 Vols., Cambridge, 1921. Dover reprint, 1981. [62]

——. *A Manual of Greek Mathematics.* Oxford, 1931.

——. *The Thirteen Books of Euclid's Elements.* 3 Vols., Cambridge, 1908. Dover reprint, 1956.

Ver Eecke, P. *Oeuvres complètes d'Archimède.* Brussels, 1921.

——. *Pappus d'Alexandrie. La Collection mathématique.* Paris - Bruges, 1933.

——. *Proclus de Lycie. Les commentaires sur le premier livre des éléments d'Euclide.* Bruges, 1948.

Scriba, C. *Archimedes.*

Dijksterhuis, E. J. *Archimedes.* Copenhagen, 1956.

Manitius, K. *Ptolemäus' Handbuch der Astronomie*, 2nd ed., O. Neugebauer, ed. 2 Vols., Leipzig, 1963 (1st ed., Leipzig, 1912–1913).

Pedersen, O. *A Survey of the Almagest.* Copenhagen, 1974.

[Toomer, G. J., Ed.] *Diocles on Burning Mirrors.* Berlin, etc., 1976

Bashmakova, I. G. *Diophantus und diophantische Gleichungen*, 1972 (译自俄文). 亦见 *Istor.-mat. Issled.* Vol. 17 (1966), pp. 185–204.

Loria, G. *Le Scienze esatte nell'antica Grecia*, 2nd ed. Milan, 1914.

Allman, G. J. *Greek Geometry from Thales to Euclid.* Dublin, 1889.

Gow J. *A Short History of Greek Mathematics.* Cambridge, 1884.

Reidemeister, K. *Die Arithmetik der Griechen.* Hamburg Math. Seminar Einzelschriften 26, 1939.

——. *Das exakte Denken der Griechen.* Hamburg, 1949.

Cohen, M. R., and Drabkin, I. E. *A Source Book in Greek Science.* London, 1948.

Heath, T. L. *Mathematics in Aristotle.* Oxford, 1949.

van der Waerden, B. L. *Ontwakende Wetenschap.* Groningen, 1950. English trans., *Science Awakening*, Oxford, 1961. (有关埃及、巴比伦和希腊的数学.)

Becker, O. *Das mathematische Denken der Antike.* Göttingen, 1957.

Hauser, G. *Geometrie der Griechen von Thales bis Euclid.* Lucerne, 1955.

Blaschke, W. *Griechische und anschauliche Geometrie.* Munich, 1953.

Dantzig, T. *The Bequest of the Greeks.* New York, 1955.

Kolman, E. *History of Mathematics in Antiquity.* Moscow, 1961 (俄文).

Wussing, H. *Mathematik in der Antike.* Leipzig, 1965. (Kolman 和 Wussing 的著作也有关埃及和巴比伦的数学.)

Steele, A. D. “über die Rolle von Zirkel und Lineal in der griechischen Mathematik.” *Quellen und Studien*, Vol. A2 (1932), pp. 61–89.

相当多的希腊文、拉丁文和英文文献见:

Thomas, I. *Selections Illustrating the History of Greek Mathematics.* Cambridge, Mass., and London, 1939.

更多文献评论可见:

Tannery, P. *Pour l'histoire de la science hellène*, 2nd ed. Paris, 1930.

——. *Mémoires scientifiques.* Vols. 1 – 4, Toulouse and Paris, 1912—1920.

Vogt, H. “Die Entdeckungsgeschichte des Irrationalen nach Plato und anderen Quellen des 4ten Jahrhunderts.” *Bibliotheca mathematica*, Vol. 3, No. 10 (1909—1910), pp. 97–105.

Sachs, E. *Die fünf Platonischen Körper.* Berlin, 1917. [63]

Hellen, S. “Die Entdeckung der stetigen Teilung durch die Pythagoreen,” *Abh. Deut. Akad. Wiss., Kl. f. Math. u. Physik u. Techn.*, No. 6 (1958).

Frank, E. *Plato und die sogenannten Pythagoreer.* Halle, 1923.

Apostle, H. O. *Aristotle's Philosophy of Mathematics.* Chicago, 1952.

Luria, S. “Die Infinitesimaltheorie der antiken Atomisten.” *Quellen und Studien*, Vol. B 2 (1932), pp. 106–185.

Lorenzen, P. *Die Entstehung der exakten Wissenschaften.* Berlin, 1960.

Szabo, A. *The Beginnings of Greek Mathematics.* Dordrecht, 1978.

(Trans. from the German, Munich and Vienna, 1969.) 亦见 *HM*, Vol. 1 (1974), pp. 291–316.

Knorr, W. R. "Archimedes and the Pre - Euclidean Proportion Theory." *Arch. intern. hist. sc.*, Vol. 28 (1978), pp. 183–244.

一份对于有关希腊数学的各种假设的很好的综述可见:

Dijksterhuis, E. *De elementen van Euclides.* 2 Vols., Groningen, 1930 (荷兰文):

亦参见 *DSB* 上关于欧几里得的文章, 以及

van der Waerden, B. L. *Die Pythagoreër. Religiöse Brüderschaft und Schule der Wissenschaft.* Zurich and Munich, 1979.

Lexikon der Antiken Welt. Stuttgart, 1965. Contains articles on mathematics by K. von Fritz, H. Guericke, K. Vogel.

关于拜占庭的数学, 见:

Vogel, K. "Der Anteil von Byzanz an Erhaltung und Weiterverbreitung der griechischen Mathematik." In *Miscellanea mediaevalea Ia.* Berlin, 1962, pp. 112–128. (See *Istor.-mat. Issled.*, Vol. 10 [1973], pp. 249–263.)

第四章　希腊社会衰落之后的东方

一

虽然受到希腊文化的各种影响, 近东的古代文明却从未衰亡, [65]
东方与希腊的影响均清晰地表现在亚历山大的科学之中; 君士坦丁堡和印度也曾是东西方重要的交流之地. 狄奥多西一世 (Theodosius I) 在 394 年建立了拜占庭帝国 (the Byzantine Empire), 其首都君士坦丁堡是希腊式的, 同时它也是希腊人仅占全部城市居民一部分的广大区域的行政中心. 拜占庭帝国曾与东、北和西边的军队作战长达千年之久, 但同时也作为希腊文化的保卫者以及东西方之间的桥梁而存在. 早在公元 2 世纪, 美索不达米亚就脱离罗马人和希腊人而独立, 先是处于帕提亚国王的治下, 后来 (266 年) 又归于纯波斯人的撒珊王朝 (Sassanians). 印度河流域在几个世纪中曾有几个希腊王朝, 但在公元 1 世纪都已经消失, 之后只有当地的印度王国延续着与波斯和西方的文化关系.

由于伊斯兰的迅速崛起, 希腊人几乎完全丧失了对于近东的政治统治. 622 年 (即伊斯兰纪元元年) 以后, 阿拉伯人以惊人的扫荡征服了西亚大部分, 不到 100 年就占领了直到西西里、北非和西班牙的西罗马帝国的大片土地. 所到之处, 他们都试图以伊斯兰文化代替希腊 — 罗马文化, 用阿拉伯语取代希腊语或拉丁语作为官方语言. 不过科学文献中只见到新的语言这一事实几乎掩盖了实际的情况: 在阿拉伯人的统治下, 文化仍然保持着相当的连续性, 古代的本地文化在这种统治下比在希腊那种外国统治下有更好的机会得以保存. 例如, 波斯虽受阿拉伯管辖, 但很大程度上仍是撒珊古国. 当然, 不同传统之间的竞争仍在继续, 只不过现在是以一种新的形式罢了. 在整个伊斯兰统治时期中, 那里还存在着坚持自我、与不同本地文化抗争的正统希腊传承.

二

我们已经看到, 在罗马帝国全盛时代, 埃及出现了东方与希腊文化竞争融合产生的最辉煌的数学成果. 随着罗马帝国的衰落, 数
[66] 学研究的中心开始转移到印度, 以后又返回到美索不达米亚. 印度第一部得以保存良好的严格科学著作是《悉昙多》(*Siddhāntās*, 意译为 "究竟理" 亦即 "知识体系"), 其中一部《萨雅》(*Sūrya*) 可能仍呈现的是与原貌 (约 300—400 年) 十分类似的形式. 这部著作主要涉及天文学, 用本轮说和六十进制分数运算. 这些事实似乎显示了希腊天文学的影响, 也许在《至大论》之前的时期流传过来, 也许印度天文学与巴比伦天文学曾经有过直接接触. 《悉昙多》在表现了许多印度本土的特征之外,《悉昙多 · 萨雅》书中还有正弦表 (*jyā*), 不过没有弦长表. 这里正弦是弦长的一半, 因而也是一条线段

《悉昙多》的成果主要是由以乌贾因 (Ujjain, 印度中西部城市) 和迈索尔 (Mysore, 印度南部城市) 为中心的印度数学学派系统地解释并开拓. 自 5 世纪以后, 许多印度数学家的名字和著作均被保存下来, 有些书甚至还有英译本.

这些数学家中最著名的是阿耶波多 (Āryabhata, 被称作 "阿耶

波多第一", 约 500 年) 和婆罗摩笈多 (Brahmagupta, 约 625 年). 很多人都在猜测, 他们二位曾经得益于希腊、巴比伦和中国, 但同时也表现出了相当的原创性. 他们工作的特点在算术 – 代数部分, 特别是对于不定方程的爱好让人感觉与丢番图有些关联. 以后几百年, 相关领域还陆续出现了其他工作, 部分是天文学、部分是算术 – 代数、偶尔还会涉及度量与三角学. 阿耶波多第一给出的 π 值是 3.1416 , 他曾经热衷于寻找边长为有理数的三角形和四边形, 对此迈索尔学派的马哈威拉 (Mahāvīra, 约 850 年) 颇有贡献. 大约 1150 年, 在婆罗摩笈多工作过的乌贾因出现了另一位杰出的数学家婆什迦罗 (Bhāskara). 婆罗摩笈多第一个找到了一次不定方程 $ax + by = c$ (a, b, c 为整数) 的通解. 因此严格说来, 把一次不定方程称为丢番图方程是不恰当的. 丢番图可以接受分数解, 而印度人所满意的只有整数解; 在承认方程负数解这方面, 印度人也超过了丢番图, 虽然这可能也是巴比伦天文学所用的老办法. 婆什迦罗解出诸如方程 $x^2 - 45x = 250$ 的两个根为 $x = 50$ 和 $x = -5$; 但对负根的有效性保留了一定的怀疑. 婆什迦罗的著作《莉拉沃蒂》(Lilāvati) 在许多世纪一直都是东方算术和度量方面的一本标准著作, 皇帝亚格伯 (Akbar) 曾下令将它译成波斯文 (1587 年), 1817 年的一个英译本曾于 1827 年在加尔各答再版, 另有一个版本带有梵文和印度文的注释 (贝拿勒斯 (Benares),1961 年).① 古代印度产生的数学财富还有很多, 例如我们现在知道, 在一份属于尼拉坎塔 [67]
(Nīlakantha, 约 1500 年) 的梵文手稿中曾看到 $\pi/4$ 的格列戈里 – 莱布尼茨 (Gregory-Leibniz) 级数.②

① 婆罗摩笈多在他的书中曾经说他的有些问题 "仅仅出于乐趣" 而提出. 这就断定, 东方数学是从很久之前就从它的纯粹实用主义的作用演化出来了. 150 年以后, 西方的阿尔昆 (Alcuin) 写出了《年轻人的益智问题》(*Problems for the Quickening of the Mind of the Young*), 表达了一个类似的非实用主义的目的. 智力谜题形式的数学通常以打开新领域的方式很本质地促进科学的进步, 至今仍然有些谜题有待归并到数学的主题中去.

② C. T. Rajagopal and T. V. Vedaminthi Aiyar, *Scripta math.*, Vol. 17 (1951), pp. 65–74; *Ibid.*, Vol. 18 (1952), pp. 25–30. 亦见 C. T. Rajagopal and A. Venkataraman, *J. Roy. Asiatic Soc. Bengali.*, Vol. 15, No. 1 (1949), pp. 1–13; 和 J. E. Hofmann, *Math. Phys. Seminar Ber. (Giessen)*, Vol. 3 (1953), pp. 193–206.

三

印度数学最著名的成就是我们现在所用的十进位位置制. 十进位制很古老, 位置制也很古老, 但它们结合在一起先是出现在中国然后在印度, 并随着岁月流逝逐渐取代了更古老的非位置制. 最早在印度发现的十进位位置制是公元 595 年的一块刻板, 上面的日期 346 是以十进位位置记号书写的. 远在这个刻板记录之前, 印度人曾有一种根据位置方法排列单字来表示大数的法则. 有些早期的文献中明确使用了表示零的字 "*śūnya*". ① 在所谓的《巴赫沙利手稿》(Bakshālin manuscript) 中, 有 70 张来源和年代均未确定 (估计的范围在 3 世纪到 12 世纪) 的桦木皮纸, 包含着不定方程、二次方程、近似值等传统印度内容, 曾用一个点表示零. 最早的零记号的刻板记录可定位在 9 世纪, 远远晚于巴比伦文献中零记号出现的年代. 零的记号 0 可能是受到希腊的影响 (希腊文 ouden 的意思是 "没有"), 巴比伦表示零的点只出现在数位之间, 而印度的零也会出现在数尾, 因此 $0,1,2,\cdots,9$ 成为地位相当的数字.②

大概从中国发源, 十进位位置制沿着驼路慢慢渗透到近东的许多地方, 与其他法则并存. 很可能是在撒珊王朝时期 (224—641 年), 十进制就这样传入波斯, 也许还有埃及, 波斯、埃及与印度的联系比较密切. 在这一时期, 古巴比伦位置制的记忆在美索不达米亚还没有抹去. 印度位置制确定无疑地在印度之外被提到, 最早见于叙利亚主教塞博赫特 (Severus Sēbōkht)662 年的著作中. 由于厄尔 – 法扎里 (Al-Fazārī) 将《悉昙多》译成了阿拉伯文 (约 773 年), 伊斯兰科学界开始熟悉了所谓的印度体系. 这一体系开始更广泛地在阿拉伯世界和更远的地方使用, 同时希腊计数制以及其他本

① 这也许可以与亚里士多德《物理学》(*Physica*) (译者注: 有中译本, 张竹明, 译, 商务印书馆, 1982 年) 第四章第 8 节 215^b 对 "空" (*kenos*) 的概念的使用相提并论. 也见 C. B. Boyer, "Zero: the Symbol, the Concept, the Numbers", *Nat. Math. Mag.*, Vol. 18 (1944), pp. 323–330.

② 参见 H. Freudenthale, *5000 jaren internationale*, wetenschap (Groningen, 1946).

土计数制也仍然在使用. 社会因素可能曾经发挥了作用, 因为东方传统比较偏好十进位位置制, 排斥了希腊人的方法. 用以表示位置数字的记号千差万别, 但主要有两种: 东部阿拉伯人所使用的印度记号, 以及西班牙的西部阿拉伯人中使用的所谓古巴尔 (gobâr 或 [68]
ghubār) 数字. 第一种记号至今仍然在阿拉伯世界中使用, 但我们现在的计数制似乎来源于古巴尔法则. 韦普克有一个说法 (见第三章第十一节), 他认为早在 450 年, 古巴尔数字就通过亚历山大的新毕达哥拉斯学派传到了西方. 果真如此的话, 当阿拉伯人来到西方时, 西班牙已经在使用古巴尔数字了.①

四

在希腊文化和罗马统治下业已成为罗马帝国前哨的美索不达米亚, 在撒珊王朝统治下恢复了原来沿贸易路线的中心地位, 波斯本土国王继续塞鲁士 (Cyrus) 和薛西斯 (Xerxes) 的传统治理着波斯. 我们对波斯这一时期的历史所知甚少, 特别是波斯的科学, 但是那些诸如《一千零一夜》、奥马 · 海亚姆 (Omar Khayyam 或 al-Khayyāmī, 约 1038/1048—1123/1131 年) 的诗作、菲尔多西 (Firdawsī) 的史诗所表现出的不朽传奇却为匮乏的历史资料提出旁证, 显示撒珊王朝时期是一个文化灿烂的时代. 撒珊王朝的波斯, 位于君士坦丁堡、亚历山大、印度和中国之间, 多种文化在此汇合. 此时巴比伦业已灭亡并为塞琉西 – 泰西封 (Seleucia-Ctesiphon) 所取代, 并最终在 641 年的阿拉伯征战中成为巴格达 (Bagdad). 这一征战以后, 官方语言由巴拉维语 (Pehlevi, (译者注: 古波斯的一种语言, 使用于 3—10 世纪)) 变成为阿拉伯语, 但古代波斯的大部分并未受到影响. 甚至人们只接受了一种修正的伊斯兰教 (什叶派教义), 基督教徒、犹太教徒和拜火教徒继续在对巴格达阿拉伯帝国的文化生

① 参见 S. Gandz, "The Origin of the Ghubār Numerals", *Isis*, Vol. 16 (1931), pp. 393–424. 也有布巴诺夫 (N. Bubnov) 的一个理论说, 古巴尔数字源于沙盘上采用的古代希腊 – 罗马符号. 也见 F. Cajori, *History of Mathematics* (New York, 1938), p. 90 的脚注, 以及 D. E. Smith and L. C. Karpinski, *The Hindu-Arabic Numerals* (Boston, 1911), p. 71.

活有所贡献.

伊斯兰时期的数学也表现出各种影响的融合, 正如我们在亚历山大和印度的数学中常常看到的那样.[1] 阿巴斯 (Abbāsid) 的世代哈里发, 特别是曼苏尔 (Al-Mansūr, 754—775 年)、哈伦 · 拉希德 (Harūn al-Rashīd, 786—809 年)、马蒙 (Al-Ma'mūn, 813—833 年) 倡导天文学和数学, 马蒙甚至还在巴格达组织了一个带有图书馆和观象台的 "智慧馆". 伊斯兰人在严格科学上的贡献, 开始于厄尔 - 法扎里对《悉昙多》的翻译, 经一位来自希瓦 (Khiva) 的本土人达到第一个高峰, 这人就是花拉子米 (Muhammad ibn Mūsā al-Khwārizmī), 他在 825 年前后最为活跃, 曾写了几本关于数学和天文学的著作. 他的算术解释了印度的计数制, 此书原始的阿拉伯文版本已经失传, 现存的是 12 世纪的一个拉丁文译本. 这本书是西欧得以熟悉十进位位置制的途径之一, 译本名为《印度计数算法》(*Algorithmi de numero Indorum*), 我们数学词汇中的 "算法" (algorithums) 就来自作者的拉丁文姓名. 无独有偶, 类似的事情也发生在花拉子米的《代数学》中, 该书原名是 *Hisāb al-jabr wal-muqābala*(书名按字面意思可译为《移项和合并的科学》, 但通常习惯译作《积分和方程计
[69] 算法》, 后来书名逐渐简化成为《代数学》). 这本《代数学》的阿拉伯文版本至今存在, 但同样也是经过拉丁译本而为西方所知, 这些译本就用 "*al-jabr*" 相称 "代数学" 这门科学. 的确, 一直到 19 世纪中叶, 代数学不过就是方程的科学.

花拉子米的这本《代数学》包含对一次方程和二次方程的讨论, 但没有任何代数形式, 甚至连丢番图的 "简写" 符号都没有. 这些方程有三种不同的类型, 其特征分别为: $x^2 + 10x = 39$, $x^2 + 21 = 10x$, $3x + 4 = x^2$, 因为只允许系数取正数, 它们只好被分别处理. 这三种类型反复出现于后来的文献中, 卡尔平斯基 (L. C. Karpinski) 教授这样写道: "因此, 在好几百年里, 方程 $x^2 + 10x = 39$ 就像一根

① 由于仅有极少的原材料可以找到译本, 对中东数学的论述长期以来都成为困难. 现在情况逐渐有所好转, 然而一些重要的贡献仍然只有俄文版.

金线贯穿于代数学."① 《代数学》中的推理大部分是几何的. 花拉子米的天文学与三角学图表 (含有正弦与正切) 都是阿拉伯人的成就, 后来也被译成拉丁文. 他的几何学是关于度量规则的一个简单目录, 其重要性在于这些内容直接来源于公元 150 年的一份犹太文文献, 显示了与欧几里得几何很不一样的传承. 花拉子米的天文学是《悉昙多》的一个摘要, 因此也许是通过梵文文献表明他曾受到希腊的间接影响. 总的说来, 花拉子米的著作似乎体现出东方的而非希腊的影响, ②而这也许是有意而为之.

花拉子米的著作在数学史中起着重要的作用, 因为它是印度数字和阿拉伯代数学传至西欧的一个主要来源. 直至 19 世纪中叶, 代数学都因为缺乏一种公理基础而表现出它来自东方, 与欧几里得几何形成鲜明对比, 当今中小学所教授的代数和几何仍然保留着这种来源不同的印记.

五

此时, 希腊传统得到一派阿拉伯学者的呵护, ③他们忠实地将阿波罗尼、阿基米德、欧几里得、托勒密和其他人的希腊经典文献翻译成阿拉伯文, 人们现在普遍采用的托勒密巨著的书名《至大论》就表现了阿拉伯译文对西方的影响. 这些抄写和翻译工作保存了许多希腊经典, 否则其中不少可能就会失传. 强调希腊数学的计算与实用方面而牺牲了理论方面, 慢慢成为一种自然趋势. 阿拉伯天文学特别关注三角学, 单词 "*sinus*" 就是梵文 *jyā* (正弦) 的阿拉伯写法的拉丁译文. 正弦对应于双弧弦长的一半 (托勒密使用整

① L. C. Karpinski, *Robert of Chester's Latin Translation of the Algebra of Al-Khwārismī* (New York, 1915), p. 19.

② S. Gandz, "The Sources of Al-Khwrāizmī's Algebra", *Osiris*, Vol. 1 (1936), pp. 263–277.

③ 当我们说到 "阿拉伯学者" 或 "阿拉伯科学" 时并不是说这门科学只是由阿拉伯人进行的. 相反, 大多数 "阿拉伯人" 是波斯人、塔吉克人、埃及人、犹太人和摩尔人等. 同样的, 我们可以将从博伊西斯到高斯的许多欧洲作者称为 "拉丁学者", 因为他们用拉丁文写作. 正如西方世界的拉丁语和东方基督教世界的希腊语一样, 阿拉伯语是伊斯兰世界的通用语.

[70] 个弦), 并被视为直线而非数值. 巴塔尼 (Albategnius, 阿拉伯名字是 Al-Battānī, 约 850—929 年) 是一位伟大的阿拉伯天文学家, 我们在他的著作里发现了大量的三角学, 他制作了对于每一度的余切表, 同时还有球面三角形的余弦定律.

巴塔尼的工作使我们了解到, 阿拉伯学者不仅抄录经典, 而且也因同时掌握希腊和东方的方法贡献了新的成果. 阿布 · 瓦法 (Abū-l-Wafā 或 al-Būzjanī, 940—997/998 年) 推导出了球面三角的正弦定律、计算出每 $15'$ 的正弦表, 数值精确到小数点后第 8 位、引入了正割与余割的对等式、用一个一端固定的圆规几何作图、还继续了希腊数学家对于三次方程和四次方程的研究. 凯拉吉 (Al-Karkhī, 或 Al-karajī, 约逝世于 1029 年) 在丢番图之后又写了一部详尽的代数学, 含有关于无理数的一些有趣材料, 例如等式 $\sqrt{8}+\sqrt{18}=\sqrt{50}$, $\sqrt[3]{54}-\sqrt[3]{2}=\sqrt[3]{16}$. 他明显表现出偏爱希腊人的倾向, 他 “对于印度数学的忽视已经是形成习惯了”.①

六

我们无须深究伊斯兰世界中多少次政治与人种的变迁, 由此带来天文学和数学发展上的起起落落, 一些中心消失了, 另一些则辉煌一时, 但伊斯兰式科学的一般特点其实保持未变, 我们只提几个亮点.

公元 1000 年左右, 北波斯出现了新的统治者塞尔柱突厥人 (Saljūq 或 Selchuk Turks), 他们的帝国在灌溉中心梅尔夫 (Merv) 附近繁荣起来. 奥马 · 海亚姆就生活在这里, 在西方他以《鲁拜集》(*Rubaiyat*, 该书 1859 年经费慈吉拉德 (FitzGerald) 译成英文, 不过当时不被看好, 几近免费才推销出去) 的作者而著名; 他是一位天文学家和 (秉承亚里士多德精神的) 哲学家:

啊, 人们说我的推算高明,
纠正了时间, 把年份算准,

① G. Sarton, *Introduction to the History of Science*(Baltimore, 1927), Vol. I, p. 719.

可谁知道那只是从旧历中
勾除了未卜的明天和已逝的昨日.

(《鲁拜集》第 57 首)

这里奥马 · 海亚姆也许指的是他对旧波斯历 (Persian calendar) 的修订, 波斯历每 5000 年 (根据其他的解释是 1540 年或 3770 年) 错一天, 而我们现在的格利戈里历 (Gregorian calendar) 是每 3330 年错一天. 他的修订实行于 1079 年, 但后来被穆斯林的阴历所取代. 奥马 · 海亚姆写有一部《代数学》(*Algebra*), ①代表了相当高的成就, 因为书中包含了对三次方程的系统研究. 他采用了一种希腊人不常使用的方法, 将这些方程的根确定为两条圆锥曲线的交点. 没有数值解, 并且 —— 同样是以希腊的方式 —— 将解分为 "几何解" [72]
与 "算术解", 后者特指那些正有理数解. 可见他的方法完全不同于 16 世纪波伦亚 (Bolognese) 数学家所使用的纯代数方法.

奥马 · 海亚姆在另一部书中用一系列其他的命题取代平行公理, 试图解决欧几里得的困难. 在此处他得到的图像与现在所谓的 "钝角、锐角和直角的假设" 有关, 在非欧几里得几何中占有一席之地. 他还用一组理论取代欧几里得的比例论, 从中他涉及无理数理论和实数的一般概念.②

1258 年巴格达被蒙古攻占以后, 马拉盖天文台 (the observatory of Maragha) 所在地的附近兴起了一个新的学术中心, 这里成为整个东方科学与希腊科学竞争融合的场所. 纳西尔 · 丁 (Nasīr al-dīn al Tūsī, 又拼作 Nasir-eddin, 1201—1274 年, 前文所提到的马拉盖天文台即为蒙古统治者旭烈兀 (Hulagu) 为这位天文学家所建造的) 将三角学从天文学中分离出来作为一种专门的科学, 尝试沿着奥马 · 海亚姆的路线 "证明" 欧几里得的平行公理, 表明他很欣赏希腊人的理论方法. 纳西尔 · 丁的工作在后来文艺复兴时代的欧洲

---

① *Risala fī'l-barāhīn'alā masā'il al-jabr wa'l muqābala* (Treatise on Demonstration of Problems of Reduction and Confrontation [meaning problems of equations]). 见 *DSB*, Vol. 7 (1973), p. 327.

② D. J. Struik, "Omar Khayyam, Mathematician", *Mathematics Teacher*, Vol. 51 (1958), pp. 280–287.

位于内沙布尔 (Nishapur) 的奥马 · 海亚姆墓, 照片来源大都会艺术博物馆

有广泛的影响, 迟至 1651 年和 1663 年, 沃利斯 (John Wallis, 1616—1703 年) 还利用了纳西尔 · 丁关于欧几里得公设的工作. 纳西尔 · 丁在比例理论和对无理数的新数值方法中也都继承着奥马的传统.

另一位波斯数学家凯西 (Jemshid Al-Kāshī, 约逝世于 1436 年), 在数字工作上表现出非凡的才艺, 堪与 16 世纪末期欧洲人达到的水平相比. 他用迭代法和三角法解三次方程, 所使用的方法现在称为霍纳 (Horner) 算法. 该算法似乎是受到了中国的影响, 概括了普通数字开高次方根的一般方法, 可为一般高次代数方程求解. 在凯西的工作中就可以看到一般正整数次幂的二项式公式.① 他在使用六十进位分数的同时, 还轻松地使用了十进位分数 (例如,25.07 乘以 14.1 得到 357.501), 计算 π 的值到小数点后 16 位.② 这一切也许都表明, 中国宋代的数学已经深深地进入到伊斯兰世界 (见后第七节).

埃及伟大的穆斯林物理学家伊本 · 海塞姆 (Ibn Al-Haitham, 拉丁名 Alhazen 译作阿尔哈森, 约 965—1039 年) 是一位重要人物, 他的《光学》(*Optics*) 一书对西方有巨大的影响. 他解决的 "阿尔哈森问题" 是, 一个圆所在平面上有两个点, 要在圆周上找一点, 使得两点与该点的连线各与圆周在该点的法线之间的两角相等. 这一问题引出的四次方程, 可用希腊的方法通过一条双曲线与一个圆相交而解决. 阿尔哈森还使用穷竭法计算由抛物线绕任何直径或纵坐标旋转所得的立体图形的体积. 在阿尔哈森之前 100 年, 在埃 [73]
及还生活着一位代数学家阿布 · 卡米勒 (Abū Kāmil), 他继承并发展了花拉子米的工作, 不仅影响了凯拉吉, 而且影响了比萨人列奥纳多 (Leonardo of Pisa).

另一个学术中心位于西班牙. 在科尔多瓦 (Cordoba) 的一位重要天文学家是查尔卡利 (Al-Zarqāli, 又写作 Arzachel, 约 1029—1087 年), 他是那个时代最好的观测家以及《托莱多天文表》(Toledan

① 参见 M. Yadagari, "The Binomial Theorem: A Widespread Concept in Medieval Islamic Tradition", *HM*, Vol. 7 (1980), pp. 401–406

② 我们在 Al - Uglīdīsī 的一本书中发现了十进制小数, 这本书于 952/953 年在大马士革 (Damascus) 写成. 见本章的参考文献.

planetary tables) 的编者. 这一著作中的三角函数表后来被译成拉丁文, 对文艺复兴时期的三角学发展有一定影响.《托莱多天文表》之后又有《阿方索星表》(Alfonsine Tables, 为献给卡斯蒂利亚王国国王阿方索十世而编,Alfonso X of Castile,13 世纪), 在几个世纪里都是权威著作.

七

中国数学也许就像玛雅数学, 如果把它看作是一种孤立的现象, 可就大错了. 中国最迟至少在汉代 (与罗马皇帝同时期) 就有了与亚洲其他部分、甚至欧洲相当广泛的商业和文化联系. 印度和之后的阿拉伯科学曾影响了中国, 中国科学反过来也在其他国家的科学中留下了印记. 例如我们认为, 十进位位置制和负数都已经很清楚是从中国传到印度的. 印度对中国的影响同样也能追溯到佛教进入中国之初 (1 世纪). 但是希腊影响的证据却微乎其微, 虽然二者之间有一些平行的发展.

关于典型的汉朝以后时期圆的周长和直径之比的研究, 似乎就是这样与欧几里得无关地进行的. 现存《九章算术注》(263 年) 的作者刘徽 (约 225—295 年) 用内接和外切正多边形的方法得到 $3.1401 < \pi < 3.1427$; 两个世纪以后, 祖冲之 (430—501 年) 和他的儿子祖暅 (456—536 年) 不仅把 π 的值算到小数点后 7 位, 还得到 "约率" $\frac{22}{7}$ 和 "密率" $\frac{355}{113}$.①

唐朝 (618—907 年) 时, 为科举考试之需, 政府将一些最重要的数学著作编辑在一起. 也就是在此时有了雕版印刷, 只是我们所知的第一批印刷的数学书是在 1084 年以后. 1115 年出现了《九章算术》的印刷版.

① $\pi \approx \frac{355}{113}$ 可以从阿基米德的值 $\left(\frac{22}{7}\right)$ 和托勒密的值 $\left(\frac{377}{120}\right)$ 得到: $\frac{355}{113} = \frac{377-22}{120-7}$. 这个值在 π 展开为一个连分数时作为一个部分分数出现, 有时被称为 "梅蒂斯值", 以荷兰阿尔克马尔市市长和军事工程师安托尼斯宗 (Adriaen Anthoniszoon, 约 1580 年) 命名, 他们的儿子们都以梅蒂斯 (Metius) 自称.

在一部由王孝通在 625 年所著书中, 我们看到比《九章算术》里的 $x^3 = a$ 更复杂的三次方程. 但是古代中国数学最辉煌的时 [74]
期则是在宋朝 (960—1279 年) 以及元朝 (马可 · 波罗传闻中的 “大汗”) 初年, 杰出的数学家有秦九韶 (1208—1261 年), 他的著作完成于 1247 年, 发展了不定方程理论, 这种理论的逐渐发展过程历经几百年. 他的例子之一可以写作:

$$\begin{cases} x \equiv 32 \pmod{83}, \\ x \equiv 70 \pmod{110}, \\ x \equiv 30 \pmod{135}. \end{cases}$$

秦九韶还研究了高次方程的数值解, 可以示范为:

$$-x^4 + 763200x^2 - 40642560000 = 0.$$

他解这样的方程时, 推广了在《九章算术》已经使用的求二次和三次方根的连续近似方法, 我们现在知道这种方法与现代教科书中以霍纳 (W. G. Horner) 命名的方法相同, 霍纳发表此法是在 1819 年, 显然还不知道他发现的方法代表的是一千多年前的中国数学.

宋朝时期另一位数学家是杨辉 (生平履历不详), 他研究了十进位分数并采用一种让我们想到当今方式的写法 (1261 年的著作), 杨辉的问题之一可写成 $24.68 \times 36.56 = 902.3108$. 杨辉还画出了现存最早的帕斯卡三角形表示.[①] 我们以后又在朱世杰 (1249—1314 年) 大约 1303 年的著述中再次见到这个三角形, 朱世杰被认为是那一批数学家中最重要的一位, 他在书中最有造诣地呈现了中国的算法性 — 代数性 — 计算性方法. 他还将一次代数方程组的 “矩阵” 解法扩充到有几个未知数的高次方程, 所用方法很像 19 世纪的西尔维斯特 (Sylvester).

在宋代以后, 人们研究数学的活动仍在继续, 但是没有达到新的高度. 一般地说, 中国数学家在解决复杂的算术与代数问题上的能力不仅与他们的印度同行以及那些阿拉伯文的作者不相上下,

① 见蓝丽蓉 (Lay Yong, Lam), “The Chinese connection between the Pascal triangle and the solution of numerical equations of any degree,” *Historia Mathematica* Vol. 7 (1980); pp. 407–424.

有时还是他们的师傅. 例如, 在后来撒马尔罕人 (Samarkand) 凯西的著述中就不难看到霍纳算法和十进位小数 (见前面第六节).①

[75] **参考文献**

除了下列文献, 读者还可以参考第二章后面所列的文献.

Juschkewitsch (Juškevič), A. P. *Geschichte der Mathematik im Mittelalter.* Leipzig, 1964. (原文是俄文,Moscow, 1961).

[Vogel, K.] *Mohammed ibn Musa Alchwarizmi's Algorismus. Das früheste Lehrbuch zum Rechnen mit indischen Ziffern.* Aalen, 1963. (见 S. Gandz, in *Quellen und Studien*, Vol. 2A (1932), pp. 61–85.)

Suter, H. *Die Mathematiker und Astronomer der Araber und ihre Werke.* Leipzig, 1900 (Suppl., 1902). (亦见 H. P. J. Renaud, Isis, Vol. 18 [1932], p. 126.)

Kasir, D. S. *The Algebra of Omar Khayyam.* New York, 1931, p. 126.

Khayyam, Omar. *Traktaty.* Moscow, 1961(俄文). (B. A. Rozenfel'd 译, 附有阿拉伯原文影印件.)

关于奥马 · 海亚姆, 亦见:

Amir-Moéz, A. R. In *Scripta math.*, Vol. 26 (1963), pp. 323–337; also in *Istor.-mat. Issled.*, Vol. 15 (1963), pp. 445–472, 769–772.

Youschkevitch (Juškevič), A. P. *Les mathematiciens arabes ($VIII^e - XV^e$ siecle).* Paris, 1976. 根据作者的俄文文献; 见上.

Rashad, R. "Résolution des equations numériques et algèbre: Sarafal Dinal-Tusi, Viète". *AHES*, Vol. 12 (1974), pp. 244–290.

Al-Kāshī, J. *The Key to Arithmetic, Treatise on the Circle.* Moscow, 1956 (俄文). (B. A. Rozenfel'd 译.)

① 在 16 世纪和 17 世纪以前, 中国和日本的数学家已经与欧洲接触. 西方的数学和天文学家被引进到中国是通过利玛窦神父 (Father Matteo Ricci), 他从 1583 年开始留在北京, 直到 1610 年逝世. 见 H. Bosmans, "L'oeuvre scientifique de Mathieu Ricci, S. J.", *Revue des Questions Scient.*, 3rd ser., Vol. 29 (Jan., 1921), pp. 135–151.

Luckey, P. *Die Rechenkunst bei Ǧamšid b. Mas'ūd al - Kāšī.* Wiesbaden, 1951. 另有 *Abh. Deut. Akad. Wiss. Berlin, Klasse für Math.* 1950, No. 6 (1953).

——. "Die Ausziehung der n-ten Wurzel und der binomische Lehrsatz in der isla-mischen Mathematik". *Math. Annalen*, Vol. 20 (1948), pp. 217–274.

Juschkewitsch (Juškevič), A. P., and Rozenfel'd, B. A. "Die Mathematik der Länder des Ostens im Mittelalter". *Sowjetische Beiträge zur Geschichte der Naturwissenschaft*, Berlin (1960), pp. 62–160.

Saidan, A. S. *The Arithmetic of Al-Uglīdīsī.* Dordrecht, 1978.

Hankel, H. *Zur Geschichte der Mathematik im Altertum und Mittelalter.* Leipzig, 1874. (此书是第一部对阿拉伯数学做现代介绍的书, 由 J. E. Hofmann 重新编辑, Hildersheim, 1965.)

Wang, Ling, and Needham, J. "Homer's Method in Chinese Mathematics". *T'oung Pao*, Leiden, Vol. 43 (1955), pp. 345–401. (译者注: 有中译本, 王铃、李约瑟,《中国数学中的霍纳法》, 收入《李约瑟文集》401–458 页, 潘吉星, 主编, 辽宁科学技术出版社, 1986 年.)

Datta, B. *The Science of the Sulba, a Study in Early Hindu Geometry.* London, 1932.

Smith, D. E., and Karpinski, L. C. *The Hindu-Arabic Numerals.* Boston, 1911.

Karpinski, L. C. *Robert of Chester's Latin Translation of the Algebra of Al-Khwārizmī.* New York, 1915.

Hayashi, T. "A Brief History of the Japanese Mathematics". *Nieuw Archief voor Wiskunde*, 2nd ser., Vol. 6 (1904—1905), pp. 296–361.

Smith, D. E. "Unsettled Questions Concerning the Mathematics of China". *Scientific Monthly*, Vol. 33 (1931), pp. 244–250.

Lam, L. Y. *A Critical Study of the Yang Hui Suan Fa: A Thir-* [76]
teenth Century Chinese Mathematical Treatise. Singapore, 1977. (Cf. J. Needham, HM, Vol. 6 (1979), pp. 466–468).

Colebrooke, H. T. Algebra, *with Arithmetic and Mensuration from the Sanskrit of Brahmagupta and Bhāscara.* London, 1817. 2nd ed. (revised by H. C. Banerji), Calcutta, 1927.

Srinivasiengar, C. N. *The History of Ancient Indian Mathematics.* Calcutta, 1967.

Kūshyār ibn Labbān. *Principles of Hindu Reckoning.* Trans. and ed. by M. Levey and M. Petruck. Madison, Wis., 1965.

Pingree, D. *History of Mathematical Astronomy in India.* DSB, Vol. 15, Supplement 1 (1978), pp. 533–633. (见同一作者关于诸如阿耶波多等古代印度数学家的 *DSB* 文章.)

Clark, W. E. *The Aryabhatya of Aryabhata.* Chicago, 1930.

第五章 西欧初期

一

从经济和文化的双重观点来看, 罗马帝国最先进的部分一直在东部. 西部长期欠缺灌溉经济的基础; 那里的农业广种薄收, 研究天文学缺乏动力. 实际上西部用不上多少天文学, 只有一些实用算术和一些关于商业与测量的计算, 就能把一切搞定, 而促进这些科学发展的动力则来自东部. 当东西两部分在政治上分裂时, 这种动力也就几近消失了. 在许多世纪里, 西罗马帝国一直延续着静止的文化, 仅发生了少量的干扰和改变; 聚集在地中海周边的古代文明也保持不变 —— 甚至没有受到野蛮征服的多少影响. 在所有日耳曼王国中, 也许那些不列颠的王国除外, 经济条件、社会结构和精神生活仍然在根本上保持着罗马帝国衰落时期的样子, 经济命脉的基础是农业, 奴隶逐渐被自由农或佃农所取代, 当然这里也有一些繁荣的城市以及货币经济下的大规模商业. 476 年西罗马帝国崩溃之后, 希腊 — 罗马世界的中央权力由君士坦丁堡的皇帝与罗马的教皇所分享. 西方的天主教教会通过其机构与语言尽力维系着日耳曼王国中罗马帝国的文化传统, 僧侣和有文化的教外人士 [77]

使一部分希腊 — 罗马文化保留下来.

这些教外人士中有一位外交家和哲学家博伊西斯 (Anicius Manlius Severinus Boethius), 他写了一些被一千多年以来的西方世界奉为权威的数学著作. 这些著作反映了当时的文化条件, 书中内容贫乏, 之所以能得以流传, 可能是因为人们信奉作者在 524 年曾作为一名天主教信仰的殉道者而牺牲. 他的《算术入门》(*Institutio arithmetica*) 是尼科马凯斯 (Nicomachus) 著作的一个粗浅译本, 书中介绍了一些毕达哥拉斯学派的数论, 并将其作为七种自由艺术 —— 包括由文法、修辞、逻辑构成的三艺和由算术、几何、天文、
[78] 音乐构成的四艺 —— 的一部分吸收到中世纪的学科教育中, 而且这七艺的提法似乎也是由博伊西斯首先提出的.

很难断定西方古代罗马帝国经济消失、让位于一个新的封建秩序所发生的时期. 皮雷纳 (H. Pirenne) 的设想为这一问题投来了一线光明,① 他猜测古代西方世界的结束发生于伊斯兰扩张的同时. 阿拉伯人从拜占庭帝国夺取了它在地中海的东岸和南岸的全部省份, 使东地中海成为一个封闭的伊斯兰教湖. 在几个世纪里, 阿拉伯人使近东和基督教西方之间的商业联系变得极其困难. 阿拉伯世界与先前的罗马帝国的北部之间的精神道路, 虽然没有完全封闭, 几百年来却障碍重重.

于是在法兰克西高卢 (Fankish Gaul) 和其他以前罗马帝国的地方, 大规模经济接二连三地消失了, 萧条笼罩了城市, 关卡税收成为一纸空文, 货币经济被易货和本地交易所取代. 简而言之, 西欧倒退回半野蛮状态. 占有土地的贵族随着商业的衰落而迅速兴起, 以加洛林家族 (Carolingians) 为首的北法兰克西的地主们成为法兰克西土地上的统治力量, 经济和文化中心转移到法国北部和英国. 东西方的分离大大限制了教皇的实际权利, 教皇只有与加洛林家族建立联盟, 这一行为的标志是 800 年为查理曼大帝 (Charlemagne) 加冕成为神圣罗马帝国的皇帝. 西方社会日益封建化和基督教化,

① H. Pirenne, *Mahomet et Charlemagne* (Paris, 1937; 英文译本, New York, 1939). 这篇论文曾遭到 A. Doepsch 等人的攻击. 据称, 译本更是来自内部交易, 见 A. F. Havighurst, *The Pirenne Thesis* (Boston, 1958).

向北方和日耳曼倾斜, 打破了几个世纪来从罗马帝国继承的稳定传统. 新式的马具以及马镫的发明就是这种反传统的简单例子. 城市发展了以后, 市民阶级就会接受这种创新力.

二

然而在西方封建时代早期的几个世纪内, 即使修道院里的人士也对数学少有欣赏. 在这个重回原始农业社会的时期中, 刺激数学的因素, 哪怕是对于直接实用一类的, 也近乎不存在; 僧侣们的数学不过是一些主要用来计算复活节日期的教会算术 (称作 "computus"), 博伊西斯就是权威的最高源泉. 这些经院数学家中的一个重要人物是出生于英国的阿尔昆 (Alcuin), 他在查理曼大帝的宫廷任职, 所编《年轻人的益智问题》(见前面第四章第二节注 1) 收入了许多问题, 影响了几个世纪的教科书作者. 其中许多问题可以追溯到古代的东方, 例如:

> 一只狗追逐一只已经跳了 150 英尺的兔子, 每次兔子跳 7 英尺时狗能跳 9 英尺. 问: 狗要跳几次就可以扑到兔子?
>
> 要把一只狼、一只羊和一棵白菜运过河, 船夫每次只能运一种东西. 问他必须如何运才能使得羊不会吃掉白菜, 而狼也不会吃掉羊? [79]

另一位经院数学家是法国僧侣热尔贝 (Gerbert), 他在 999 年成为教皇西尔维斯特二世 (Sylverster II). 他在博伊西斯的影响下写了一些论著, 并且积极地在整个西欧唤醒大家对于数学的兴趣. 有一种多达 27 列的算盘就应该归功于热尔贝或者他的影响. 968 年前后他曾到过加泰罗尼亚 (Catalonia), 促成拉丁世界向阿拉伯学习科学.

三

西方、早期希腊与东方封建王朝的发展有着重要差别. 西方农业的辽阔性使庞大的官僚行政系统成为多余, 因此缺乏日后演变成东方专制主义的基础. 在西方也没有可能找到大批的奴隶, 当西欧的村庄进化为城镇时, 这些城镇就发展成自治单位, 当地的市民过不上有奴隶的闲散生活, 这就是为什么希腊的都市国家与西方城市的发展虽然在起步阶段有许多共同点却在后来时期有明显不同的主要原因之一. 中世纪的城镇居民必须依靠他们的发明天才去改善他们的生活水平. 通过与封建地主做艰苦的斗争 —— 加上还有许多内讧 —— 他们在 12, 13, 14 世纪以胜利者的姿态出现了. 这一胜利不仅建立在商业或货币经济的迅速扩张、也建立在技术的逐步改进的基础之上. 封建王公贵族时常在城市与小地主的斗争中支持城市, 逐渐将其统治延伸到这些城市, 最终导致了西欧最初的民族国家的出现.

这些城市开始与仍然是文化中心的东方建立起商业联系, 有时这些联系是以和平的方式建立的, 有时则像十字军那样以暴力的方式取得. 最先与东方建立商业联系的是意大利的城市, 随后是法国和中欧的城市, 学者也会跟随着 —— 有时甚至先于 —— 这些联系东方的商人和士兵. 西班牙和西西里是东西方最靠近的接触点, 在那些地方, 西方的商人和学生熟悉了伊斯兰文化. 当 1805 年托莱多 (Toledo) 被基督徒从摩尔人 (Moors) 手中夺回时, 西方的学生蜂拥到那里学习用阿拉伯语表达的科学, 经常需要聘用犹太翻译来沟通和翻译. 在 12 世纪的西班牙, 正是来自蒂沃利的柏拉图 (Plato of Tivoli)、克雷莫纳的盖拉尔多 (Gherardo of Cremona)、巴思的阿德拉德 (Adelard of Bath)、贾斯特的罗伯特 (Robert of Chester) 等人将阿拉伯文的数学稿本译成拉丁文. 于是欧洲通过阿拉伯人熟悉了希腊的经典, 而此时西欧已经长足进步, 懂得品味这些知识了.

另外一个学习中心是君士坦丁堡, 在 395 年以后的 1000 多年
[80] 里一直是东罗马帝国的首都. 这里的希腊遗产都被尽可能地保存下来, 使拉丁学者们有机会不需求助于阿拉伯语 (或者叙利亚语或者希伯来语) 的翻译, 直接研究希腊经典.

四

正如我们所说, 最初的强盛商业城市兴起于意大利, 在 12, 13 世纪, 阿拉伯世界与北方在热那亚、比萨、威尼斯、米兰和佛罗伦萨展开了繁荣的贸易. 意大利商人漫游东方并学习了那里的文明, 马可波罗的旅行表现出这些冒险人士的无畏精神. 就像差不多 2000 年前的爱奥尼亚商人, 他们试图学习古老文明的科学和艺术, 不仅为了照搬, 同时也为了将它们融合到自己的商业社会中去, 使这个商业社会早在 12, 13 世纪就经历了银行的成长、工业的资本主义形式的开始. 在这些商人中, 最早在数学研究上表现出相当成熟的是比萨人列奥纳多 (Leonardo of Pisa).

列奥纳多, 也称斐波那契 (Fibonacci, 意即 Bonacci 之子,Bonacci 是他父亲的绰号), 曾经作为一个商人游历到东方, 回来后将旅途中所搜集的算术和代数写进了《计算之书》(*Liber Abaci*, 1202 年) (译者注: 此书有中译本, 纪志刚, 译, 科学出版社, 2008 年). 在另一部《几何实践》(*Practica Geometriae*, 1220 年) 一书中, 列奥纳多又以类似的方式描述了他在几何学与三角学中的发现. 他也许还是一个创造性的研究者, 因为他书中有很多示例似乎与阿拉伯文献中的示例不完全相同. ①当然, 他确实援引过花拉子米, 例如在讨论方程 $x^2+10x=39$ 这个例子中, 但是从这个问题引出的每一项为前两项之和的 "斐波那契数列" $0,1,1,2,3,5,8,13,21,\cdots$, 似乎是新的 (译者注: 在斐波那契之前, 印度人已经开始研究这个数列了. 例如, 可见 Mariana Cook《当代大数学家画传》(林开亮, 等, 译, 上海世纪出版集团,2015 年) 中有关 Manjul Bhargava 的文字). 同样他说明方程 $x^3+2x^2+10x=20$ 的根不能用欧几里得的无理数 $\sqrt{a\pm\sqrt{b}}$ 表示出来 (因此无法通过尺规作图得到这个根) 的那个引人注目的完整证明也很新颖, 他通过检验欧几里得全部 15 种情形加以求证, 并且

① 卡尔平斯基 (L.C. Karpinski,*Amer. Math. Monthly*, Vol. 21 [1914], pp. 37–48), 根据阿布 · 卡米勒《代数》的巴黎手稿, 指出列奥纳多采用了阿布 · 卡米勒全部的题目系列.

近似地得出方程的正根, 算到六十进位小数的前六位.

斐波那契数列来自下述问题:

> 如果 (a) 每一对兔子每月生出一对小兔, 而每一对新生兔在第二个月就会生产, 且 (b) 兔子没有死亡, 那么一对兔子在一年后可以繁衍成多少对?

《计算之书》是印度 — 阿拉伯计数法传入西欧的途径之一. 在列奥纳多之前几个世纪, 这种计数法偶然也在使用, 是由来自西班牙和黎凡特 (the Levant) 的商人、使节、学者、朝圣者和士兵带来
[81] 的. 包含这种数字的最早的欧洲手稿是 976 年用西班牙文写的《维吉拉表册》(*Codex Vigilanus*). 但是, 这十个字符进入西欧的过程是缓慢的; 最早包含这种字符的法文手稿可追溯至 1275 年, 希腊计数法则在亚得里亚海 (Adriatic) 沿岸保持流行长达几个世纪之久. 那时人们计算常用一种古代的算盘 (abacus), 一个有筹码或石子的木板 (有时仅仅包含在沙上画的线), 原理上类似于俄国、中国和日本仍在使用的算盘, 或者类似于婴儿的围栏, 算盘计算的结果用罗马数字记录下来. 整个中世纪甚至更晚, 我们都能在商人的账簿中看到罗马数字, 表明办公室里在使用这种算盘. 印度 — 阿拉伯数字的到来遭到公众的反对, 因为这些符号使商人的账簿难以看懂. 在 1299 年的《交易法》(*Arte del Cambio*) 章程中以及更晚些的佛罗伦萨的货币兑换商都曾禁止使用阿拉伯数字, 必须使用罗马数字. 直到 14 世纪, 意大利商人才开始在他们的账簿中使用一些阿拉伯数字.① 有时我们会看到用 $\mathrm{II^{m}III^{c}XV}$ 代表 2315 这样的过渡形式.

---

① 在塞尔弗里奇 (Selfridge) 收集的在哈佛企业管理研究生院存款的美第奇 (Medici) 从 1400 年开始记录的账本里, 常常在备注栏中看到印度 — 阿拉伯数字; 从 1439 年开始, 钱数或一些日记、草稿等原始记录的实用栏目里阿拉伯数字取代了罗马数字; 直到 1482 年以后, 除一本美第奇商务账本以外, 所有商业账目的钱数一栏都已不再使用罗马数字; 从 1494 年开始, 所有美第奇账本都只使用印度 — 阿拉伯数字. (见 Florence Edler De Roover 博士的一封信.) 另见 F. Edler, *Glossary of Medieval Terms of Business* (Cambridge, Mass., 1934), p. 389. 另有: D. J. Struik, "The prohibition of the use of Arabic numerals in Florence", *Arch. intern. hist. sc.*, Vol. 21 (1968), pp. 291–294.

五

随着商业的扩张, 对数学的兴趣慢慢地漫延到北方城市. 开始这主要是一种实用的兴趣, 几个世纪里, 学习算术和代数都是在大学校外, 教授的人常常是自学成才的、不知经典为何物的、同时还在教授会计和航海的计算师. 在很长的时间内, 这样的数学都保留着起源阿拉伯的清晰痕迹, 就像 "代数" 和 "算法" 这些词汇所显示的那样.

推理数学在中世纪并未完全消亡, 尽管没有在实用的人们手中光大, 却受到经院派哲学家的呵护. 他们对于柏拉图和亚里士多德的研究, 结合对上帝本性的冥想, 逐渐触碰到对于运动、连续、无限的本性的推测. 俄利根 (Origen) 曾追随亚里士多德否认实无穷的存在性, 但圣 · 奥古斯丁 (St. Augustine) 在《上帝之城》(*Civitas Dei*) 中曾承认全部整数序列就是一个实无穷. 他的巧言善辩曾被康托尔 (Georg Cantor) 评论说, 圣 · 奥古斯丁倾心追求并完美确
定和定义了无限量, 无人能与他相比. ① 中世纪的经院派作者, 特 [82]
别是阿奎纳 (St. Thomas Aquinas), 接受了亚里士多德的 "没有实无穷" 的说法,② 但考虑每一连续量为潜在可分的无穷量, 因此不存在最短的线段, 所以点不是线段的一部分, 因为点是不可分的: *ex indivisibilibus non potest constare aliquod continuum.*③ 一个点可以通过运动产生一条线. 这种推理对于 17 世纪的微积分的发明者和 19 世纪的超穷说的哲学家都有影响: 卡瓦列里 (Cavalieri)、塔凯 (Tacquet)、波尔查诺 (Bolzano)、康托尔等人都很了解这些经院著者并对他们的思想有过深入思索.

这些教士们偶尔获得更富有直接数学趣味的结果. 后来成为

① G. Cantor, "Letter to Eulenburg (1886)", *Ges. Abhandlugen* (Berlin, 1932), pp. 401–402. 康托尔引文见 Ch. XVIII of Book XII of *The City of God* (Healey 的译本), 标题为 "Against such as say that things infinite are above God's knowledge".

② "There is no actually infinite." 详见 E. Bodewig, "Die Stellung des hl. Thomas von Aquino zur Mathematik", *Arch. f. Geschichte der Philosophie*, Vol. 41 (1932), pp. 408–434.

③ "连续量不能由不可分量构成."

坎特伯雷 (Canterbury) 大主教的布拉德沃丁 (Thomas Bradwardine) 在学习了博伊西斯之后研究了星形多边形. 中世纪的牧师数学家中最重要的一位是诺曼底的利雪 (Lisieux) 主教奥雷姆 (Nicole Oresme), 他引入了分数次幂的概念. 因为 $4^3 = 64 = 8^2$, 他把 8 写作 $1^{p}\frac{1}{2}4$ 或者 $\frac{p\cdot 1}{1\cdot 2}4$ 表示 $4^{3/2}$. 他还写了一篇《形态的幅度》(*De latitudinibus formarum*, 约 1360 年) 的小册子, 其中他用图示表现出一个因变量 (latitudo) 随自变量 (longitudo) 的变动而发生变动, 表现出从古人所用的地球或天球上的坐标到现代坐标几何的模糊转变. 这部小册子在 1482—1515 年间多次重印, 可能影响了文艺复兴时期的数学家, 包括笛卡儿 (Descartes). 奥雷姆还有关于无穷级数的著述, 指出调和级数是发散的, 在当时是个了不起的结果.

六

在贸易、航海术、天文学和测量学的直接影响下, 数学发展的主线穿越了成长中的商业城市. 城镇居民对计数、算术与计算发生兴趣, 桑巴特 (Sombart) 曾将 15, 16 世纪市民的这种兴趣称作他们 "能算计".[1] 这些爱好实用数学的人的领导人物是 "计算大师", 只有在极其偶然的情形下才可能是大学中的人物, 他们通过研究天文学认识到改进计算方法的重要性. 新生活的中心本来在意大利的城市以及纽伦堡、维也纳、布拉格等中欧城市, 1453 年君士坦丁堡陷落, 标志着拜占庭帝国的终结, 使许多希腊学者来到西部的城市. 人们对希腊原创文献的兴趣大大提升, 而且满足这种兴趣也变得更加容易. 大学教授与非职业人员一起研究文献, 有抱负的 "计算大师" 也来听讲并试图以他们自己的方法了解这种新知识.

[83] 这一时期的典型人物可尼斯堡 (Königsberg)[2] 人米勒 (Johannes Müller), 也称为雷吉奥蒙塔努斯 (Regiomontanus), 是一位 15 世纪数

① W. Sombart, *Der Bourgeois* (Munich and Leipzig, 1913), p. 164. 原文用的是 *Rechenhaftigkeit* 一词, 表示喜欢计算, 相信计算算术的用途.

② 不是波罗的海 (Baltic) 边上的哥尼斯堡 (现称加里宁格勒), 是巴伐利亚的一个小城市, 位于美因河 (Main) 南边. (译者注: 查地图哥尼斯堡应该在美因河北边.)

学的领军人物, 从这位非凡的工具制造家、印刷家和科学家的身上可以看到列奥纳多之后 200 年欧洲数学的进展. 他致力于翻译和出版一切能找到的经典数学稿本, 当时他的老师, 威尼斯天文学家波伊尔巴赫 (George Peurbach) —— 天文数据表和三角函数表的作者 —— 已经开始从希腊文翻译托勒密的天文学, 雷吉奥蒙塔努斯继续了这项工作, 并且还翻译了阿波罗尼奥斯、海伦和最艰深的阿基米德的著作. 他主要的原创论著是《论各种三角形》(*De triangulis omnimodis libri quinque*, 1464 年, 迟至 1533 年才出版), 全面介绍了三角学, 与我们今天著作的主要差别仅在于当时还没有现在那些方便的符号. 该书包含了球面三角形的正弦定律, 所有的定理都是用文字表述的. 从那时起, 三角形脱离了天文学成为一门独立的学科. 纳西尔 · 丁 (Naṣīr al-dīn) 曾在 13 世纪完成过类似的工作, 不过重要的是, 他的工作未曾引出多少进一步的结果, 而雷吉奥蒙塔努斯的书却深深影响了三角学及其对天文学和代数学应用的进一步发展. 雷吉奥蒙塔努斯对三角函数表的计算也颇有贡献, 例如他有一张半径为 60.000 的正弦表, 间隔只有 $1'$, 这张表在他去世后付梓. 正弦过去定义为圆张角半弧对应的线段, 其数值因此就与半径长度有关. 大的半径就能得到更准确的正弦值, 不需要引进六十进位 (或十进位) 分数. 真正系统地使用半径为 1, 以及由此的正弦、正切等作为比例 (数字) 要始于欧拉 (Euler, 1748 年), 欧拉还引进了我们现在使用的三角函数符号.

七

到此时为止, 人们都没有在希腊人和阿拉伯人的古代成就之外迈出确定性的一步, 经典仍然是 “不可超越的” 科学. 因此, 当 16 世纪早期的意大利数学家真的表明可能发展出被古人和阿拉伯人忽略的新数学理论时, 立刻就成为一个轰动社会的惊奇了. 这个引出三次方程一般代数解的理论是由费罗 (Scipio del Ferro) 和他在博洛尼亚大学 (University of Bologna) 的学生发现的.

意大利城市在列奥纳多之后继续表现出在数学方面的优势. 在 15 世纪, 他们的 “计算大师” 对算术运算都非常精通, 就是对无理数也不会有任何几何学上的迟疑. 那里的画家也是优秀的几何学者. 瓦扎里 (Vasari) 在他的《画家的生活》(*Lives of the Painters*)①
[84] 就提到许多 15 世纪欧洲文艺复兴初期的工程师和艺术家对立体几何的兴趣, 他们的成就之一是研究直线透视图. 早期有布鲁内莱斯基 (Brunelleschi)、多纳泰罗 (Donatello) 和乌切洛 (Uccello), 紧随其后又有马萨乔 (Masaccio)、阿尔伯蒂 (Alberti) 和皮耶罗 (Piero della Francesca). 后者写了一部关于实物体透射的书, 达 · 芬奇 (Leonardo da Vinci) 和拉斐尔 (Raphael) 都曾学习过透视画法. ②

随着印刷术的发明, 教授实用算术和商业算术的书开始大量出版, 更使这门技巧广泛传播.③ 早期的印刷物中, 令人印象最深的数学书是帕乔利 (Franciscan Luca Pacioli)1494 年所写的《算术、几何、比及比例概要》(*Summa de Arithmetica, Geometria, Proportioni et Proportionalita, folio*, 600 页), 即《数学大全》, ④ 这本用意大利文写成的书虽然行文有些蹩脚, 却包括了当时所有关于算术、代数学、几何学和三角学的知识. 此时, 人们已经普遍在使用印度 — 阿拉伯数字, 算术记号与现在的区别也不大. 帕乔利在书的结尾处写道, 在目前的科学条件下, 用当今符号写出的方程 $x^3 + mx = n$, $x^3 + n = mx$ 的求解与圆的求积一样不可能.

正是在这个时间点, 博洛尼亚大学的数学家开始了他们的工作. 这个大学在 15 世纪到来之际是欧洲最大、最著名的大学之一. 仅天文学就曾经同时拥有 16 位授课者. 学生从欧洲各地群集于此

---

① *Le vite de' più eccellenti pittori, scultori e architettori* (1550, *enlarged ed.* 1564—1568 年). 有不少英文译本, 其中有一种入选企鹅图书 (Penguin selection, 1965).

② S. Y. Edgerton, Jr., *The Renaissance Rediscovery of Linear Perspective* (New York, 1975).

③ 最早印刷的数学书之一是一本商业算术 (Treviso, 1478) 和一部拉丁文版的欧几里得的《几何原本》(Venice, Ratdolt, 1482).

④ 帕乔利还出版了一本关于黄金分割的书《神圣比例》(*Divina Proportione*, 1509). 书中那些包括星形多边形在内的美丽图案, 都归功于达 · 芬奇. 作为《数学大全》的一部分, 他还发表了关于复式簿记的第一篇论文.

聆听先生们的讲解 —— 以及那些吸引着广大头脑开明的听众的公开辩论. 在此前后的学生中就有帕乔利、丢勒 (Albrecht Dürer) 和哥白尼 (Copernicus). 这个新时代的特点是, 人们不仅要吸收经典材料, 还要创造新东西、渴望开拓到经典所限定的范围之外. 绘画艺术与发现美洲就是这种可能性的例子. 有没有可能开创新的数学? 希腊人和东方人曾在三次方程的解法上展现过他们的天才, 但仅仅从数值上解决了一些特殊情况. 博洛尼亚的数学家此时寻找的则是一般的数值解法.

所有的三次方程都可以化简为三类;

$$x^3 + px = q, \qquad x^3 = px + q, \qquad x^3 + q = px,$$

其中 p, q 为正数. 费罗教授曾经专门研究过这些方程, 他逝世于 1526 年. 也许根据博托洛蒂 (E. Bortolotti) 的权威说法,[①] 费罗其实求解了所有类型的方程. 但他从未发表过他的解法, 只是告诉了几个朋友, 总之人们都听说了这个发现. 而在费罗死后, 一个人称塔 [85]
尔塔利亚 (Tartaglia, 意大利文 "口吃的人") 的威尼斯 "计算大师" 又重新发现了这个方法 (1535 年). 他在一个公众演示中展示了他的结果, 但同样对如何得到结果的方法闭口不谈. 以后他把自己的想法透露给一个有学问的米兰医生卡尔达诺 (Girolamo Cardano, 英文写作 Jerome Cardan), 后者曾发誓严守秘密. 但当卡尔达诺在 1545 年发表简洁又不失气势的以《大术》(*Ars magna*) 为其得意标题的代数书时, 塔尔塔利亚气愤地发现他的方法都写在这本书里, 尽管该书对发明者表示了应有的承认, 但仍然是剽窃. 一场恶斗随之而来, 双方互相辱骂, 但辩论中卡尔达诺得到一位年轻的绅士学者费拉里 (Ludovico Ferrari) 的维护. 这场争辩引出了一些有趣的文献, 其中有塔尔塔利亚的《问题》(*Quaesiti*, 1546) 和费拉里的《卡片》(*Cartelli*, 1547—1548 年), 由此公众才得以知晓这场轰动一时的发现的来龙去脉.《大术》一书在以后很多年都保持着权威性.

---

① 博托洛蒂的原文是, "L'algebra nella scuola matematica bolognese del secolo XVI", *Periodico di Matematica*, ser. 4, Vol. 5 (1925), pp. 147–184.

这一解法现在称为卡尔达诺解, 在 $x^3 + px = q$ 的情形下具有下列形式:

$$x = \sqrt[3]{\sqrt{\frac{p^3}{27} + \frac{q^2}{4}} + \frac{q}{2}} - \sqrt[3]{\sqrt{\frac{p^3}{27} + \frac{q^2}{4}} - \frac{q}{2}}.$$

我们看到, 这个解中引入了形如 $\sqrt[3]{a \pm \sqrt{b}}$ 的量, 与欧几里得的 $\sqrt{a \pm \sqrt{b}}$ 不同.

卡尔达诺的《大术》还包括另一个卓越的发现: 将一般的四次方程的解归结为一个三次方程的解的费拉里方法. 费拉里的方程是 $x^4 + 6x^2 + 36 = 60x$, 他将其归结为 $y^3 + 15y^2 + 36y = 450$. 卡尔达诺还考虑了负数, 称之为 "虚拟的", 但却无法解决所谓的三次方程的 "不可约情形", 其中三个实数解呈现出我们现在称作复数的和与差的形式.

这一困难由 16 世纪博洛尼亚最后一位伟大的数学家邦贝利 (Raffael Bombelli) 解决. 他的《代数学》(*Algebra*) 于 1572 年问世. 在这本书 —— 以及另一部大约写于 1550 年的几何学手稿 —— 中, 他引入了关于虚数、复数的统一理论. 他将 $3i$ 写作 $\sqrt{0-9}$(用文字表达就是 $R[0\ m.\ 9]$, R 表示根值, m 表示减法). 邦贝利因此用下例所示的方法解决了不可约情形:

$$\sqrt[3]{52 + \sqrt{0 - 2209}} = 4 + \sqrt{0-1}.$$

邦贝利的书被广泛传阅, 莱布尼茨 (Leibniz) 选译它作为三次方程的研究材料, 欧拉在他本人的《代数学》(*Algebra*) 中关于四次方程的一章也引证了邦贝利. 从此复数不再拥有神奇的特性, 不过应该指出, 直到 19 世纪, 人们才完全接受了复数.

[86] 一个奇特的事实是, 虚数的首次引入发生在三次方程理论, 却不是二次方程理论. 当时人们很清楚三次方程存在实解, 但不了解解的形式, 而我们今天的教材中却通常是在讲到二次方程时引进复数的.

八

代数和计算算术在几十年里一直都是数学探索中最受欢迎的主题. 刺激不再仅仅来自商业资产阶级的 “能算计”, 也来自新兴民族国家的统治者对测量和航海的需要, 营造公共事业和构建军事设施都需要工程师. 天文学也跟从前的一切时代一样, 仍然是数学研究的一个重要领域. 这是属于哥白尼、第谷 (Tycho Brahe) 和开普勒的伟大天文学理论的时代, 一种新的宇宙观随之诞生.

哲学思想反映了科学思维的趋向; 柏拉图因为推崇定量数学推理, 比亚里士多德更占优势, 他的影响在开普勒的著作中特别明显. 三角函数表和天文学表越来越精确, 尤其是在德国. 哥白尼的朋友、威滕伯格 (Wittenberg) 大学的教授雷蒂库斯 (G. J. Rheticus) 的数据表经他的学生奥托 (Valentin Otho) 接手于 1596 年完成, 包含以 10 秒 (即 1/6 度) 为间隔的全部 6 种三角函数值, 精确到小数点后第 10 位, 这些表被称为 *Opus Palatinum*. 而皮蒂斯楚斯 (Pitiscus) 在 1613 年编制的数学表更精确到小数点后第 15 位. 也推进了解方程的技术以及对方程根的性质的了解. 1593 年, 比利时数学家罗门 (Adriaen van Roomen, 1540—1603 年) 发起求解下述 45 次方程

$$x^{45} - 45x^{43} + 945x^{41} - 12300x^{39} + \cdots - 3795x^3 + 45x = A$$

的公开挑战就代表着那个时期的特点. 罗门提出了特殊情形的解, 例如, 若

$$A = \sqrt{2 + \sqrt{2 + \sqrt{2 + \sqrt{2}}}},$$

则

$$x = \sqrt{2 - \sqrt{2 + \sqrt{2 + \sqrt{2 + \sqrt{3}}}}}$$

是一个解, 这是考虑正多边形所提出的情形.

为亨利四世 (Henry IV) 宫廷服务的法国律师韦达 (François Viète) 解决了罗门的问题, 他观察到方程左边部分等价于以 $\sin\phi/45$

表示 $\sin\phi$ 的表达式, 方程解因此可以借助于函数表找出. 就这样韦达找出了具有 $x=\sin(\phi/45-n\cdot 8°)$ 形式的 23 个解, 不计负根. 他还把卡尔达诺对三次方程的解简化为解三角方程, 处理不可约的情形因为无需引进不必要的虚数, 避免了原有的忧虑. 这种解法现在可以在教科书中找到.①

韦达的主要成就是对方程论的改进 (例如,《分析方法入门》,*In artem analyticam isagoge*, 1591 年), 在这一方面他是最早以字母代表数字的人物之一. 使用数字系数, 即使在丢番图学派 "文词的" 代数
[88] 学中, 都曾妨碍了对代数问题的一般化讨论. 16 世纪代数学家 (当时称为 "Cossists", 来自表示未知数的意大利词 cosa) 的著作是用一种颇为复杂的符号写出的. 但是, 在韦达的《代数运算》(*logistica speciosa*) 中至少出现了通用的符号体系. 其中字母被用来表示数字系数, 不过 A^2 还是写作 "A 的平方". 我们在书中还看到了符号 "+" 与 "−", 它们都有与今天相同的意义, 而且还不是首次使用. 这些符号真正第一次在印刷物上出现, 是 1489 年在一部维德曼 (Johann Widmann) 所著的德文算术书上. 由于韦达坚持希腊人的同一性原则, 他的 *speciosa*(代数) 与我们的代数仍有所不同. 同一性原则中两条线段的乘积一定要视为面积; 因而线段只能跟线段相加、面积只能跟面积相加、体积只能跟体积相加. 当时有人甚至怀疑三次以上的方程实际上是否还有意义, 因为这类方程要用四维去解释, 四维的概念在当时以及以后很长时间都实在令人匪夷所思.

此时正是计算技术达到一个新高度的时期, 至少开始要超越伊斯兰世界的成就. 韦达改进了阿基米德的算法, 将圆周率 π 的值算到小数点后第九位; 不久之后代尔夫特 (Delft) 的一位击剑高手库伦 (Ludolph van Coolen) 利用边数越来越多的内接正多边形与外切正多边形, 又将 π 的值算到小数点后第 35 位. 韦达还将 π 表示成一个无穷乘积 (1593 年), 用现代的符号就是

$$\frac{2}{\pi}=\cos\frac{\pi}{4}\cos\frac{\pi}{8}\cos\frac{\pi}{16}\cos\frac{\pi}{32}\cdots.$$

① 例如,W. S. Burnside and A. W. Patton, *The Theory of Equations* (1892).

弗朗索瓦 · 韦达 (1540—1603 年)

技术的改进其实是符号改进的结果. 新的结果清晰地表明, 说韦达这样的人 “不过是” 改进了符号是不对的, 这种说法忽视了内容与形式之间的深刻联系. 新的结果时常因一种新的书写方式才成为可能, 印度 — 阿拉伯数字的引入是一个例子; 莱布尼茨的微积分符号是另一个例子. 恰当的符号能够比糟糕的符号更好地反映现实, 这样的符号赋予自己以生命, 还会创造出新的生命. 韦达的符号改进在一代人之后带来了笛卡儿将代数应用于几何, 也带来了我们现在的符号.

九

在新的商业国家中, 特别是在法国 、英格兰和荷兰, 工程师和算术家是紧缺人才, 全欧洲都在研究天文学. 虽然发现了到印度的海路以后, 意大利的城市不再是通往东方的必经之地, 但它们仍然是重要的中心. 因此, 17 世纪早期的大数学家和计算家中出现了工

程师斯蒂文 (Simon Steven)、天文学家开普勒和哈里奥特 (Thomas Harriot) 以及测算家弗拉克 (Adriaen Vlacq) 和德德克尔 (Ezechiel de Decker).

[89] 斯蒂文曾是布鲁日 (Bruges) 的一名簿记员, 后来在奥兰治亲王莫里斯 (Prince Maurice of Orange) 的军队里成为工程师, 亲王很欣赏斯蒂文将理解理论后的实用意识与创新性相结合的工作方式. 在《论十进》(*La disme*, 1585) 中, 斯蒂文引进了十进制分数, 并将其作为以十进制统一整个度量系统的项目的一部分, 这也是只有在人们普遍接受了印度 — 阿拉伯数字系统之后才可能做出的一项重大改进.

对数的发明是另一项计算方面的伟大改进. 16 世纪的许多数学家都曾寻找协调等差数列和等比数列的可能性, 主要就是为了减轻使用复杂的三角函数表的计算工作. 为此做出重要贡献的是一位来自苏格兰的地主纳皮尔 (John Napier 或 John Neper), 他在 1614 年发表著作《奇妙的对数规律的描述》(*Mirifici logarithmorum canonis descriptio*), 中心思想是构建两个系列的数字, 之间的关系是一个系列按等差数列增加时, 另一系列会按等比数列减小. 既然在第二系列的两个数的乘积与第一系列相对应数字的和有一个简单关系, 那么乘法就可以转化为加法. 利用这一法则, 纳皮尔得以大大地简化正弦的计算. 纳皮尔的早期尝试还是比较笨拙的, 因为他的两个数列之间的关系用现代记号表示出来是

$$y = ae^{-x/a} \quad 或 \quad x = \text{Nep.}\log y,$$

其中 $a = 10^7$.① 当 $x = x_1 + x_2$ 时, 我们得到的不是 $y = y_1y_2$, 而是 $y = y_1y_2/a$. 正如纳皮尔对他的仰慕者伦敦格雷欣学院 (Gresham College) 的布里格斯教授 (Henry Briggs) 所说的, 他对这个系统并不满意. 之后二人又决定采用函数 $y = 10^x$, 这样 $x = x_1 + x_2$ 就会有

① 因此 $\text{Nep.}\log y = 10^7(\ln 10^7 - \ln y) = 161180957 - 10^7 \ln y$, 并且 $\text{Nep.}\log 1 = 161180975$; $\ln x$ 表示自然对数. 纳皮尔还修正了斯蒂文对于十进制小数的记号, 引进了我们现在有小数点的记号. 我们已经看到, 中国和阿拉伯数学家在斯蒂文之前很早就在使用十进制小数了.

$y = y_1 y_2$. 布里格斯在纳皮尔过世以后完成了这一设想, 并在 1624 年发表了《对数算术》(*Arithmetica logarithmica*), 书中包括从 1 到 20 000 以及从 90 000 到 100 000 之间的整数的 14 位的 “布里格斯” 对数. 而 20 000 到 90 000 之间的空档后来由荷兰测算家德德克尔补充, 他在弗拉克的帮助下于 1627 年在豪达 (Gouda) 发表了一个完整的对数表. 这一新发明立即获得了数学家和天文学家的欢迎, 特别是对繁杂计算有过长期痛苦经历的开普勒尤为欣赏.

约翰 · 纳皮尔 (John Napier) (1550—1617 年)

我们用指数解释对数可以说是历史上的误导, 因为指数函数的概念只能追溯到 17 世纪晚期, 纳皮尔当时对于底数毫无概念. 以函数 $y = e^x$ 为基础的自然对数差不多与布里格斯对数同时出现, 只是对数的基本重要性直到人们更清楚地了解了微积分以后才为世人所承认. ①

参考文献

对于印度 — 阿拉伯数字在欧洲的传播, 见: [90]

① 一位航海的作者赖特 (E. Wright) 在 1618 年发表了一些自然对数表, 施派德尔 (J. Speidell) 在 1619 年又有发表, 之后直到 1770 年再没有对数表发表. 见 F. Cajori, “History of the Exponential and Logarithmic Concepts”, *Amer. Math. Monthly*, Vol. 20 (1913), 共 7 篇文章.

Smith, D. E., and Karpinski, L. C. *The Hindu-Arabic Numerals.* Boston and London, 1911.

关于中世纪的推理数学, 见:

Boyer, C. B. *The History of the Calculus.* New York, 1949. Dover reprint, 1959. (见第三章.) (译者注: 此书有两个中译本. 《微积分概念史》, 上海师范大学数学系教研室, 译, 上海人民出版社, 1977 年;《微积分概念发展史》, 唐生, 译, 复旦大学出版社,2007 年.)

以下一系列论文讨论了 16, 17 世纪的意大利数学:

Bortolotti, E. A series of papers written between 1922 and 1928, e.g., in *Periodico di matematica*, Vol. 5 (1925), pp. 147–184; *ibid.*, Vol. 6 (1926), pp. 217–230; *ibid.*, Vol. 8 (1928), pp. 19–59; *Scientia* (1923), pp. 385–394.

——. *I contributi del Tartaglia, del Cardano, del Ferrari, e della scuola matematica bolognese alia teoria algebrica delle equazioni cubiche.* Imola, 1926.

卡尔达诺自传的译本:

Cardano, J. *The Book of My Life.* London, 1931. (J. Stoner 译.)

另见:

Ore, O. *Cardano, the Gambling Scholar.* Princeton, 1953.

H. Bosmans, S. J. 的论文里讲述了很多关于 16, 17 世纪的数学家以及他们的工作, 大部分论文收集在 *Annales de la Société Scientifique Bruxelles*, 1905—1927. (A. Rome 在 *Isis*, Vol. 12 [1929], pp. 88–112 给出了论文的全部目录.)

本章所述作者的现代文献编辑或译文是:

Grant, E., Ed. *De proportionibus proportionum* (by Nicole Oresme). Madison, Wis., 1966.

Boncampagni, B., Ed. *Scritti di Leonardo Pisano.* 2 Vols., Rome, 1857—1862.

Hughes, B., Trans. *Regiomontanus on Triangles.* Madison, Wis., etc., 1967. 见 B. Rosenfeld, *Scripta math.*, Vol. 28 (1970), pp. 364–365.

Gould, S. H., Trans. *The Book on Games of Chance* (by Girolamo Cardano). New York, 1961.

Stevin, S. *The Principal Works.* 5 Vols., Amsterdam, 1955—1966. Vols. IIA, B (1958) contain the Mathematics.

Masotti, A., Ed. *Quaesiti* (by Tartaglia) and *Cartelli* (by Tartaglia and Ferrari). Brescia, 1959, 1974.

Viète, E *Opera mathematica.* Leiden, 1646. Reprinted with preface [91]
by J. E. Hofmann, Hildesheim and New York, 1970.

Macdonald, W. R., Trans. *The Construction of the Wonderful Canon of Logarithms* (by Napier). Edinburgh, 1889.

Busard, H. L. L., Ed. *Quaestiones Super Geometriam Euclidis* (by Nicole Oresme). Leiden, 1961.

Hofmann, J. and J. E., Trans. and Ed. *Mathematische Schriften* (by Nikolaus von Cues). Hamburg, 1952.

Crosby, H. L., Ed *Tractatus de Proportionibus* (by Thomas of Bradwardine). Madison, Wis., 1955.

Arrighi, G., Ed. *Trattato d'aritmetica* (by Piero Dell'Abbaco). Pisa, 1964.

Bubnow, N., Ed. *Gerberti postea Silvestri II papae Opera Mathematica.* Berlin, 1899. New Ed. with added material, Hildesheim, 1913.

Witmer, T. R., Trans. and Ed. *The Great Art or the Rules of Algebra by Girolamo Cardano.* Cambridge, Mass., and London, 1968.

进一步了解, 可见:

Carslaw, H. S. "The Discovery of Logarithms by Napier." *Math. Gazette*, Vol. 8 (1915—1916), pp. 76–84, 115–119.

Blaschke, W., and Schoppe, G. *Regiomontanus, Commensurator.* Berlin, 1956. *Napier Tercentenary Memorial Volume*, C. G. Knott, Ed. London and New York, 1915.

Zinner, E. *Leben und Wirken des Johannes Muller von Königsberg genannt Regiomontanus.* Munich, 1938.

Bond, J. D. "The Development of Trigonometric Methods Down to the Close of the Fifteenth Century". *Isis*, Vol. 4 (1921—1922), pp. 295–323.

Yeldham, E. A. *The Story of Reckoning in the Middle Ages.* London, 1926.

Dijksterhuis, E. J. *Simon Stevin.* The Hague, 1943. (英文版: The Hague, 1970.)

Thorndike, L. *The Sphere of Sacrobosco.* Chicago, 1949.

Geyer, B. "Die mathematischen Schriften des Albertus Magnus". *Angelicus*, 35 (1958), pp. 159–175.

Bodewig, E. "Die Stellung des heiligen Thomas von Aquino zur Mathematik". *Arch. f. Geschichte der Philosophie*, Vol. 11 (1931), pp. 1–34.

Hofmann, J. E. "Über Viète's Beiträge zur Geometrie der Einschiebungen". *Math-physik, Semesterberichte* 8 (1962), pp. 191–214.

Taylor, E. G. R. *The Mathematical Practitioners of Tudor and Stuart England.* Cambridge, 1954.

Voelling, E. "Jost Bürgi und die Logarithmen". *In Elemente der Mathematik*, Suppl. 5, Basel, 1948.

Treutlein, P. "Das Rechnen im 16. Jahrhundert." *Abh. zur Geschichte der Mathematik*, 1 (1877), pp. 1–100.

——. "Die deutsche Coss." *Ibid.*, 2 (1879), pp. 1–124.

Clagett, M. *The Science of Mechanics in the Middle Ages.* Madison, Wis. , and London, 1959.

——. *Archimedes in the Middle Ages*, Vol. I. Madison, Wis., 1964.

Sarton, G. *Six Wings: Men of Science of the Renaissance.* Bloomington, Ind., 1957.

Averdunk, H., and Müller, Reinhard J. *Gerhard Mercator. In Petermanns Mitteilungen*, Ergänzungsheft 182. Gotha, 1914, 100 pp.

[92] Davis, N. Z. "Sixteenth Century French Arithmetics and the Busi-

ness Life." *J. Hist. of Ideas*, Vol. 21 (1960), pp. 18–48.

Bockstaele, P. "Adriaan van Roomen," *National Biogr. Woordenbock* 2. Brussels, 1966. pp. 752–765.

Smith, D. E. *Rara Arithmetica.* Boston and London, 1908. Fourth ed., New York, 1970.

Rose, P. L. *The Italian Renaissance of Mathematics.* Geneva, 1975.

Matvierskaya, G. P. *Development of Number Theory in Europe till the* 17*th Century* (俄文). Tashkent, 1971.

第六章 17 世纪

一

在文艺复兴时代, 数学的迅速发展不只是由于商人阶层的“能算计”, 也是由于生产中使用了机器, 而且机器又需要不断完善. 在东方和经典的古代, 人们当然也见识过机器, 并曾激发了阿基米德的天才, 然而在古老的社会形态中, 奴隶制的存在加上缺乏经济发达的城市生活, 机器的使用一直受到限制. 这一点不难从海伦的著作里看出, 他的书中虽然谈到不少机器, 但都是开开玩笑的. [93]

到中世纪后期, 机器开始用于小型工厂、公共事业与采矿, 但这些都是城市中的商人或贵族贪图既得利益所开办的企业, 时常会遭到城市行业协会的反对. 战争和航海也刺激了工具的改善, 以后工具又进一步被机器所取代.

远在 14 世纪, 在卢卡 (Lucca) 和威尼斯就有了发达的丝织工业, 它的基础是劳动力的分工与水力的应用. 15 世纪, 中欧的采矿业发展成一种完全资本主义的工业, 技术上的基础又在于使用了水泵和起重机, 人们可以越来越钻进到更深的地层. 火药、印刷术的发明, 风车、运河的出现, 以及制造驶向大海的船只全都需要工程的技能, 使人们产生了技术的意识. 日益精良的钟表因常常装置在公开场所, 又能用于天文和航海, 将完美的机械器件展现在大众的眼前, 它运转规律, 定时准确, 也在人们的哲学思维上留下了深刻的印象. 从文艺复兴时期开始, 直至以后的几个世纪, 钟表就被看作是宇宙的模型. 这是机械宇宙观发展的一个重要因素, 也代表了一种心理上的改变, 用语言表达就是 “时间就是金钱”.

机械又带来了理论力学和关于一般运动、变化的科学研究. 古人在静力学方面已经有过专著, 理论力学的新研究自然是建立在经典静力学的基础之上. 在印刷术发明很久之前就出现过关于
[94] 机械的书, 开始是对观察或实验的记载, 如 15 世纪早期的吉赛尔 (Kyeser), 后来就有了更多理论的书籍, 例如阿尔贝蒂 (Leon Battista Alberti) 论建筑的书 (约 1450 年) 和达 · 芬奇的著作 (约 1500 年), 从达 · 芬奇的手稿里不难看到清晰的自然机械论的萌芽. 塔尔塔利亚在他的《新科学》(*Nuova scienzia*, 1537 年) 中讨论了钟的制造和抛射体的轨迹 —— 不过他尚未发现抛物线轨迹, 抛射体运动规律的最初发现者是伽利略 (Galileo). 海伦和阿基米德著作拉丁文译本的出版大大地促进了这类研究, 特别是阿基米德的科曼迪诺 (F. Commandino) 版本问世于 1558 年, 该书使数学家接触到古代的积分法. 科曼迪诺本人也用这些方法计算重心 (1565 年), 只是他不及他的先师那样严谨.

计算重心一直是阿基米德学派所偏好的题目, 他们应用对静力学的研究得到的实用知识, 就是现代微积分的基础. 在阿基米德的这些学生中, 最杰出的是斯蒂文, 他在 1586 年同时写出了关于重心和水力学的著作. 另一位瓦莱里奥 (Luca Valerio) 在 1604 年写了关于重心的著作, 在 1606 年写了关于抛物线求积的著作. 还有古尔丁 (Paul Guldin) 在他的《论重心》(*Centro-baryca*, 1641 年) 提出了关于质心的所谓古尔丁定理, 对此帕普斯 (Pappus) 也曾经有过论述. 随着早期先驱者的觉悟, 还出现了开普勒、卡瓦列里 (Cavalieri) 和托里拆利 (Torricelli) 等人的伟大工作, 其中逐步形成的方法最终导致了微积分的发明.

二

这些作者的特点在于, 他们宁愿将阿基米德的严谨性让位于那些常常基于不严谨的、有时是“原子性”假设的考虑 (也许他们并不知道, 阿基米德在写给艾拉托色尼 (Eratosthenes) 的一封信中也已经谈到利用这种方法的探索性价值). 部分原因是他们中间的大多数人缺少尊崇经院哲学的耐心, 这些开拓者并不都是受过推崇传统的教育的天主教教士; 而主要原因是人们对结果的渴望, 希腊方法则不可能快速见效.

与哥白尼、第谷、开普勒这些名字联系在一起的是天文学的革命, 它让人们以全新的眼光看待人类在宇宙中的位置, 以及人类用理性方法解释天文现象的力量, 天体力学补充地球力学的可能性更增添了科学家的勇气. 新天文学的问题涉及大量计算和无穷小的考虑, 特别在开普勒的工作中显现出启发性的影响. 开普勒甚至因个人的原因研究了体积的计算, 并在他的《酒桶的新立体几何学》(*Nova stereometria doliorum vinariorum*, 1615 年) 中用一段圆锥曲线的剖面绕平面内的轴旋转计算立体的体积. 他摆脱了阿基米德的严谨性, 他的圆面积由无穷多个顶点同落在圆心上的三角形构成, 球体由无穷多个角锥构成. 开普勒说, 阿基米德的证明是绝 [95]
对严谨的, *absolutae et omnibus numeris perfectae*①, 但他把证明留给那些偏爱精确表达的人, 每一位后继的研究者都可以随意地为自己选择程度不同的严谨性.

多亏了伽利略, 我们了解了新的自由落体运动学、弹性理论的发端以及对哥白尼体系的精神捍卫. 尤其重要的是, 我们从伽利略那里看到了在强调加强数学应用之下实行实验与理论统一的现代科学精神 (虽然伽利略时代的实验要比有时认为的要少), 在这方面, 伽利略比与他同时代的任何人的贡献都要大. 在《关于两门新科学的对话和数学证明》(*Discorsi e dimostrazioni matematiche intorno a due nuove scienze*, 1638 年, “两门新科学” 指力学和局部运动. 以下

① “绝对在各个方面都是完美无瑕的.”

开普勒 (1571—1630 年)

伽利略 (1564—1642 年) 选自佛罗伦萨皮蒂宫, 苏特曼学院 (Pitti Palace, Florence, school of J. Sutterman(s)), 美第奇家族画家的画作

该书简称《对话》) 中, 伽利略迈向了关于运动的数学研究, 以及距离、速度、加速度之间的关系. 他一直未曾系统解释过他关于微积分的思想, 而将这一任务留给了他的学生托里拆利和卡瓦列里. 伽利略在这些纯数学问题上的想法的确相当新颖, 这一点可以通过他下面的一句评论看出: “平方数既不比所有的自然数多, 也不比所有的自然数少. ” 这是他在《对话》中借萨尔维亚蒂 (Salviati) 之口说出的为实无穷的辩护, 有意识地反驳了以辛普利西奥 (Simplicio) 为代表的亚里士多德和经院学者的立场.《对话》还包含了抛射体的抛物型轨迹, 并给出了一个表, 列出了抛射体的最高点和射程对于仰角和初速度的函数值. 萨尔维亚蒂还评论说那条悬垂线看起来像抛物线, 只是没有给出曲线精确的描述.

伽利略用意大利文写作, 而斯蒂文用荷兰文, 培根 (Bacon) 用英文, 笛卡儿用法文, 他们都企盼更多的人能读到他们的论著, 而此时社会也已经进入到拥抱新科学的时代.

时间轴线现在进伸到第一次系统地阐述现在称为微积分的那些结果的时刻, 这一阐述诞生于博洛尼亚大学教授卡瓦列里的著作《不可分连续量的几何学》(*Geometria indivisibilibus continuorum*, 1635 年) 中. 此处卡瓦列里根据 “不可分量” 这个学术概念建立了一种简单形式的微积分, ① 即点的运动形成线, 线的运动形成平面. 然后他将线段相加得到一片面积, 将平面相加得到一方体积. 不过有一次托里拆利指给他看, 用这样的方法可以证明, 任何三角形都能用一个高度分为两块相同的面积, 之后他的表述将 “线段” 换成了 “细线”, 即有很小宽度的线, 从而产生了 “原子” 理论. 卡瓦列里这个从线段构造面积的想法使他得到了正确的 “卡瓦列里原理” (译者注: 又称祖暅原理): 两个等高的立体图形如果在相同的高度有相等的截面积, 那么这两个立体图形就有相同的体积. 由此卡瓦

① F. Cajori, “Indivisibles and ‘ghosts of departed quantities’ in the history of mathematics”, *Scientia*, Vol. 37 (1925), pp. 301–306; E. Hoppe, “Zur Geschichte der Infinitesimalrechnung bis Leibniz und Newton”, *Jahresb. Deutsch. Math. Verein*, Vol. 37 (1928), pp. 148–187. 关于 Hoppe 的某些论点, 见 C. B. Boyer, *The History of the Calculus* (New York, 1949), pp. 192, 206, 209. (Dover reprint, 1959.)

列里也完成了与求多项式积分等价的计算.

三

[96] 微积分的问世是整个数学复兴的一部分, 发生在一种思想者们逐渐摆脱了古代亚里士多德自然观的学术氛围里. 亚里士多德强调定性和目标, 在一个度量、计算、工程、定量以及它们的因果关系从整体上来说变得越来越重要的世界里, 必然会感到非常不适应. 精英们需要一种研究自然和人类的新方法以及一种新的数学, 这也成为定量与逻辑思维的经典范例.

人们认为, 微积分的逐渐演化受到了笛卡儿出版《几何学》(*Géométrie*, 1637 年) 一书的巨大促进, 因而将整个古典几何学引入到代数学家的视野中. 该书最初是作为《方法论》(*Discours de la Méthode*) 的附录而出版的, 书中作者解释了他进行自然研究的理性方法. 笛卡儿是一位法国绅士, 来自都兰 (Touraine), 他一度在奥兰治亲王莫里斯的军中效力, 又在荷兰住了许多年, 最后被瑞典女王邀请到斯德哥尔摩 (Stockholm), 并在那里过世. 跟 17 世纪的许多伟大思想家一样, 笛卡儿一直在寻求一种普遍的思想方法, 以期能够有助于发明并 "寻求科学真理". 因为当时唯一了解并有一定程度系统连贯性的自然科学是天文学和力学, 而理解天文学和力学的关键是数学, 使数学成为人们了解宇宙最重要的工具. 而且, 带有各种令人信服的论断的数学本身就是科学中能够发现真理的光辉例子. 因此, 这一时期的机械论哲学与柏拉图主义者尽管出于不同的理由却取得了相似的结论, 柏拉图主义者相信宇宙的和谐, 而笛卡儿的信徒则相信依靠推理的普遍方法, 但大家都推崇数学是科学中的女王.

笛卡儿将出版《几何学》作为他的理性主义统一的普遍方法的一次应用, 此处他统一了代数与几何. 依照人们普遍接受的观点, 这本书的功绩主要在于创造了所谓的解析几何. 数学的这一分支在笛卡儿论著的影响下终于得以催生, 这是不争的事实, 但是《几何学》本身却很难算作是这门学科的第一本专著. 这本书中既没有清晰的"笛卡儿"坐标轴, 也没有推出直线和圆锥曲线的方程, 只有一个特殊的二次方程被解释为代表圆锥曲线. 而且, 这本书有一大部分是代数方程的理论, 包括确定正根与负根 (他称之为真根与假根) 的数目的"笛卡儿法则".

我们不要忘记, 阿波罗尼奥斯已经找到了各种圆锥曲线的特点, 他凭借的是人们现在遵循莱布尼茨称为坐标的东西, 虽然当时并未对坐标赋予任何数值含义. 但是在托勒密的《地理学》(*Geographia*) 中, 经度和纬度都是数字坐标. 帕普斯的《数学汇编》中 [99]
有一篇《解析的财富》(*Analuomenos*), 其中我们只需要将符号改写为现代形式就可以把代数应用到几何. 甚至在笛卡儿之前, 例如奥雷姆 (Oresme) 的工作中, 都会偶尔看到图形的表示. 笛卡儿的功绩首先在于, 他始终坚持将 16 世纪成熟的代数学应用于古代的几何分析中, 并由此极大地拓宽了它的应用能力. 第二个功绩是, 笛卡儿最终舍弃了前辈们的齐次限制, 这一限制甚至曾经损害了韦达的《代数运算》, 以致书中都将 x^2, x^3, ① xy 看作线段. 一个代数方程成为数与数之间的关系, 是数学抽象上一个新的进步, 很快被应用于代数的进一步发展和代数曲线的一般处理. 西方在追赶东方算术 – 代数的进程中, 一跃就超越到了前面.

笛卡儿所用的许多记号已经很现代了, 在他的书中可以见到诸如

$$\frac{1}{2}a+\sqrt{\frac{1}{4}aa+bb}$$

这样的表达式, 与现代记号的不同之处仅仅在于, 笛卡儿仍然将 a^2 写作 aa(在高斯的著作中也是如此), 不过他已经用 a^3 表示 aaa, 用 a^4 代表 $aaaa$, 等等. 读懂笛卡儿的书并不难, 但不要指望看到现代

① 固定一根长度未定的直尺 AK, 另一根未确定长度的直尺 GL 可以围绕 G 点旋转; 三角形 KCB 的一边 KC 也是长度未知的. 直尺 GL 在 L 一端装有铰链, 当三角形 KCB 沿着直尺 GL 滑动时, KB 保持不离开固定"轴" AB,C 点的轨迹在 GL 绕 G 点旋转时就是 $y^2=cy-\frac{cx}{B}y+ay-ac$ (笛卡儿所写的是 yy, 并有一个特殊符号表示 $=$). 因此这是一条双曲线.

解析几何学.

笛卡儿 (1596—1650 年) 选自佛兰斯 · 哈尔斯 (Frans Hals) 的画作

有一些接近现代解析几何学的是图卢兹 (Toulouse) 的律师费马 (Pierre Fermat), 他也许在笛卡儿的书出版之前就写了一篇论几何学的短文, 但这篇短文直到 1679 年才发表. 在这篇题为《平面与立体轨迹引论》(*Isagoge*, 以下简称《引论》) 的论文中, 我们看到方程

$$y = mx, \quad xy = k^2, \quad x^2 + y^2 = a^2, \quad x^2 \pm a^2y^2 = b^2$$

表示的是一组相对于一个 (通常是垂直的) 轴系统的直线与圆锥曲线. 然而, 因为费马采用了韦达的记号, 这篇短文显得比笛卡儿的《几何学》更古老. 当费马的《引论》付印时, 已经有了将代数应用于阿波罗尼奥斯的结果的其他著作出版, 著名的有沃利斯 (John Wallis) 的《圆锥曲线论》(*Tractatus de sectionibus conicis*, 1655 年) 与当时的荷兰首相维特 (Johan De Witt) 的《曲线概要》(*Elementa curvarum linearum*, 1659 年) 的一部分, 这两本书都是在笛卡儿的直接影响下写成的. 但是当时的进展非常缓慢, 即便是洛必

LIVRE SECOND.

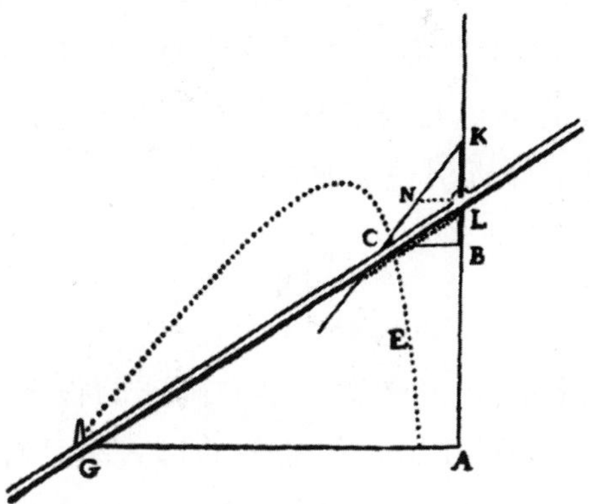

Aprés cela prenant vn point a diſcretion dans la courbe, comme C, ſur lequel ie ſuppoſe que l'inſtrument qui ſert a la deſcrire eſt appliqué, ie tire de ce point C la ligne C B parallele a G A, & pourceque C B & B A ſont deux quantités indeterminées & inconnuës, ie les nomme l'vne y & l'autre x. mais affin de trouuer le rapport de l'vne à l'autre; ie conſidere auſſy les quantités connuës qui determinent la deſcription de céte ligne courbe, comme G A que ie nomme a, K L que ie nomme b, & N L parallele à G A que ie nomme c. puis ie dis, comme N L eſt à L K, ou c à b, ainſi C B, ou y, eſt à B K, qui eſt par conſequent $\frac{b}{c}y$: & B L eſt $\frac{b}{c}y - b$, & A L eſt $x + \frac{b}{c}y - b$. de plus comme C B eſt à L B, ou y à $\frac{b}{c}y - b$, ainſi a, ou G A, eſt á L A, ou $x + \frac{b}{c}y - b$. de façon que mul-

Sſ tipliant

笛卡儿《几何学》中一页的影印件

达 (L'Hospital) 的《圆锥曲线分析论》(*Traité analytique des sections coniques*, 1707 年) 也不过是用代数语言重写了阿波罗尼奥斯的著作. 所有的作者对于接受负数值的坐标都是犹豫的. 牛顿在对三次曲线的研究 (1703 年) 中第一个勇敢地使用了代数方程, 而第一次真正将圆锥曲线的解析几何学从阿波罗奥尼斯那里解放出来则要见欧拉的《无穷小分析引论》(1748 年).

四

卡瓦列里著作的问世激发了不同国家的很多数学家来研究关于无穷小的问题, 人们开始以更抽象的形式来处理基础的问题, 由
[100] 此得到了更普遍的结论. 切线问题, 即找到可以求出给定曲线上一定点的切线的方法, 在求体积和重心的古代问题之外占据了越来越显著的位置. 对这个问题的研究, 有两种明显的倾向, 一种倾向于几何, 一种倾向于代数. 卡瓦列里的后继者, 著名的有托里拆利和牛顿的老师巴罗 (Isaac Barrow), 他们都热心几何推理的希腊方法而不大注意严谨性, 惠更斯 (Christian Huygens) 也对希腊几何学表现出一种明显的偏爱. 还有一些人, 主要是费马、笛卡儿和沃利斯, 则表现出相反的倾向, 他们用新代数来处理这个问题. 在 1630—1660 年间, 所有作者都在关注代数曲线的问题, 特别是那些以 $a^m y^n = b^n x^m$ 为方程的曲线. 他们分别用自己的方法, 得到了等价于 $\int_0^a x^m dx = a^{m+1}/(m+1)$ 的公式, 开始是对正整数值的 m, 以后又有负整数值和分数值的 m. ①偶尔还会出现非代数的曲线, 例如笛卡儿和帕斯卡 (Blaise Pascal) 研究过的摆线 (轮转线). 帕斯卡著有《论摆线》(*Traité général de la roulette*, 1658 年) 一文, 收在以戴东维尔 (A. Dettonville) 为笔名的小册子中出版, 这篇论文对年轻的莱布尼茨有很大的影响. ②

---

① $m = -1$ 的情况产生了特别的困难, 要等到人们充分懂得了对数与指数的关系以后, 这个困难才得以解决.

② H. Bosmans, "Sur l'oeuvre mathématique de Blaise Pascal", *Revue des Questions Scient.*, Vol. 4, Ser. 5 (1929), pp. 136–160, 424–450; J. Guitton, *Pascal et Leibniz* (Paris, 1951).

在这个时期, 开始出现了微积分的几个特性. 费马在 1638 年发现了将一个简单代数方程中的变量稍加改变, 然后再让这个改变量变成零来求最大值和最小值的方法, 这个方法在 1658 年被许德 (Johannes Hudde, 此人后来担任过阿姆斯特丹的市长) 推广到更一般的代数曲线. 这时人们已经确定了切线、体积和重心, 但是积分和微分之间作为互逆问题的关系并未被真正理解, 一直到 1670 年巴罗才对此做出解释, 不过当时用的是一种艰涩的几何形式. 帕斯卡偶尔使用小量的展开式并去掉了方次较低的项 (译者注: 似为作者笔误, 应该是去掉方次较高的项, 注意这里是对无穷小量的近似), 其实是比牛顿更早地得到了那个有争议的假设 $(x+dx)(y+dy)-xy=xdy+ydx$. 帕斯卡还以凭借直觉 (esprit de finesse) 而不要凭借逻辑 (esprit de géométrie) 为自己的推演过程辩护, 这些都要早于伯克莱主教对牛顿的批判. ①

在这场学术思想对新方法的追求中, 不仅有卡瓦列里这条线, 同时还有比利时耶稣会教徒圣樊尚和他的学生与助手古尔丁和塔凯 (André Tacquet) 的工作. 激励这些人的有那个时代的精神, 也有中世纪关于形态的连续性和自由度的本性的学术著作. 在这些著作中, 第一次出现了形容阿基米德方法的术语 "穷竭法". 塔凯的书《论圆柱体与圆环》(*On Cylinders and Rings*, 1651 年, 拉丁文) 还影响了帕斯卡.

在当时没有任何科学刊物存在的条件下, 数学家们只有依靠讨论小组和经常通信热烈地互动. 有些人因成为科学交流的中心赢得了个人的荣誉, 其中最为人所知的是方济会的梅森 (Marin Mersenne) 神父, 他作为数学家因 "梅森素数" 而青史留名. 与他通信的有笛 [101]
卡儿、费马、德萨格 (Desargues)、帕斯卡和许多其他的科学家. ② 继而学者们的讨论小组又脱胎出学会, 在某种程度上, 学会是作为

① B. Pascal, *Oeuvres* (Paris, 1908—1914), Vol. XII, p. 9; Vol. XIII, pp. 141–155.

② *Informer Mersenne d'une découverte, c'était la publier par l'Europe entière*, writes H. Bosmans (op. cit., p. 43: "将一项发现告诉梅森, 也就是向全欧洲公布"). 梅森教书的修道院位于现在的巴黎孚日广场 (Place des Vosges), 这里就是他的客人造访的地方. 梅森于 1648 年去世.

大学的对立物而兴起的. 那些大学除了某些例外 (如莱顿大学) 都固守着经院哲学时期的精神, 培养着那种以固定形式呈现知识的中世纪态度, 相反这些新型的学会则洋溢着朝气蓬勃的研究精神. 正如一位作家注意到的, 它们属于

> ……这样一个人人沉醉于新知识的充溢、忙于根除腐朽的迷信、脱离过去的传统、怀抱对未来最奢侈的憧憬的时代, 这里的每一位科学家都懂得为自己对人类的知识添加了自己微小的一部分而感到满足和自豪. 简而言之, 现代科学家就在这里应运而生了. ①

文艺复兴时期的第一批学会建立于意大利, 开始是文学 – 哲学性质的. 文献中提到 1580 年之前在那不勒斯 (Naples) 有过一个科学学会, 然后就有 1603 年成立的猞猁学会 (Accademia dei Lincei, 取猞猁目光敏锐之寓意), 并且几经波折仍然在活动. 伦敦皇家学会 (The Royal Society of London) 成立于 1662 年, 法国的法兰西科学院 (Académie des Sciences) 成立于 1666 年. 沃利斯是皇家学会的发起人之一, 惠更斯是法国科学院的发起人之一.

五

卡瓦列里之后, 在这段前叶时期最重要的著作之一是沃利斯的《无穷小算术》(*Arithmetica infinitorum*, 1655 年), 作者自 1643 年直到 1703 年去世一直担任牛津大学萨维尔几何学讲席教授 (Savilian professor of geometry). 沃利斯在这本书的标题中已经表示出要超过卡瓦列里的《不可分连续量的几何学》, 他所用的是新的算术(代数) 而不是古老的几何. 在此过程中, 沃利斯把代数学扩展成为一种名副其实的分析学, 是一位首开先河的数学家. 他对于无穷过程的处理方法常常还是粗糙的, 但得到了新的结果. 他引进了无穷级数和无穷乘积, 并以巨大的勇气使用了虚数、负数与分数的指数. 他将 $\frac{1}{0}$ 写作 ∞ (并断言 $-1 > \infty$). 一个典型结果是如下的无穷乘

① M. Ornstein, *The Role of Scientific Societies in the Seventeenth Century* (Chicago, 1913), p. 262.

积:

$$\frac{\pi}{2}=\frac{2}{1}\cdot\frac{2}{3}\cdot\frac{4}{3}\cdot\frac{4}{5}\cdot\frac{6}{5}\cdot\frac{6}{7}\cdot\frac{8}{7}\cdot\frac{8}{9}\cdots$$

和一些等价于贝塔积分 (Beta integrals) 的表达式, 还用一个小方框来表示 $4/\pi$.

沃利斯只是这一时期用不断的发现丰富了数学的天才数学家中的一位. 自希腊的伟大时代之后, 这门无可匹敌的创造性科学得
以繁荣, 究其背后的推动力, 人们能够轻松地掌握新技巧只是部分 [102]
的原因. 正如之前提到的, 许多伟大的思想家有更高的追求, 他们孜孜以求的是一种 "普遍的方法". 这个普遍方法有的时候被人们狭义地理解为数学方法, 有时则被更广义地设想为了解自然和创造新发明的方法. 这就是这个时期所有杰出的哲学家都是数学家, 所有杰出的数学家又都是哲学家的原因. 有的时候对新发明的探寻直接收获了数学上的发现, 一个著名的例子是惠更斯的《论摆钟》(*Horologium oscillatorium*, 1673 年), 他对钟表精确性的探寻 (为了解决在大海中确定经度的古老问题) 不仅引出了摆钟, 而且引出了对平面曲线的渐屈线和渐伸线的研究. 惠更斯是一位家境很好的荷兰人, 多年住在巴黎, 是新成立的科学院的领袖. ①作为著名的物理学家和天文学家, 惠更斯建立了光的波动理论, 并对土星的环做出了解释. 他关于摆钟的书影响了牛顿的引力理论, 与沃利斯的《算术》一起代表着微积分在牛顿与莱布尼茨之前的最高形式. 沃利斯、惠更斯及其同事的通信与书中充满了关于求弧长、求包络线、求面积的新发现. 惠更斯研究了曳物线、对数曲线、悬垂线, 确定了摆线是一种等时性的曲线. 虽然这些成果如此丰富, 其中有许多是在莱布尼茨发表了微积分之后才发现的, 但惠更斯无疑是属于前微积分时期的, 他曾向莱布尼茨坦承自己从未能掌握莱布尼茨的方法. 同样地, 沃利斯也从未习惯牛顿的记号. 在 17 世纪, 惠

① 法国学术院 (The Académie Française) 由黎塞留 (Richelieu) 成立于 1635 年, 其主要功能是编纂法语词典. 学术院的 40 名院士 (均为当选的科学家), 都是 "不朽者 (immortals)". 与法国学术院同级别还有 4 个学术院, 其中就有法国科学院. 这些学术院在法国大革命时期重新组成了国家学会, 法国科学院隶属其下.

更斯是认真恪守严谨性的少数几位伟大的数学家之一, 他的方法一直都未脱离阿基米德的传统.

六

在这一时期, 数学家的活动延伸到许多新的和旧的领域. 他们以原创性的结果丰富了经典的课题, 向古老的领域里投射进新的灵感, 甚至创造了全新的数学研究课题. 前者的一个例子是费马对丢番图方程的研究; 后者的一个例子是德萨格对几何学的新解释. 而有关概率的数学理论则是一个全新的创造.

1621 年, 通晓拉丁文的圈子里开始流传丢番图的著作, ①费马的儿子后来在 1670 年出版了父亲用过的那本译本, 书中可以看到费马著名的页边笔记, 其中就有费马 "大定理": 当 $n > 2$ 时, 方
[103] 程 $x^n + y^n = z^n$ 不存在正整数解, 定理在 1847 年又引出了库默尔 (Kummer) 的理想数理论. 人们一直都没有给出对于任意整数 n 的费马大定理的证明, 尽管这个定理通过大量的数值验证肯定是正确的.② (译者注: 直到 1995 年, 这个 "大定理" 在费马提出 358 年之后, 被英国数学家怀尔斯 (Andrew Wiles) 证明.)

费马在《丢番图》第二章第 8 节 "将一个平方数写成两个平方数之和" 这段话旁边注有下面的话:

> 将一个立方数写成两个立方数之和, 一个 4 次方数写成两个 4 次方数之和, 或者一般地说, 将一个任意大于 2 次的方数写成两个同次方数之和都是不可能的. 并且我已经确信找到了关于此论断的一个巧妙的证明, 可惜这里页边的空白太小, 写不下.

---

① 最早流传的拉丁文译本有:1482 年欧几里得; 1515 年托勒密; 1558 年阿基米德; 1560 年普罗克洛斯;1566 年阿波罗尼奥斯 I–IV; 1661 年 V–VII; 1589 年帕普斯; 1621 年丢番图.

② 见 P. Bachman, *Der Fermatsche Satz*, Berlin, 1919; H. S. Vandiver, *Amer. Math. Monthly*, Vol. 53 (1946), pp. 555–578; O. Ore, *Number Theory and Its History*, New York, 1948; L. J. Mordell, *Three Lectures on Fermat's Last Theorem* (Cambridge, 1921), reprinted Berlin, 1972; H. M. Edwards, *Fermat's Last Theorem* (New York, 1974).

如果费马已经有了那样一个巧妙的证明, 而后人却历经三个多世纪的艰辛研究都未能予以重现, 我们可以颇有把握地认定即使是伟大的费马也会偶有疏忽.

费马的另外一段页边笔记谈到一个形如 $4n+1$ 的素数可以唯一地表示为两个平方数的和, 这个定理后来被欧拉证明了. 另一个 "费马定理" 写在 1640 年的一封信中: 如果 p 是素数而且 p 不能整除 a, 那么 p 可以整除 $a^{p-1}-1$, 这个定理可以用初等方法证明. 费马还首先断言了方程 $x^2-Ay^2=1$(其中 A 是一个非平方的整数) 存在着无穷多个整数解 (1657 年).

费马和帕斯卡是数学概率论的创始者. 人们逐渐对与概率有关的问题产生兴趣, 开始是由于保险业的发展, 但是激励大数学家们思考的专门问题则来自玩骰子和纸牌赌博的贵族们的要求. 用泊松 (Poisson) 的话来说: 一位通晓享乐的人向一位一丝不苟的詹森教徒提出的关于赌博的问题乃是计算概率的起源. ① 这位通晓享乐的人就是德 · 梅雷 (Chevalier de Méré), 他有一个所谓 problème des points (点数的问题) 求教于帕斯卡. 帕斯卡就这个问题以及相关问题开始与费马通信, 于是二人建立了概率论的一些基础 (1654 年). 当惠更斯来到巴黎听说了二人的通信时, 也开始寻找他本人的答案, 结果就是《论赌博中的计算》(*De ratiociniis in ludo aleae*, 1657 年), 这是根据预期概念关于概率论的第一篇论文. ②迈出下一步的是维特 (Witt) 和哈雷 (Halley), 他们做出了年金表 (1671 年, 1693 年).

帕斯卡 (Blaise Pascal) 的父亲 (Étienne Pascal) 常与梅森通信, "帕斯卡蚶线" 即是以这位老帕斯卡的名字命名的. 在父亲的指导下, 小帕斯卡进步很快, 年仅 16 岁就发现了关于圆内接六边形的 "帕斯卡定理". 定理在 1641 年发表在一张单页纸上, 显示了德萨格

① *Un problème relatif aux jeux de hasard, proposé à un austère janséniste par un homme du monde, a été l'origine du calcul des probabilités.* S. D. Poisson, *Recherches sur la probabilité des jugements*, Paris, 1837, p. 1.

② H. Freudenthal, "Huygens' Foundation of Probability", *HM*, Vol. 7 (1980), pp. 113–117.

[106] 对他的影响. 没过几年, 帕斯卡又发明了一种加法器. 25 岁时, 他决定到波特 – 罗亚尔 (Port - Royal) 修道院中过一种詹森教徒的禁欲生活, 但并没有停止致力于科学与文学. 他的一篇关于二项展开系数构成的 "算术三角" (译者注: 即杨辉三角) 和概率的用途的论文, 是在死后的 1664 年才发表的. 前文已经述及他关于积分的工作以及对无穷小的怀疑, 这些都影响了莱布尼茨. 帕斯卡还首先建立了圆满的完全归纳法原则的公式. ①

惠更斯 (1629—1695 年) 选自一位佛兰芒 (Flemish) 版画家艾德林克 (Gerald Edelinck) 的版画

德萨格是一位来自里昂 (Lyons) 的建筑师, 著有一本关于透视学的著作 (1636 年). 他的一本带着奇怪标题《关于锥体与平面相交所得曲线的投影初稿》② (*Brouillon projet d'une atteinte aux événements des rencontres d'un cone avec un plan*, 1639 年) 的小册子用一种怪异的植物学语言讲述了投影几何学的一些基本概念, 诸

① H. Freudenthal, *Arch. intern. des sciences*, Vol. 22 (1953), pp. 17–37; R. Rashed, *AHES*, Vol. 9 (1972), pp. 1–21.

② Proposed draft of an attempt to deal with the events of the meeting of a cone with a plane.

如无穷远点、对合和配极, 他关于透视三角形的 "德萨格定理" 发表于 1648 年. 但是直到 19 世纪, 这些思想的丰富性才得以充分地呈现.

帕斯卡 (1623—1662 年)

七

人们在充分理解了微分过程是积分过程的逆过程之后, 就应该能够推导出微分和积分的普遍方法, 但因为只有同时掌握了希腊人和卡瓦列里的几何方法与笛卡儿和沃利斯的代数方法的人才能担当这项使命, 这样的人只可能在 1660 年之后出现. 事实上他们真的出现了, 这就是牛顿和莱布尼茨. 关于谁第一个发现了微积分, 历史上有过很多论述, 现在已经确定他们两人都是独立地发现自己的方法. 牛顿先发现了微积分 (牛顿在 1665—1666 年, 莱布尼茨在 1673—1676 年), 但莱布尼茨先发表的结果 (莱布尼茨在 1684—1686 年, 牛顿在 1704—1736 年). 莱布尼茨学派远比牛顿学派有着更多的辉煌.

牛顿是英格兰林肯郡的一个私人农场主的儿子, 曾在剑桥大

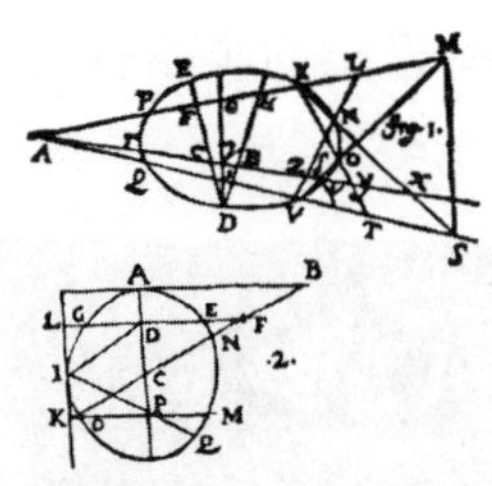

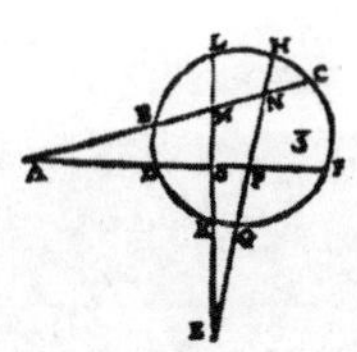

ESSAY POVR LES CONIQVES. Par B. P.

DEFINITION PREMIERE.

QVAND plusieurs lignes droictes concourent à mesme point, ou sont toutes paralleles entr'elles, toutes ces lignes sont dites de mesme ordre ou de mesme ordonnance; & la multitude de ces lignes, est dite ordre de lignes, ou ordonnance de lignes.

DEFINITION II.

Par le mot de section de Cone nous entendons la circonference du Cercle, l'Elipse, l'Hyperbole, la Parabole & Langle rectiligne, d'autant qu'vn Cone coupe parallelement à sa base, ou par son sommet ou des trois autres sens qui engendrent l'Elipse, l'Hyperbole & la parabole engendre dans la superficie Conique, ou la circonference d'vn Cercle ou vn Angle, ou l'Elipse, ou l'Hyperbole, ou la parabole.

DEFINITION III.

Par le mot de droite mis seul, nous entendons ligne droite.

LEMM. I.

Figure. I. Si dans le plan, M, S, Q du point M partent les deux droites MK, MV, & du point S, partent les deux droites SK, SV, & que K, soit le concours des droites MK, SK, & V, le concours des droites, MV, SV, & A, le concours des droictes MA, SA, & μ, le concours des droictes MV, SK, & que par deux des quatre points, A K μ V, qui ne soient point en mesme droite auec les points, M, S, comme par les points, K, V, passe la circonference d'vn cercle coupante les droites MV, MP, SV, SK, és points, O, P, Q, N, ie dis que les droites, MS, NO, PQ, sont de mesme ordre.

LEMM. II.

Si par la mesme droite passent plusieurs plans, qui soient coupez par vn autre plan, toutes les lignes des sections de ces plans sont de mesme ordre auec la droite par laquelle passent lesdits plans.

Fig. I. Ces deux Lemmes posez & quelques faciles consequences d'iceux nous demonstrerons que les mesmes choses estant posées qu'au premier Lemme, si par les points, K, V, passe vne quelconque section de Cone qui coupe les droites MK, MV, SK, SV, és points, P, O, N, Q, les droites MS, NO, PQ, seront de mesme ordre, cela sera vn troisiéme Lemme.

En suitte de ces trois Lemmes & de quelques consequences d'iceux nous donnerons des Elemens Coniques complets, à sçauoir toutes les proprietez des diametres & costez droits, des tangentes &c. la restitution du Cone presque sur toutes les données, la description des sections de Cone par points, &c.

Fig. I. Quoy faisant, nous enonçons les proprietez que nous en touchons d'vne maniere plus vniuerselle qu'à l'ordinaire. Par exemple celle cy, si dans le plan MSQ, dans la section de Cone, PKV, sont menées les droictes AK, AV, atteignantes la section aux poincts PK, QV, & que de deux de ces quatre poincts qui ne sont point en mesme droicte auec le poinct A, comme par les poincts K, V, & par deux poincts, N, O, pris dans le bord de la section sont menées quatre droictes KN, KO, VN, VO, coupantes les droictes AV, AP, aux poincts L, M, T, S, ie dis que la raison composée des raisons de la droicte PM, à la droicte MA, & de la droicte AS, à la droicte SQ, est la mesme que la composée des raisons de la droicte PL, à la droicte LA, & de la droicte AT, à la droicte TQ.

Fig. I. Nous demonstrerons aussi que s'il y a trois droictes DE, DG, DH, que les droictes AP, AR, coupent aux poincts F, G, H, C, γ, B, & que dans la droicte DC, soit determiné le poinct E, la raison composée des raisons du rectangle EF, en FG, au rectangle de EC, en Cγ, & de la droicte Aγ, à la droicte AC, est la mesme que la composée des raisons du rectangle EF, en FH, au rectangle EC, en CB, & de la droicte AB, à la droicte AH. Et est aussi la mesme que la raison du rectangle des droictes FE, FD, au rectangle des droictes, CE, CD, partant si par les poincts E, D, passe vne section de Cone qui coupe les droictes AH, AB, és poincts P, K, R, ψ, la raison composée des raisons du rectangle des droictes EF, FC, au rectangle des droictes EC, Cγ, & de la droicte γA, à la droicte AG, sera la mesme que la composée des raisons du rectangle des droictes FK, FP, au rectangle des droictes CR, Cψ, & du rectangle des droictes AR, Aψ, au rectangle des droictes AK, AP.

Fig. III. Nous demonstrerons aussi que si quatre droictes AC, AF, EH, EL, s'entrecoupent és poincts N, P, M, O, & qu'vne section de Cone coupe lesdites droictes és poincts C, B, E, D, H, G, L, K, la raison composée des raisons du rectangle de MC, en MB, au rectangle des droictes PF, PD, & du rectangle des droictes AD, AF, au rectangle des droictes AB, AC, est la mesme que la raison composée des raisons du rectangle des droictes ML, MK, au rectangle des droictes PH, PG, & du rectangle des droictes EH, EG, au rectangle des droictes EK, EL.

Fig. I. Nous demonstrerons aussi cette proprieté, dont le premier inuenteur est Mr Desargues Lyonnois, vn des grands esprits de ce temps, & des plus versez aux Mathematiques, & entr'autres aux Coniques, dont les escripts sur cette matiere, quoy qu'en petit nombre, en ont donné vn ample tesmoignage à ceux qui en auront voulu receuoir l'intelligence: & veux bien aduoüer que ie doibs le peu que i'ay trouué sur cette matiere à ses escrits, & que i'ay tasché d'imiter autant qu'il m'a esté possible sa methode sur ce subjet, qu'il a traitté sans se seruir du triangle par l'axe: Et traittant generalement de toutes les sections de Cone, la proprieté merueilleuse dont est question est telle: si dans le plan MSQ y a vne section de Cone PQV, dans le bord de laquelle ayant pris les quatre poincts K, N, O, V, sont menées les droicts KN, KO, VN, VO, de sorte que par vn mesme des quatre poincts ne passent que deux droictes, & qu'vne autre droicte coupe tant l'abord de la section aux poincts R, ψ, que les droictes KN, KO, VN, VO, és poincts x y Z δ, ie dis que comme le rectangle des droictes Zr, Zψ, est au rectangle des droictes γr, γψ, ainsi le rectangle des droictes δr, δψ, est au rectangle droictes xr, xψ.

Fig. II. Nous demonstrerons aussi que si dans le plan de l'hyperbole ou de l'elipse, ou du cercle AGE, dont le centre est C, on mene la droicte AB, touchante au poinct A, la section, & qu'ayant mené le diametre CA, on prene la droicte AB, dont le quarré soit égal au quart du rectangle de la figure, & qu'on mene CB, alors quelque droicte qu'on mene, comme DE, parallele à la droicte AB, coupante la section en E, & les droictes AC, CB, és poincts DF, si la section AGE, est vne elipse ou vn cercle, la somme des quarrez des droictes DE, DF, sera egale au quarré de la droicte AB, & dans l'hyperbole la difference des mesmes quarrez des droictes DE, DF, sera egale au quarré de la droicte AB.

Nous deduirons aussi quelques problemes, par exemple d'vn poinct donné mener vne droicte touchante vne section de Cone donnée.

Trouuer deux diametres coniuguez en angle donné.

Trouuer deux diametres en angle donné & en raison donnée.

Nous auons plusieurs autres Problemes & Theoremes & plusieurs consequences des precedents, mais la desfiance que i'ay de mon peu d'experience & de capacité ne me permet pas d'en auancer dauantage auant qu'il ait passé à l'examen des habiles gens, qui voudront nous obliger d'en prendre la peine; apres quoy si l'on iuge que la chose merite d'estre continuée, nous essayerons de la pousser iusques où Dieu nous donnera la force de la conduire.

A PARIS, M. DC. XL.

帕斯卡 1640 年发表 “帕斯卡定理” 的单页大幅缩印件 (与 L. Brunschvicg, P. Boutroux, *Oeuvres de Blaise Pascal*, 1908 书中相同)

学学习, 后在三一学院就职, 于 1669 年继巴罗之后被授予卢卡斯数学教授席位. 牛顿在剑桥大学一直待到 1696 年, 以后他接受了造币厂监管的职位, 后又做了主管. 1705 年, 牛顿被安妮女王封为爵士. 牛顿无可撼动的权威主要是基于他的《自然哲学之数学原理》(*Philosophiae naturalis principia mathematica*, 1687 年) (译者注: 此书中译本由数学家郑太朴翻译, 1931 年商务印书馆初版, 1957, 1958, 2006 年三次重印. 另有王克迪译, 北京大学出版社, 2006 年; 赵振江译,《自然哲学的数学原理》, 商务印书馆, 2006 年. 此书现常简称作《原理》), 该巨著将力学建立在一个公理系统之上, 并包含万有引力定律 —— 有了它才有苹果落地, 才有月亮围绕地球运转. 他用严谨的数学推导指出, 怎样从与距离平方成反比的引力定律解释从经验所建立的关于行星运动的开普勒定律, 并从力学的角度解释了天体运动和潮汐的许多性质. 他解决了关于球体的二体问题, 并奠定了月球运动理论的初步. 在解决对于球体的引力问题时,
他也奠定了位势理论的基础. 牛顿在公理论证中假定了绝对空间 [107]
和绝对时间.

证明的几何形式难以表明作者完全掌握了微积分, 对此他称之为 "流数理论". 1665—1666 年在故乡的乡下躲避正在剑桥猖獗的瘟疫时, 牛顿发现了他的普遍方法. 他关于万有引力的基本想法和光的合成定律也成型于这一时期. 摩尔 (More) 教授说: "在科学史中, 再也没有别的成就可以与牛顿在这两年黄金岁月里所做的相提并论." ①

牛顿的 "流数" 的发现直接与他对沃利斯的《算术》中无穷级数的研究相关. 他将二项式定理推广到指数为分数和负数的情形, 并得出了二项式级数的发现. 这大大地帮助他对 "所有" 函数建立了流数理论, 不论这函数是代数函数还是超越函数. "流数" 用一个上面加点的字母表示, 这是一个有限值, 代表速度; 不带点的字母表示 "流量".

---

① L. T. More, *Isaac Newton. A Biography* (New York, London, 1934), p. 41. 也见后面参考文献中 Westfall 的书.

下面是牛顿在《流数法》(*Method of Fluxions*, 1736 年) 中用来解释这个方法的一个例子: 流量的变量用 $v, x, y, z, \cdots$ 表示, “每个流量由于发生运动产生增量的速度 (我称作流数, 也可以简单称作速度), 就用带点的相同字母表示, 如 $\dot{v}, \dot{x}, \dot{y}, \dot{z}$. ” 牛顿将无穷小称作 “流数瞬” , 以 $\dot{v}o, \dot{x}o, \dot{y}o, \dot{z}o$ 表示, o 表示 “一个无穷小的量”. 牛顿继续说:

> 因此, 假定给定了一个任意的方程 $x^3 - ax^2 + axy - y^3 = 0$, 以 $x + \dot{x}o$ 代替 x, $y + \dot{y}o$ 代替 y, 于是得出
>
> $$x^3 + 3x^2\dot{x}o + 3x\dot{x}o\dot{x}o + \dot{x}^3o^3 - ax^2 - 2ax\dot{x}o - a\dot{x}o\dot{x}o + axy$$
> $$+ay\dot{x}o + a\dot{x}o\dot{y}o + ax\dot{y}o - y^3 - 3y^2\dot{y}o - 3y\dot{y}o\dot{y}o - \dot{y}^3o^3 = 0.$$
>
> 现在, 根据假设 $x^3 - ax^2 + axy - y^3 = 0$, 经过整理并将剩下的项除以 o, 我们得到
>
> $$3x^2\dot{x} - 2ax\dot{x} + ay\dot{x} + ax\dot{y} - 3y^2\dot{y} + 3x\dot{x}\dot{x}o - a\dot{x}\dot{x}o$$
> $$+a\dot{x}\dot{y}o - 3y\dot{y}\dot{y}o + \dot{x}^3oo - \dot{y}^3oo = 0.$$
>
> 但 o 假定是无穷小的量, 可以表示量的瞬间, 那些与之相乘的量相对于其他项可以不计, 所以可以丢弃它们, 于是就得到:
>
> $$3x^2\dot{x} - 2ax\dot{x} + ay\dot{x} + ax\dot{y} - 3y^2\dot{y} = 0.$$

这个例子表明牛顿最初将他的导数设想为速度, 同时也表明了他的表达方式有些含混. 记号 o 究竟是零, 无穷小, 还是有限大
[108] 的数? 牛顿曾试图用 “初量与终量的比值” 的理论来把自己的观点讲清楚, 这个理论在《原理》中做了介绍, 并且还涉及了极限的概念, 但是用这样的方法反而增加了对他理解的难度.

> 量消失时的最后的比并不真的是最后量的比, 而是无止境减少的量的比必定向之收敛的极限, 比值向该极限趋近时, 可以小于任何给定的差, 绝不会超过, 实际上也不会达到, 直到这些量无限减少. (《原理》第一编第 1 章附注.)

量以及量的比值, 在任何有限时间范围内连续地向着相等接近, 而且在该时间终了前相互趋近, 其差小于任意给定值, 则最终必然相等. (《原理》第一编第 1 章引理 1.)

这话说得很不清楚, 理解牛顿流数理论带来的困难引起了许多混乱, 也引起了伯克莱主教在 1734 年提出的严厉批评. 在现代的极限概念被建立起来以前, 误解一直存在.

牛顿也写了关于圆锥曲线和平面三次曲线的著作. 在《三次曲线》(*Enumeratio linearum tertii ordinis*, 1704 年) 一文中, 他将平面三次曲线分成 72 类, 根据的是他自己的定理, 每一条三次曲线都可以从一条 "发散抛物线" $y^2 = ax^3 + bx^2 + cx + d$ 经一个平面到另一个平面的中心投影得到. 这是将代数学应用于几何学得到的第一个重要的新结果, 以前的工作只不过是将阿波罗尼奥斯的工作翻译成代数的语言而已. 牛顿的另一个重要贡献是他求解数值方程近似根的方法, 他用以阐述的例子是 $x^3 - 2x - 5 = 0$, 得到 $x \approx 2.09455147$.

很难估计牛顿对他同时代人的影响, 因为他总是在发表他的发现时表现出迟疑. 他对万有引力定律的最初尝试是在 1665—1666 年, 但并没有发表, 直到 1686 年他才将《原理》的大部分手稿交付出版. 他将 1673—1683 年间关于代数的讲义整理成册, 定名为《普遍算术》, 在 1707 年才出版. 他从 1669 年开始关于级数的工作, 曾在 1676 年给奥尔登堡 (Oldenburg) 的两封信中提及, 但是到了 1699 年才付诸成文. 他在 1693 年研究的曲线求积法直到 1704 年才出版, 这也是流数理论第一次向世界的全面呈现. 他的《流数法》一直到他过世 9 年之后的 1736 年才为世人所见. 堪与《原理》的影响相提并论的是他的《光学》(*Opticks*, 1704 年的版本用了很古老的语言) (译者注: 此书已经有中译本, 周岳明, 等, 译, 北京大学出版社, 2011 年), 用波义耳 (Robert Boyle) 的评论说, 它影响了整个 18 世纪的 "实验哲学".

八

莱布尼茨 (Gottfried Wilhelm Leibniz) 出生于莱比锡 (Leipzig), 大半生都围绕着汉诺威 (Hanover) 宫廷为公爵们服务, 这些公爵之
[111] 中就有后来成为英格兰国王的乔治一世. 莱布尼茨的兴趣比那个时代的其他思想家的兴趣要更为广泛, 他的知识体系涵盖了历史、神学、语言学、生物学、地质学、数学、外交和发明艺术. 他是继帕斯卡之后第一个发明计算机的人; 他设想了蒸汽机, 研究过中国哲学, 还致力于推动德国的统一. 为了获得知识、做出发明、并了解宇宙本质的统一性而孜孜以求一种统一的普遍方法, 是他生命的重要动力. 莱布尼茨试图建立的 "通用科学" (scientia generalis) 有许多方面, 其中的一些引导他做出数学上的发现. 他对于 "通用特征" (characteristica generalis) 的追求引导出排列、组合和数理逻辑. 他对于 "普适语言" (lingua universalis) 的追求 —— 其中所有的思想错误都会作为计算错误而出现 —— 不仅引出了数理逻辑, 还引出了数学中许多符号的革新. 莱布尼茨是数学符号最伟大的发明者之一, 很少有人像他那样了解形式和内容的统一性. 我们必须在这个哲学背景下理解他对微积分的发明, 这是他追求特别是在变换和运动上的 "普适语言" 得到的结果.

1673—1676 年间, 在惠更斯的私人影响下, 莱布尼茨通过研究笛卡儿和帕斯卡, 发现了他的新微积分. 当时已有报道牛顿掌握了这个方法, 他为这消息所深深激励. 牛顿的方法主要是运动学的, 而莱布尼茨的方法主要是几何学的; 他通过 "特征三角形" (dx, dy, ds) 来思考, 这早已出现于几本其他的著作中, 特别是帕斯卡的书和巴罗 1670 年的《几何学讲义》(*Geometrical Lectures*). ① 莱布尼茨形式的微积分最初以一篇 6 页的短文发表在 1684 年的数学期刊《教师学报》(*Acta eruditorum*) 上, 这份刊物是莱布尼茨

① 特征三角形一词似乎是莱布尼茨首先使用的. 他是通过阅读帕斯卡化名戴东维尔所写的信件之一 *Traité des sinus du quart de cercle*(1658) 想到的. 在此之前斯涅留斯 (Snellius) 在 *Tiphys Batavus* (1624), pp. 22–25. 也提到过.

牛顿 (1642—1727 年) 选自内勒爵士 (Godfrey Kneller) 所作的肖像画

莱布尼茨 (1646—1716 年) 选自佛罗伦萨乌菲齐画廊 (Uffizi Gallery)

I.

NOVA METHODUS PRO MAXIMIS ET MINIMIS, ITEMQUE TANGENTIBUS, QUAE NEC FRACTAS NEC IRRATIONALES QUANTITATES MORATUR, ET SINGULARE PRO ILLIS CALCULI GENUS *).

Sit (fig. 111) axis AX, et curvae plures, ut VV, WW, YY, ZZ, quarum ordinatae ad axem normales, VX, WX, YX, ZX, quae vocentur respective v, w, y, x, et ipsa AX, abscissa ab axe, vocetur x. Tangentes sint VB, WC, YD, ZE, axi occurrentes respective in punctis B, C, D, E. Jam recta aliqua pro arbitrio assumta vocetur dx, et recta, quae sit ad dx, ut v (vel w, vel y, vel z) est ad XB (vel XC, vel XD, vel XE) vocetur dv (vel dw, vel dy, vel dz) sive differentia ipsarum v (vel ipsarum w, vel y, vel z). His positis, calculi regulae erunt tales.

Sit a quantitas data constans, erit da aequalis 0, et $d\overline{ax}$ erit aequalis adx. Si sit y aequ. v (seu ordinata quaevis curvae YY aequalis cuivis ordinatae respondenti curvae VV) erit dy aequ. dv. Jam *Additio et Subtractio*: si sit z — y + w + x aequ. v, erit $d\overline{z - y + w + x}$ seu dv aequ. dz — dy + dw + dx. *Multiplicatio*: $d\overline{xv}$ aequ. xdv + vdx, seu posito y aequ. xv, fiet dy aequ. xdv + vdx. In arbitrio enim est vel formulam, ut xv, vel compendio pro ea literam, ut y, adhibere. Notandum, et x et dx eodem modo in hoc calculo tractari, ut y et dy, vel aliam literam indeterminatam cum sua differentiali. Notandum etiam, non dari semper regressum a differentiali Aequatione, nisi cum quadam cautione, de quo alibi. Porro *Divisio*: $d\frac{v}{y}$ vel (posito z aequ. $\frac{v}{y}$) dz aequ. $\frac{\pm vdy \mp ydv}{yy}$.

Quoad *Signa* hoc probe notandum, cum in calculo pro litera substituitur simpliciter ejus differentialis, servari quidem eadem signa, et pro + z scribi + dz, pro — z scribi — dz, ut ex addi-

*) Act. Erud. Lips. an. 1684.

莱布尼茨 1684 年在《教师学报》上发表的首篇关于微积分的论文的开篇语

(由格哈特 (C. I. Gerhardt) 于 1858 年重印)

在 1682 年帮助创立的. 莱布尼茨论文的题目很有特色:《奇特的计算方法 —— 一种求极大极小值和切线的新方法, 不会受到分数和无理数的妨碍》. ①其实这是一篇乏味而含糊的叙述, 但是它包含了现代的记号 dx, dy 以及微分的法则, 包括 $d(uv) = udv + vdu$ 和商的微分, 还有极值的条件 $dy = 0$ 和拐点的条件 $d^2y = 0$. 继这篇文章之后, 莱布尼茨在 1686 年又以书评的形式发表了另一篇论文, 讲述积分的法则和积分的符号 $\int$. 他将摆线方程写作:

$$y = \sqrt{2x - x^2} + \int \frac{dx}{\sqrt{2x - x^2}}.$$

随着这些文章的发表, 一个数学发明硕果极其丰盛的时期开始了. 1687 年之后, 伯努利 (Bernoulli) 兄弟也加入了莱布尼茨开创的工作, 他们热切地吸收了他的方法. 在 1700 年之前, 这些人已经
发现了当今大学中所讲授的微积分的大部分和一些较高深部分的 [112]
重要章节, 包括变分法的一些问题的求解. 1696 年, 微积分的第一本教材问世, 这本《无穷小分析》(*Analyse des infiniment petits*) 是约翰 · 伯努利 (Johann Bernoulli) 曾经指导过的洛必达 (Marquis de l'Hospital) 在老师的强烈影响下写成的, 很长时间都是这个领域里的独家宝典. 书中包含了所谓的 "洛必达法则", 用以求出当分子分母都趋于零时分数的极限值. ②

现在的微积分记号, 乃至 "微分" 与 "积分" 的名称都是莱布尼茨创立的. ③ 由于他的影响, 记号 "=" 用来表示相等, "×" 用来表示乘法. 名词 "函数" (function) 和 "坐标" (coordinates) 以及带嬉戏

---

① *Nova methodus pro maximis et minimis, itemque tangentibus, quae nec fractas nec irrationales quantitates moratur, et singulare pro illis calculi genus.*

② 最近发现, 约翰 · 伯努利在写给洛必达的信中谈到过这条法则: J. Bernoulli, *Briefwechsel* I (Basel, 1955). [相关请见 D. J. Struik, *Mathematics Teacher*, Vol. 56 (1963), 257–260.]

③ 莱布尼茨开始使用的名称是 calculus summatorius, 1696 年和约翰 · 伯努利讨论后, 将名称定为 calculus integralis. 现代分析又回到了莱布尼茨最早的命名. 详见:F. Cajori, "Leibniz, the Master Builder of Mathematical Notations", *Isis*, Vol. 7 (1925), pp. 412–429.

味道的词汇 "密切的" (osculating) 都是拜莱布尼茨所赐. 级数

$$\frac{\pi}{4}=\frac{1}{1}-\frac{1}{3}+\frac{1}{5}-\frac{1}{7}+\cdots$$

和

$$\tan^{-1}x=x-\frac{x^3}{3}+\frac{x^5}{5}-\frac{x^7}{7}+\cdots$$

也是莱布尼茨命名的, 虽然最先发现的荣誉其实并不属于他. 这个荣誉似乎属于一位出身苏格兰书香门第的数学家格列戈里 (James Gregory), 此人在国外待了许多年 (1664—1668 年), 其中主要是在帕多瓦 (Padua), 从 1668 年到他 37 岁去世前不久, 一直在圣安德鲁斯 (St. Andrews) 执教. 他的信件以及他在意大利所写的三本书, 其中一本是《几何练习》(*Exercitationes Geometricae*, 1668 年), 显示了他在处理无穷过程方面的巨大的原创力. 他发现了二项级数 (1670 年), 1671 年甚至得到了泰勒级数 (Taylor's series). 如果当时他还在世, 很可能也被人们奉为与牛顿和莱布尼茨比肩而立的微积分的发明者.

莱布尼茨对微积分基础的解释和牛顿一样含混. 他的 dx, dy 有时是有限量, 有时是小于任何指定的量但不是零. 由于缺乏严格的定义, 他告诉人们这不过就是类似于地球的半径与地球与恒星间的距离之间的关系. 他改变了自己解决无穷问题的方式, 在给富歇 (Foucher, 1693 年) 的一封信中, 他接受了实无穷的存在来克服芝诺的困难, 并称赞圣樊尚计算出了阿喀琉斯追上乌龟的地点. 正如牛顿的含混引起了伯克莱的批评一样, 莱布尼茨的含混也引起了一位阿姆斯特丹附近皮尔默伦德市 (Purmerend) 市长纽文泰特 (Bernard Nieuwentijt) 的反对 (1694 年). 伯克莱和纽文泰特的批评各有理由, 但是他们都是完全消极的, 微积分虽然欠缺严格的基础, 却激发了进一步的研究工作.

[113] **参考文献**

开普勒、伽利略、笛卡儿、帕斯卡、惠更斯、费马和牛顿的著作全集都已经有了现代版本, 梅森和莱布尼茨只有部分著作有现

代版本:

[Whiteside, D. T, and Hoskins, M. A., Eds.] *Mathematical Papers of Isaac Newton.* 8 Vols., Cambridge, 1976—1981.

[—— .] *The Mathematical Works of Isaac Newton.* 2 Vols., New York and London, 1964—1967, 附有 Turnbull, H. W. 和 Scott 所做的传真影印件和介绍.

[Koyré, A., Cohen, I. B., and Whitman, A., Eds.] *Isaac Newton's Philosophiae Naturalis Principia Mathematica, Third Edition (1726) with Variant Readings.* 2 Vols., Cambridge, Mass., and Cambridge, England, 1972.

Newton, I. *The Mathematical Principles of Natural Philosophy.* Trans. by A. Motte, 1728. Ed. and introd. by I. B. Cohen. 2 Vols., London, 1968.

Turnbull, H. W. *The Mathematical Discoveries of Newton.* Glasgow, 1934.

More, L. T. *Isaac Newton. A Biography.* New York and London, 1934.

Westfall, R. S. *Never at Rest. A Biography of I. Newton.* New York, etc., 1981.

Sheynin, O. B. "Newton and the Classical Theory of Probability". *AHES*, Vol. 7 (1971), pp. 217–256.

关于牛顿更多讨论的文章见 I. B. Cohen in *DSB*, Vol. 10 (1974), pp. 42–103, 其中包括苏联关于牛顿的一份报告.

柏林的 Deutsche Akademie der Wissenschaften 正在准备出版莱布尼茨的 *Sämtliche Schriften und Briefe* (1923), 但没有收入他的数学著作, 这些著作仍需查阅:

[C. I. Gerhardt, Ed.] *G. W. Leibniz' mathematische Schriften.* 7 Vols., Berlin and Halle, 1849—1863; republished Hildesheim, 1962. ("Register" [Index] by J. E. Hofmann, Hildesheim, 1977.)

Child, J. M. *The Early Mathematical Manuscripts of Leibniz.*

Chicago, 1920 (译自拉丁原文).

Couturat, L. *La Logique de Leibniz.* Paris, 1901

——. *Opuscules et fragments inédits de Leibniz.* Paris, 1906; republished Hildesheim, 1961.

Knobloch, E. *Die mathematischen Studien von G. W. Leibniz zur Kombinatorik.* 2 Vols., Wiesbaden, 1973, 1976.

Leibniz a Paris, Studia Leibnitziana Supplementa 18, Vol. 2 (1978), 371 pp. (13 篇文章).

Hofmann, J. E. *Die Entwicklungsgeschichte der Leibnizchen Mathematik während des Aufenthaltes in Paris* (1672—1676). Munich, 1949. 关于这两本书, 见 *HM*, Vol. 9 (1982), pp. 109–123. (Hofmann 其他关于 17 世纪数学家的研究还包括关于梅卡托 (N. Mercator) [*Deut. Math.*, Vol. 3 (1939); Vol. 5 (1940)]、圣樊尚 [*Abh. Preuss. Akad. Wiss., Math. Naturw. Klasse*, No. 31 (1941)]、费马 [*Ibid.*, No. 7
[114] (1944)] 以及关于牛顿和莱布尼茨发明权的争论 [*Ibid.*, No. 2 (1944)]. 参照他的 *Geschichte der Mathematik*, 3 Vols., Berlin, 1953—1957 书后的文献数据. 另有, *Frans van Schooten der Jüngere.* Wiesbaden, 1962.)

更多关于莱布尼茨的文章见 J. E. Hofmann, *DSB*, Vol. 8 (1973), pp. 149–168.

Aus den Frühzeit der Infinitesimalmethoden, *AHES*, Vol. 2 (1964), pp. 271–343.

Full bibliography by C. J. Scriba in *Mitt. aus dem math. Seminar Giessen*, 1971, pp. 51–73; and *HM*, Vol. 2 (1975), pp. 148–152.

关于微积分的发现, 见:

Boyer, C. B. *The History of the Calculus.* New York, 1949. Dover reprint, 1959. (译者注: 此书有两个中译本.《微积分概念史》, 上海师范大学数学系教研室, 译, 上海人民出版社, 1977 年;《微积分概念发展史》, 唐生, 译, 复旦大学出版社,2007 年.) (包含大量文献.)

关于历史的、技术的背景, 见:

Grossman, H. "Die gesellschaftlichen Grundlagen der mechanistischen Philosophie und die Manufaktur". *Zeitschrift für Sozialforschung*, Vol. 4 (1935), pp. 161–231.

Merton, R. K. "Science, Technology and Society in the Seventeenth Century". *Osiris*, Vol. 4 (1938), pp. 360–362; 还有 *Science and Society*, Vol. 3 (1939), pp. 3–27.

关于领军数学家, 见:

Cajori, F. *William Oughtred.* Chicago and London, 1916.

Scott, J. F. *The Mathematical Works of John Wallis D. D., F.R.S.* London, 1938. Reprinted: New York, 1981.

Prag, A. "John Wallis, Zur Ideengeschichte der Mathematik im 17. Jahrhundert". *Quellen und Studien*, Vol. 1 (1930), pp. 381–412. (亦见 T. P. Nunn, *Math. Gazette*, Vol. 5 [1910–1911].)

Hessen, B. "The Social and Economic Roots of Newton's Principia". In *Science at the Crossroads.* London, 1934.

Scriba, C. J. "Studien zur Mathematik des John Wallis (1616—1703)". *Boethius*, Vols. 6, 7. (Wiesbaden, 1966.)

Mahoney, M. S. *The Mathematical Career of Pierre Fermat.* Princeton, N.J., 1970.

Barrow, I. *Geometrical Lectures.* Chicago, 1916. (Trans. and Ed. by J. M. Child.)

Bell, A. E. *Christian Huygens and the Development of Science in the Seventeenth Century.* London, 1947.

Johann Kepler. A Tercentenary Commemoration of His Life and Works. Baltimore, 1931.

Milhaud, G. *Descartes savant.* Paris, 1921.

Bosmans, H. (见第五章) 有论文关于塔凯 (*Isis*, Vol. 9 [1927—1928], pp. 66–83), 斯蒂文 (*Mathesis*, Vol. 37 [1923]; *Ann. Soc. Sc. Bruxelles*, Vol. 37 [1913], pp. 171–199; *Biographie nationale de Belgique*), 德拉 · 菲勒 (*Mathesis*, Vol. 41 [1927], pp. 5–11), 圣樊尚 (*Mathesis*, Vol. 38 [1924], pp. 250–256).

Toeplitz, O. *Die Entwicklung der Infinitesimalrechnung I.* Berlin, 1949.

Taton, R. *L'oeuvre mathematique de G. Desargues.* Paris, 1951.

James Gregory, A Tercentenary Memorial, H. W. Turnbull, ed. London, 1939. [Cf. M. Dehn and E. D. Hellinger, *Amer. Math. Monthly*, Vol. 50 (1943), pp. 149–163.]

Scriba, C. J. *James Gregorys frühe Schriften zur Infinitesimalrechnung.* Mitt. aus dem math. Seminar Giessen, 55 (1957), 80 pp.

[115] Haas, K. "Die mathematischen Arbeiten von Johannes Hudde". *Centaurus*, Vol. 4 (1956), pp. 235–284.

Fellman, E. A. "Die mathematischen Werke von Honoratius Fabri". *Physis*, Vol. 1 (1959), pp. 1–54.

Whiteside, D. T. "Patterns of Mathematical Thought in the Later Seventeenth Century". *AHES*, Vol. 1 (1961), pp. 179–388.

Tannery, P. "Notions Historiques". In *Notions de mathématiques*, J. Tannery, ed. Paris, 1903, pp. 324–348.

Montel, P. *Pascal mathématicien.* Paris, 1951.

Fleckenstein, J. O. *Die Prioritätsstreit zwischen Leibniz und Newton.* Basel and Stuttgart, 1956.

Lohne, J. A. "Thomas Harriot als Mathematiker", *Centaurus*, Vol. 11 (1965), pp. 19-45; also *DSB*, Vol. 6 (1972), pp. 124–129.

Bos, H. J. M. "Differentials, Higher-order Differentials and the Derivative in the Leibnizian Calculus", *AHES*, Vol. 14 (1974), pp. 1–90.

[Smith, D. E., and Latham, H., eds.] *The Geometry of René Descartes.* Facsimile text plus English translation, Chicago 1925, reprint New York, 1959.

Hall, A. R. *Philosophers at War. The Quarrel Between Newton and Leibniz.* Cambridge, 1900.

Struik, D. J. *The Land of Stevin and Huygens.* Dordrecht, 1981. Trans. from the Dutch: Amsterdam, 1958; Nijmegen, 1979.

Taton, R. "L'oeuvre de Pascal en Géométrie Projective". *Rev. Hist. Science Appl.*, Vol. 15 (1962), pp. 197–252.

Mulcrone, T. E. "A Catalog of Jesuit Mathematicians". *Bull. Amer. Assoc. Jesuit Scientists, Eastern States Division*, Vol. 41 (1964), pp. 83–90.

Auger, L. *Un savant méconnu, Giles Personne de Roberval, 1602—1675.* Paris, 1962.

Dugas, R. *La mécanique au XVIIe siècle.* Neuchâtel, 1954.

Baron, M. E. *The Origins of the Infinitesimal Calculus.* New York, 1969.

第七章 18 世纪

一

18 世纪的数学成果集中在微积分及其在力学上的应用. 主要 [117]
的人物可以排成一个系谱, 以示他们在学术上的师承关系:

莱布尼茨 —— (Leibniz, 1646—1716 年)

伯努利兄弟: 雅各 (Jakob Bernoulli, 1654—1705 年),

约翰 (Johann Bernoulli, 1667—1748 年)

欧拉 —— (Euler, 1707—1783 年)

拉格朗日 —— (Lagrange, 1736—1813 年)

拉普拉斯 —— (Laplace, 1749—1827 年)

与这些人的工作密切相关的是一些法国数学家, 特别是克莱罗 (Clairaut)、达朗贝尔 (d'Alembert) 和莫佩蒂 (Maupertuis), 他们又与启蒙运动 (the Enlightenment) 的哲学家有联系. 在他们之中还应加上瑞士数学家兰伯特 (Lambert) 和丹尼尔 · 伯努利 (Daniel Bernoulli). 当时的科学活动通常是以学会为中心的, 其中以在巴黎、柏林和圣彼得堡 (St. Petersburg) 最为突出, 大学教育则只有次要作用或者根本不起作用. 在那个时期, 一些领先的欧洲国家是由那些被婉转地称作开明专制者的人统治着, 如腓特烈大帝 (Frederick the Great)、凯瑟琳大帝 (Catherine the Great) 以及路易十五 (Louis XV) 和路易十六 (Louis XVI). 这些专制者们引以为荣的一件事是他们喜好将学者聚拢在他们的周围. 这种喜好其实是一种附庸风雅, 也掺杂着对于自然科学和应用数学在改进制造业产品和增强军力所具有的重要作用的一些认知. 例如, 据说法国海军之所以强大, 是因为在驱逐舰和战列舰的制造中, 主要的船舶建造师部分地遵循了数学的理论. 欧拉的工作中就有很多在陆军和海军的重要问题上的应用. 在王室和皇家的保护之下, 天文学在数学研究中继续扮演着孵化器的杰出角色.

二

[118] 瑞士的巴塞尔 (Basel) 自从 1263 年起就是一个自由的帝制城市, 很长时期也是一个学者聚集的地方. 在伊拉斯莫 (Erasmus, 中世纪著名的人文主义思想家和神学家) 的时代, 那里的大学已经是一个很大的学术中心. 与荷兰的城市一样, 艺术和科学在商业贵族统治下的这里迅速发展. 巴塞尔的贵族中, 伯努利这个商业家族是在前一个世纪当他们的城市安特卫普 (Antwerp) 被西班牙征服后经阿姆斯特丹来到这里的. 从 17 世纪后期开始, 这个家族的每一代都出现了科学家, 在整个科学史上的确很难找出一个比他们创造的纪录更杰出的家族.

这项纪录始于两位数学家, 雅各 (Jakob, 又写作 James, Jacques) 和约翰 (Johann, 又写作 John, Jean). 雅各本来学习神学, 约翰学习医学, 莱布尼茨的论文在《教师学报》发表之后, 他们两人都决定要做数学家, 因此成为莱布尼茨最早的重要学生. 雅各于 1687 年接受了在巴塞尔大学教授数学的职位, 直至 1705 年去世. 约翰在 1697 年做了格罗宁根 (Groningen) 的教授; 在兄长逝世后他又接替了兄长在巴塞尔的职位, 继续工作了 43 年之久.

雅各从 1687 年开始与莱布尼茨通信, 两兄弟通过与莱布尼茨定期通信交流思想以及二人之间互相交流并常有激烈的争论,逐渐发现了莱布尼茨先驱性工作中的宝贵财富. 他们所获得的成果非常丰富,不仅包括了今天的微积分初等教材中所包含的内容,也包括了各种常微分方程的积分法. 在雅各的贡献中还有极坐标的应用,悬链线 (惠更斯等人曾经讨论过)、双纽线 (1694 年)、对数螺线的研究. 1690 年,他发现了所谓的等时曲线,莱布尼茨在 1687 年曾经设想它是物体匀速下落时所形成的一条曲线,其实就是一条半立方抛物线. 雅各还讨论了等周图形 (1701 年),引出变分法中的一个问题. 对数螺线在多种变换下仍然是对数螺线 (其渐屈线是一条对数螺线,自极点至切线的垂足曲线和以极点为发光点经对数螺线反射后得到的反射线也都是对数螺线),不禁使雅各大感惊叹,要求后人将对数螺线刻在自己的墓碑上,并且配上题词 "纵使变换,依然故我". ①

雅各 · 伯努利还是概率论的一位比较早期的研究者,就这个主题他写了《猜度术》(*Ars conjectandi*). 该书在他身后的 1713 年出版,其中第一部分重印了惠更斯关于机会游戏的短文,其他部分讨论了排列和组合,并在关于二项分布的 "伯努利定理" 处登峰造极. "伯努利数" 出现在这本书中关于帕斯卡三角的讨论中.

三

约翰 · 伯努利比他的兄长小十二岁半,活到了八十岁,当时以他在巴塞尔的职位可以说已经是数学界的资深元老,他相当爱发表意见,同时又为自己杰出的学生欧拉而感到自豪. 约翰的工作与 [119]
他兄长的工作密切关联,区别这两兄弟各自的贡献并非一件易事. 由于他们对捷线问题的贡献,雅各和约翰通常被认为是变分法的开创者. 捷线是两点之间的一条曲线,可以使得质点在重力场中从其中一点沿着该曲线下落到另一点历时最短,莱布尼茨和伯努利兄弟在 1697 年及以后的几年里研究过这种曲线,不久他们找出了

① 题词为 "*eadem mutata resurgo*",可惜雕刻师误将阿基米德螺线刻了上去.

曲面上的测地线方程. ① 捷线问题的答案是摆线, 这条曲线也解决了等时降落线的问题, 即这条曲线有一个特性, 使得在重力场中沿着曲线下滑的质点到达曲线最低点的时间与起点的位置无关. 惠更斯已经发现了摆线的这个性质, 并用它来制造周期与振幅无关的等时摆钟 (1673 年).

在伯努利家族中, 影响了数学进程的突出人物还有约翰的儿子丹尼尔 (Daniel). 他曾在圣彼得堡 (St. Petersburg) 住过几年 (1725—1733 年), 1727 年以后和欧拉一起应聘巴塞尔做了教授, 直到高龄去世. 丹尼尔早年曾和他的堂兄尼古拉 (第一) (Nikolaus I) 合作, 研究称为圣彼得堡问题的概率问题, 因为他们的工作在圣彼得堡发表, 这个问题也更加戏剧性地称为 "圣彼得堡悖论". ② 丹尼尔的多产活动主要在应用数学 (当时称作 "混合数学")、天文学、物理学、生理学和流体力学 (这个术语亦为他所创). 他的《流体动力学》(*Hydrodynamica*, 1736 年) 一书包含了关于水压的伯努利定律, 在第十六章还有气体运动理论的原理. 他启发了欧拉关于流体动力学的基础工作. 丹尼尔与欧拉、达朗贝尔一起攻克了振动弦的问题, 这个问题首先由布鲁克 · 泰勒 (Brook Taylor) 在 1715 年提出. 接着又做出了偏微分方程理论, 这个工作引起不少争议, 特别是在三角级数的作用上, 这里也是第一次引进这个理论.

常微分方程一直是丹尼尔的父亲和伯父的领域, 约翰的另一个儿子约翰 (第二) (Johann II) 以及约翰 (第二) 的两个儿子约翰 (第三) (Johann III) 和雅各 (第二) (Jakob II) 也在数学上卓有建树.

---

① 牛顿在《原理》(第二卷, 命题 35) 的一条附注中已经讨论了在液体中极小阻力运动的旋转体, 但他没有给出结论的证明.

② *Comm. Acad. Scient. Imp. Petropolitanae*, Vol. 5 (1730/1731), publ. 1738. 该问题以此出版物命名, 而不是如人们有时所认为, 是以丹尼尔的兄弟尼古拉 (第二) (Nikolaus II) 当时正在圣彼得堡而命名.

这个家族人才济济, 另外还有多人从事学术研究. ①

四

同样在巴塞尔还有一位18世纪——即便不好说所有时代—— [120]
最多产的数学家: 欧拉. 欧拉的父亲在雅各 · 伯努利的指导下研究数学, 而欧拉的导师则是约翰 · 伯努利. 当约翰的儿子尼古拉(Nikolaus)1725 年去圣彼得堡旅行时, 年轻的欧拉也随他前往, 并且留在了圣彼得堡科学院, 一直到 1741 年. 从 1741 年到 1766 年, 欧拉在腓特烈大帝的特殊关照下就职于柏林科学院. 从 1766 年到 1783 年, 欧拉又返回圣彼得堡, 此时是在凯瑟琳大帝的庇护之下. 欧拉结过两次婚, 育有 13 个孩子. 这位 18 世纪的学者几乎把整个生命都献给了纯数学和应用数学的各个领域. 虽然他的两只眼睛在 1735 年和 1766 年先后失明, 但任何困难都不可能阻挡他巨大的创造力. 失明了的欧拉凭着他非凡的记忆力, 靠着口述继续他的发现. 欧拉一生中, 共有 560 多部著作和文章问世, 过世时留下了许多手稿, 在以后的 47 年里由圣彼得堡科学院陆续出版. (这使得他的作品数目增加到了 771 部, 不过恩内斯特勒姆 (Gustav Eneström) 的研究得到一份 856 部的完整清单, 另有他的长子约翰 · 阿尔布雷特 (Johann Albrecht) 在父亲的指导下所写的 31 篇文章, 这些还不算大量的通信.)

欧拉对他那个时代存在着的每一个数学领域都做出了巨大的贡献. 他的结果不仅通过长短各异的文章发表, 还写有数量惊人的大部头教材, 这些教材汇集整理那个时代的材料编纂而成. 在多个

---

① 图: 家谱树:

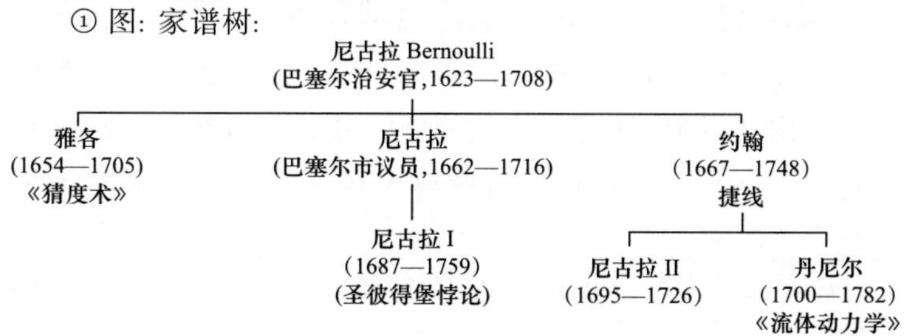

领域, 欧拉的表述基本上已经成为最终形式. 一个例子是我们现在的三角学, 将三角函数值视为比值以及实用的记号就是出于欧拉的《无穷小分析引论》(*Introductio in analysin infinitorum*, 1748 年) (译者注: 有中译本, 张延伦, 译, 哈尔滨工业大学出版社, 2013 年). 欧拉教材的极高威望一劳永逸地确定了代数和微积分中许多未解决的记号问题, 拉格朗日、拉普拉斯、高斯在他们的著作中都熟练地沿用了欧拉的这些记号.

1748 年的那部两卷本《无穷小分析引论》涵盖了许多主题. 关于无穷级数的阐述, 就有 $e^x, \sin x, \cos x$ 的无穷级数, 并给出关系式 $e^{ix} = \cos x + i\sin x$ (已经由约翰 · 伯努利和其他人以不同形式发现). 此书借着方程非常自如地研究曲线和曲面, 使我们可以认为《无穷小分析引论》是第一本解析几何的教科书. 在书中我们还看到了消去法的代数理论. 本书最精彩的部分是关于黎曼 ζ 函数以及与素数理论的关系那一章和关于数的分拆 (partitio numerorum) 那一章.[①]

欧拉另一部内容丰富的大作是《微分学原理》(*Institutiones calculi differentialis*, 1755 年), 相继的是三卷本《积分学原理》(1768—1774 年). 在这两部书中, 我们不仅看到了初等的微积分, 还有微分方程理论、泰勒定理的各种应用、欧拉 "求和" 公式以及欧拉的 γ

[121] 积分和 β 积分. 微分方程的章节对 "线性的" "恰当的" "齐次的" 微分方程做了区分, 至今仍是初级课本关于这个课题的模式. 欧拉还将函数的概念精确化.

欧拉的《力学或运动科学的分析解说》(*Mechanica, sive motus scientia analytice exposita*, 1736 年) 是第一本用分析的方法来发展牛顿质点动力学的教科书. 其后的《刚体运动理论》(*Theoria motus corporum solidorum seu rigidorum*, 1765 年) 又对刚体力学做了类似的处理. 书中给出了物体围绕一点转动的 "欧拉" 方程. 这些著作所建立的理论力学的形式在现在的教科书中不难看到, 然而牛顿

① 见 A. Speiser 为《无穷小分析引论》写的序言:Euler, *Opera omnia*, 1st ser., Vol. 9 (1945).

《原理》所赋予的灵感却还要留待科学史专家去继续探讨. 1770 年出版的《代数学完整引论》(*Vollständige Anleitung zur Algebra*) 用德文写就, 并且因为失明, 欧拉全靠口述完成, 成为日后许多代数教科书的典范. 这本书引出了三次方程和四次方程的理论, 最后以不定方程的一章作为结束, 这里可以找到方程 $x^n+y^n=z^n$ 当 $n=3,4$ 时不存在 x,y,z 为整数的解的证明 (见第六章第六节, 费马大定理).

1744 年, 欧拉的《寻求具有某种极大或极小性质的曲线的方法》(*Methodus inveniendi lineas curvas maximi minimive proprietate gaudentes*) 问世. 这是第一部讲述变分法的著作, 包含了 "欧拉方程" 的多项应用, 包括发现悬链面和正螺面为极小曲面. 在欧拉的短篇论文中还能找到很多其他结果, 其中不乏璀璨的瑰宝, 甚至到今天也少有人知. 而欧拉比较著名的发现是欧拉多面体定理, 它给出了一个封闭多面体的顶点数 V、棱数 E 与面数 F 之间的关系 $V+F-E=2$. ①还有三角形的欧拉线、恒宽曲线 (欧拉称之为环形曲线, orbiform curve)以及欧拉常数

$$\gamma=\sum_{n\to\infty}\left(\frac{1}{1}+\frac{1}{2}+\cdots+\frac{1}{n}-\log n\right)=0.5772156\cdots.$$

欧拉还写了几篇文章探讨数学游戏 (哥尼斯堡七桥问题和象棋骑士跳跃问题). 他对二次互反律的发现属于数论的领域, 仅仅凭借他在这个领域里的贡献就足以使他名垂青史.

欧拉还将很大一部分精力投入到天文学中, 其中月球运动理论对于三体问题的一部分和寻找经度问题的解都很重要, 得到了欧拉的特别关注. 《行星和彗星的运动理论》(*Theoria motuum planetarum et cometarum*, 1774 年) 是一篇关于天体力学的论著. 与之相关的还有欧拉关于椭球体的引力的研究.

欧拉的著作还涉猎水力学、造船和火炮. 他在 1769—1771 年出版了三卷本的《屈光学》(*Dioptrica*), 总结了光线经过一组透镜的光路原理. 1739 年, 欧拉关于音乐的新理论问世, 人们说这部

① 笛卡儿已经知道, 见:*Oeuvres* (C. Adam and P. Tannery, Eds.), Vol. X, pp. 257–276.

Secantes autem et cosecantes ex tangentibus per solam subtractionem inveniuntur; est enim

$$\text{cosec.}\, z = \cot.\frac{1}{2}z - \cot.\, z$$

et hinc

$$\sec.\, z = \cot.\left(45^\circ - \frac{1}{2}z\right) - \text{tang.}\, z.$$

Ex his ergo luculenter perspicitur, quomodo canones sinuum construi potuerint.

138. Ponatur denuo in formulis § 133 arcus z infinite parvus et sit n numerus infinite magnus i, ut iz obtineat valorem finitum v. Erit ergo $nz = v$ et $z = \frac{v}{i}$, unde $\sin.\, z = \frac{v}{i}$ et $\cos.\, z = 1$; his substitutis fit

$$\cos.\, v = \frac{\left(1+\frac{v\sqrt{-1}}{i}\right)^i + \left(1-\frac{v\sqrt{-1}}{i}\right)^i}{2}$$

atque

$$\sin.\, v = \frac{\left(1+\frac{v\sqrt{-1}}{i}\right)^i - \left(1-\frac{v\sqrt{-1}}{i}\right)^i}{2\sqrt{-1}}$$

In capite autem praecedente vidimus esse

$$\left(1+\frac{z}{i}\right)^i = e^z$$

denotante e basin logarithmorum hyperbolicorum; scripto ergo pro z partim $+v\sqrt{-1}$ partim $-v\sqrt{-1}$ erit

$$\cos.\, v = \frac{e^{+v\sqrt{-1}} + e^{-v\sqrt{-1}}}{2}$$

et

$$\sin.\, v = \frac{e^{+v\sqrt{-1}} - e^{-v\sqrt{-1}}}{2\sqrt{-1}}.$$

Ex quibus intelligitur, quomodo quantitates exponentiales imaginariae ad sinus et cosinus arcuum realium reducantur.[1]) Erit vero

1) Has celeberrimas formulas, quas ab inventore *Formulas Eulerianas* nominare solemus, Eulerus distincte primum exposuit in Commentatione 61 (indicis Enestroemiani): *De summis*

$$e^{+v\sqrt{-1}} = \cos.v + \sqrt{-1}\ \sin.v$$

et

$$e^{-v\sqrt{-1}} = \cos.v - \sqrt{-1}\cdot\sin.v.$$

139. Sit iam in iisdem formulis § 133 n numerus infinite parvus seu $n = \frac{1}{i}$ existente i numero infinite magno; erit

$$\cos.nz = \cos.\frac{z}{i} = 1 \quad \text{et} \quad \sin.nz = \sin.\frac{z}{i} = \frac{z}{i};$$

arcus enim evanescentis $\frac{z}{i}$ sinus est ipsi aequalis, cosinus vero $= 1$. His positis habebitur

$$1 = \frac{(\cos.z + \sqrt{-1}\cdot\sin.z)^{\frac{1}{i}} + (\cos.z - \sqrt{-1}\cdot\sin.z)^{\frac{1}{i}}}{2}$$

et

$$\frac{z}{i} = \frac{(\cos.z + \sqrt{-1}\cdot\sin.z)^{\frac{1}{i}} - (\cos.z - \sqrt{-1}\cdot\sin.z)^{\frac{1}{i}}}{2\sqrt{-1}}$$

Sumendis autem logarithmis hyperbolicis supra (§ 125) ostendimus esse

$$l(1+x) = i(1+x)^{\frac{1}{i}} - i \quad \text{seu} \quad y^{\frac{1}{i}} = 1 + \frac{1}{i}ly$$

posito y loco $1+x$. Nunc igitur posito loco y partim $\cos.z + \sqrt{-1}\cdot\sin.z$ partim $\cos.z - \sqrt{-1}\cdot\sin.z$ prodibit

---

serierum reciprocarum ex potestatibus numerorum naturalium ortarum, Miscellanea Berolin. 7, 1743, p. 172; *Leonhardi Euleri Opera omnia*, series I, vol. 14. Iam antea quidem cum amico Chr. Goldbach (1690—1764) formulas huc pertinentes, partim speciales partim generaliores, communicaverat. Sic in epistola d. 9. Dec. 1741 scripta invenitur haec formula

$$\frac{2^{+\sqrt{-1}} + 2^{-\sqrt{-1}}}{2} = \text{Cos. Arc. } l\,2$$

et in epistola d. 8. Maii 1742 scripta haec

$$a^{p\sqrt{-1}} + a^{-p\sqrt{-1}} = 2\ \text{Cos. Arc. } pla.$$

Vide *Correspondance math. et phys. publiée par P. H. Fuss*, St.-Pétersbourg 1843, t. I, p. 110 et 123; *Leonhardi Euleri Opera omnia*, series III. Confer etiam Commentationem 170 nota 1 p. 35 laudatam, imprimis § 90 et 91. A. K.

欧拉《无穷小分析引论》中介绍 $e^{ix} = \cos x + i\sin x$ 的篇幅, 选自 1748 年文本的一份较晚的复制本, 欧拉公式于 1743 年发表, 并在更早的 1741 年和 1742 年给哥德巴赫 (Goldbach) 的信中谈及著作对数学家来说太音乐化, 而对音乐家来说又太数学化. 欧拉在《给德国公主的信》(*Letters to a German Princess*, 1760—1761 年, 法文) 中关于自然科学最重要问题的哲学阐述至今仍是大众化的典范.

[124] 每一个尝试研究欧拉工作的人对欧拉巨大的创作力都充满着无尽的惊奇与钦佩. 读欧拉的书并不像人们想象的那么困难, 因为欧拉的拉丁文非常好懂, 他所用的符号也近乎是现代的 —— 也许更好的说法是, 现在的符号几乎全部沿袭于欧拉! 欧拉具有优先权的那些发现可以列成一份很长的清单, 欧拉那些现在仍然值得精心阐述的思想也可以列成一份很长的清单. 大数学家都对欧拉报以钦佩和感激. 拉普拉斯常常奉劝年轻的数学家: "读读欧拉, 读读欧拉, 他是我们所有人的老师." (*lisez Euler, lisez Euler, c'est notre maître à tous.*) 高斯 (Gauss) 则更直白地吐露心声: "研究欧拉的工作对于数学的各个领域永远都是无可替代的最好学校." 黎曼 (Riemann) 非常了解欧拉的工作, 他的一些最深入的论述中能够看到欧拉的印记. 出版商将欧拉著作翻译并配以现代注释可能反而事倍功半.

五

有必要指出的不仅是欧拉的科学贡献, 还有他的某些不足. 在 18 世纪, 无穷的过程仍然没有得到仔细的处理, 那个时期的领军数学家的许多工作留给我们的印象是狂热的试验, 人们在尝试无穷级数、无穷乘积、积分、使用 $0, \infty, \sqrt{-1}$ 等符号. 如果说欧拉的许多结果今天仍然可以接受, 那么对另一些结果我们就必须有所保留了. 例如, 我们接受欧拉的下述断言: $\log z$ 有无穷多个值, 而且都是复数值, 只有当 $z = x$ 是正数时, 它会有一个实数值. 欧拉得到上述结论是在 1747 年写给达朗贝尔的一封信中, 后者曾宣称 $\log(-1) = 0$. 但是, 当欧拉写出 $1 - 3 + 5 - 7 + \cdots = 0$ 时, 我们可不能听信他了. 当他从

$$x + x^2 + \cdots = \frac{x}{1-x}$$

和

$$1+\frac{1}{x}+\frac{1}{x^2}+\cdots=\frac{x}{x-1}$$

推出结果

$$\cdots+\frac{1}{x^2}+\frac{1}{x}+1+x+x^2+\cdots=0$$

时, 我们也不能跟着犯糊涂.

当然我们也要注意不要过激地批评欧拉利用发散级数的方法, 他只是没有一以贯之地应用我们现在关于级数收敛或发散的判别法作为级数有效的准则. 欧拉关于级数的许多曾被认为混乱的工 [125]
作已经被现代的数学家赋予了完全严格的含义. ①

但无论如何, 我们不能盲从于欧拉将微积分的基础放在引进不同阶数的零的想法. 欧拉在 1755 年的《微分学》(*Differential Calculus*) 中写到, 无穷小量是真正的零, $a\pm ndx=a$, ② $dx\pm(dx)^{n+1}=dx$ 以及 $a\sqrt{dx}+Cdx=a\sqrt{dx}$.

> 因此存在无穷多阶的无穷小量, 这些量虽然都等于零, 我们只要能够看到它们用几何比率表达的相互关系, 就不难将它们完全区分. ③

整个关于微积分的原理的问题一直是人们争论的题目, 并且所有涉及无穷过程的相关问题都是如此. 微积分原理的 "神秘" 时期 (此处借用马克思 (Karl Marx) 提议的一个术语), 本身就唤起了一种神秘主义, 这种神秘主义有时走得比他的创始人还要远很

① "我们不应该像特别是 19 世纪末期常常做的那样, 自己依靠与时俱进的技术的帮助, 得心应手地讨论前辈数学家的方法时, 却指责他们缺乏严谨性, 只有某些不符合逻辑的推理得到的结果才可以说是缺乏严谨性." ("Introduction to Euler", *Opera Omnia*, C. Carathéodory, Ed., 1st ser., Vol. 24 [1952], p. xvi.) 关于欧拉及发散级数, 亦见 G. H. Hardy, *Divergent Series* (Oxford, 1949).

② 这个公式让我们想起辛普利休斯 (Simplicius) 所述一段芝诺给的定义: "一个数, 加到其他数上不会使其增大, 从其他数里减去不会使其减少, 那这个数就是零."

③ Euler, *Opera Omnia*, 1st ser., Vol. 10, p. 72. 大多数数学家的反应一直是 —— 到现在也不例外 —— 即使优秀的欧拉也会有疏忽. 尤什凯维奇 (A. P. Yuškevič) 教授曾指出, 问题也许还有另外一面: *Euler und Lagrange über die Grundlagen der Analysis, in Euler Sammelband zum* 250. *Geburtstage* (Berlin, 1959), pp. 224–244.

多. 比萨的修道士格兰迪 (Guido Grandi), 也是一位因关于玫瑰曲线 ($r = \sin n\theta$) 和其他花状曲线的工作而闻名的教授, ① 他把公式

$$\begin{aligned}\frac{1}{2} &= 1 - 1 + 1 - 1 + 1 - 1 + \cdots \\ &= (1-1) + (1-1) + (1-1) + \cdots \\ &= 0 + 0 + 0 + \cdots\end{aligned}$$

看作是从无到有创世的象征. 又类比如果父亲将一块宝石传给两个儿子, 两人轮流各自保管宝石一年, 则每个儿子得到的是半个宝石, 如此推理得到上式的结果是 1/2.

欧拉的微积分的根据也许有缺陷, 但是他清晰地表达了自己的见解. 达朗贝尔在他为《百科全书》(*Encyclopédie*) 撰写的条目中曾试图用其他方法找到这个根据. 牛顿曾经用 "首末比" 这个术语来表示 "流数", 作为猛然提出的两个量的最初和最终之比. 达朗贝尔用极限的概念取代了这个观念, 如果一个量比任何已知量都更
[126] 接近于另一个量, 则称第二个量为第一个量的极限, "方程的微分只是求出这个方程中的两个变量的有限差分之比的极限" (见本章第七节). 这个概念向前迈了一大步, 正如达朗贝尔关于不同阶的无穷概念一样. 但是, 当时的人们对这新的重要一步并不那么容易信服, 并且当达朗贝尔说两个交点重合割线变为切线时, 人们感觉他似乎并没有克服芝诺悖论中的固有困难. 一个变量究竟是能够达到它的极限, 还是永远不能呢?

我们曾经提到伯克莱主教对牛顿流数的批评. 伯克莱 (George Berkeley) 1724 年曾任德里 (Derry) 地方主教, 1734 年成为南爱尔兰 (S. Ireland) 克洛因 (Cloyne) 的主教, 其间从 1729 年至 1731 年居住在罗得岛的纽波特 (Newport, R.I.). 他主要以其极端的唯心主义而闻名, 所谓存在即被感知 (*esse est percipi*) 就是他的名言. 伯克莱对牛顿科学给予唯物主义的支持耿耿于怀, 并在 1734 年的《分析学家》(*The Analyst*) 中抨击了流数理论. 他嘲弄无穷小是 "消失量的

① L. Tenca, "Guido Grandi", *Physis* 2 (1960), pp. 84–89.

鬼魂"; 如果 x 有增量 o, 那么 x^n 的增量除以 o 就是

$$nx^{n-1}+\frac{n(n-1)}{1\cdot 2}x^{n-2}o+\cdots.$$

得到这一点是假定了增量 o 不是零. 而 x^n 的流数 nx^{n-1} 则是将 o 看作零而得到的, 此时假设的前提突然发生改变, 因为 o 曾经假设不为零. 这就是伯克莱发现的微积分中的 "明显诡辩", 而且他认为之所以得到了正确的结果, 只是因为误差相互抵消了. 流数在逻辑上很难说清楚. 伯克莱对曾帮助牛顿出版《原理》的哈雷 (Halley) 这样 "不信神的数学家" 讥讽道: "那些领会了二阶或三阶流数、二阶或三阶差分的人, 我想, 就不需要对任何神性反感了. " 这种将科学中的危机性困难用于强化唯心主义哲学的事情, 在历史上绝非独一无二.

在椭圆积分领域大名鼎鼎的兰登 (John Landen), 是一位自学成才的英国数学家, 曾经尝试用自己的方法克服微积分的基本困难. 他在《残差分析》(*Residual Analysis*, 1764 年) 中通过完全避开无穷小来应对伯克莱的批评; 例如, 在求 x^3 的导数时, 他将变量 x 变为 x_1, 并求出差分之比

$$\frac{x_1^3-x^3}{x_1-x}=x_1^2+x_1x+x^2,$$

当 $x_1=x$ 时, 上式右边就成为 $3x^2$. 因为当求导函数更为复杂时这一过程要牵涉无穷级数, 所以兰登的方法与后来拉格朗日的 "代数" 方法有着密切的关系.

六

尽管欧拉无疑是这个时期的数学界领袖, 但法国也继续产生了许多重要的原创性工作. 数学的地位在这里胜于任何其他国家, 被视为是一门完善了牛顿理论的科学. 万有引力理论对启蒙时期 [127]
的哲学家有很大的吸引力, 是他们作为与封建主义残余做斗争的武器. 1664 年, 罗马教廷还将笛卡儿列在《禁书目录》(*Index*) 里, 但到了 1770 年, 即便是在保守的圈子里, 他的理论也变得流行起

来. 有一段时期, 牛顿学说与笛卡儿哲学之间的对立问题不仅在学术圈内是谈论最多的话题, 就是在沙龙聚会中也是如此. 伏尔泰 (Voltaire) 的《哲学通信》(*Lettres sur les Anglais*, 1734 年) 将牛顿介绍给法国的读者大众, 做了许多工作. 伏尔泰的朋友夏特莱侯爵夫人 (Mme. du Châtelet) 甚至还将牛顿的《原理》翻译成法文 (1759 年). 这两个学派之间一个特殊的争论点是关于地球形状的问题. 笛卡儿学派推崇的宇宙进化论中, 地球在两极是拉长的, 而牛顿的理论却要求地球是扁圆的. 笛卡儿学派天文学家卡西尼父子 (父亲名叫 Jean Dominiqu, 在几何学中因为 1680 年提出 "卡西尼卵形线" 而闻名; 儿子名叫 Jacques) 在 1700—1720 年间曾测量了法国一段子午线的弧长, 支持了笛卡儿的结论. 于是争论展开, 许多数学家参与其中. 1735 年, 一支考察队被派往秘鲁,① 随后在 1736—1737 年, 又有一支考察队在莫佩蒂 (Pierre de Maupertuis) 的带领下前往瑞典的多美 (Tome) 同拉普人 (Lapps) 一道测量一个经度的弧长. 两个考察队的结论都是牛顿理论胜利, 同时也是莫佩蒂本人的胜利. 这位一举成名的 "扁圆大人" (*grand aplatisseur*) 做了柏林科学院的院长, 并且在腓特烈大帝的宫廷中春风得意了多年. 一直延续到 1750 年, 莫佩蒂与瑞士数学家柯尼希 (Samuel König) 因力学中的最小作用原理陷入思想上的争论, 这一原理也许曾经被莱布尼茨提及过. 就像之前的费马和之后的爱因斯坦 (Einstein) 所做的那样, 莫佩蒂在寻找可以使宇宙规律统一起来的一般性原理. 莫佩蒂的表述并不清楚, 但他将他的 "作用" 定义为 mvs(其中 m 是质量, v 是速度, s 是距离); 并把它与上帝存在性的证明联系起来. 当伏尔泰在《阿加基亚医生的驳议》(*Diatribe du docteur Akakia, médecin du pape*) 中讥讽这位倒霉的科学院院长时, 两人的争论到达了顶点. 国王的支持和欧拉的辩护都不能令低沉的莫佩蒂重新振作, 这位泄了气的数学家不久就在巴塞尔的伯努利家中过世.

① 当时西班牙总督治下的秘鲁要比现在的秘鲁 (Peru) 面积大很多, 探险队总部设在基多 (Quito), 现在是厄瓜多尔 (Ecuador) 首都.

欧拉将最小作用原理重新叙述为: $\int mvds$ 必须是极小的; 而且欧拉并不沉溺于莫佩蒂的形而上学中. 这就将这一原理安放在牢固的基础上, 得以为拉格朗日①和后来的哈密顿 (Hamilton) 所应用. 现代数学物理中的 "哈密顿量" 的应用解释了欧拉对于莫佩蒂 – 柯尼希 (König) 争论的贡献的基本特征. ②

与莫佩蒂一同去拉普兰 (Lapland) 的数学家还有克莱罗 (Alexis-Claude Clairaut). 克莱罗在 18 岁时就发表了《双重曲率曲线研究》(*Recherches sur les courbes à double courbure*, 1731 年), 这是处理空间曲线的解析几何与微分几何的最初尝试. 从拉普兰考察回来后, 克莱罗发表了《地球形状理论》(*Théorie de la figure de la terre*, 1743 年), 是讨论流体的平衡与旋转椭球体的吸引力的一部经典著作, 拉普拉斯也只能在次要的细节上做出改进. 在该书的众多结果中, 有一个是关于微分 $Mdx + Ndy$ 为恰当的条件. 接下来的一本书是《月球理论》(*Théorie de la lune*, 1752 年), 对欧拉的月球运动理论和一般的三体问题做了补充. 克莱罗对于线积分和微分方程的理论也有贡献, 他讨论过的一类方程被称为 "克莱罗方程", 并给出了奇异解的最早例子之一. 克莱罗还陈述了定理: 对 $z = f(x, y)$ 有 $\partial^2 z/\partial x\partial y = \partial^2 z/\partial y\partial x$. 当然首先陈述这一结果的是尼古拉 · 伯努利 (1721 年), 而且欧拉在《无穷小分析引论》中也论及过. [128]

七

1750 年之后, 学术上反对 "旧制度" (ancien régime) 以著名的《百科全书》(*Encylopédie*, 28 卷, 1751—1772 年) 为中心展开. 《百科全书》的主编是狄德罗 (Denis Diderot), 在他的领导下, 该书详

① 见 E. Mach, *The Science of Mechanics* (Chicago, 1893), p. 364; R. Dugas, *Histoire de la mécanique* (Neuchâtel, 1950).

② J. O. Fleckenstein, *Euler, Opera Omnia*, 2nd ser., Vol. 5 (1957) 介绍了争论的详情, 整个 18 世纪力学主题的权威是 C. Truesdell, 见后参考文献.

细展现了启蒙运动的哲学. 狄德罗的数学知识不可小觑, ① 但是百科全书派的领军数学家是达朗贝尔 (Jean Le Rond d'Alembert), 这位曾被贵妇人遗弃在巴黎圣让勒隆教堂 (church of St. Jean Le Rond) 附近的私生子, 以早熟的智慧促成了他的事业, 1754 年他被提升为法兰西科学院的终身秘书 (secrétaire perpétuel), 成为法国科学界最有影响的人物之一. 1743 年, 达朗贝尔的《动力学》(*Traité de dynamique*) 出版, 其中将固体的动力学简化为静力学的方法以 "达朗贝尔原理" 而著称. 他不断地在多个实用的主题上著述, 特别是流体力学、空气动力学和三体问题. 达朗贝尔在 1747 年出版了《振动弦理论》, 这使他与丹尼尔 · 伯努利一起成为偏微分方程理论的创始人. 达朗贝尔和欧拉利用表达式 $z = f(x + kt) + g(x - kt)$ 求解了方程 $z_{tt} = k^2 z_{xx}$, 伯努利则用的是三角级数的方法. 关于这
[129] 个解的性质仍然存在重大的疑问: 达朗贝尔认为弦的最初形状只能由一个单一的解析式给出, 而欧拉则认为 "任意" 连续曲线都可以. 与欧拉相反, 伯努利认为他的级数解具有完全的一般性. 对这个问题的全面解释一直要等到 1824 年, 此时傅里叶 (Fourier) 消除了 "任意" 函数都可以用三角级数表示的疑问. ②

达朗贝尔在许多课题上都是驾轻就熟的写作能手, 甚至包括数学的基本问题. 我们曾提到他创造的极限概念. 代数学的 "基本"

---

① 有一则广泛流传的关于狄德罗和欧拉的故事, 说欧拉在圣彼得堡一次公开的辩论会上声称可以用代数证明上帝的存在, 他对不信上帝的狄德罗说: "先生, $(a + bn)/n = x$, 所以上帝存在, 有问题吗? " 狄德罗十分窘迫, 只好认输. 这是一个揭示低劣轶事的很好例子, 历史人物轶事的价值在于, 它能够说明这个人物的某些性格特点, 而这段故事却反而模糊了狄德罗和欧拉两人的个性. 狄德罗懂数学, 并对渐伸线和概率有著述, 而且睿智的欧拉怎么会如此愚蠢地作为? 这个故事似乎是英国数学家德 · 摩根 (De Morgan, 1806—1871 年) 编造的, 见 L. G. Krakeur and R. L. Krueger, *Isis*, Vol. 31 (1940), pp. 431–432; 另见 Vol. 33 (1941), pp. 219–231. 18 世纪时, 人们的确偶尔会谈论用代数证明上帝存在的可能性, 莫佩蒂就曾经沉湎于此, 见 Voltaire, *Diatribe, Oeuvres*, Vol. 41 (1821 Ed.), pp. 19, 30. 也见 B. Brown, *Amer. Math. Monthly*, Vol. 49 (1944) 和 R. J. Gillings, *Amer. Math. Monthly*, Vol. 61 (1954), pp. 77–80.

② 关于函数概念的发展, 见 A. P Youschkevitch (Juškevič), "The Concept of Function up to the Middle of the 19th Century" , *AHES*, Vol. 16 (1976), pp. 37–85. 更多参见: A. E Monna, *AHES*, Vol. 9 (1972), pp. 57–84.

定理因为他对证明所做的努力 (1746 年) 有时也被称为 “达朗贝尔定理”, 概率论中的达朗贝尔 “悖论” 表明他也思考过这一理论的基础 —— 尽管并不总是很成功.

概率论在这一时期有迅速的发展, 主要是对费马、帕斯卡和惠更斯的思想进行了深入研究. 在雅各 · 伯努利《猜度术》之后, 又出现了许多别的论述, 其中有棣莫弗 (Abraham de Moivre) 写的《机遇论》(*The Doctrine of Chances*, 1716 年), 棣莫弗是在 1685 年撤销南特敕令 (Edict of Nantes) 后定居在伦敦的一名法国胡格诺派教徒, 依靠提供私人补习维持生计. 他的名字联系着三角学中的一个定理, 其现代形式 $(\cos\phi + i\sin\phi)^n = \cos n\phi + i\sin n\phi$ 首次见于欧拉的《无穷小分析引论》. 在 1773 年发表的一篇论文中, 欧拉导出了正态概率函数作为二项式定律的近似, 以及一个等价于斯特林公式的公式. 斯特林 (James Stirling) 是牛顿学派的苏格兰数学家, 于 1730 年发表了后来以他的名字命名的斯特林级数.

在这个时期兴起的众多彩票公司和保险公司引起了包括欧拉在内的诸多概率论方面的数学家的兴趣, 促使他们将机遇理论应用到新的领域. 法国巴黎皇家花园 (Paris Jardin du Roi) 总管比丰 (Georges-Louis Leclerc, Comte de Buffon), 是脍炙人口的三十六卷巨著《自然史》和著名演说《论风格》的作者, 演说中提出 “风格即人” 的名言 (le style c'est l'homme même, 1753 年). 他在 1777 年引进了几何概率的第一个例子, 这就是所谓投针问题: 将针投在一个画有平行等距直线的平面上, 计数针投中一条线的次数, 就能在 “试验” 上确定 π 的数值, 这个问题曾激发了很多人的想象力.

将概率论应用到审判嫌疑犯的尝试也是属于这个时期的事情, 例如, 如果每一个证人和陪审员说实话和了解真相的机会可以用一个数字表示, 就能计算出法庭做出正确裁决的概率. 这种古怪的 “审判概率” (probabilité des jugements) 带着鲜明的启蒙运动哲学的色彩, 在孔多塞 (Marquis de Condorcet) 的著作中最为明显, 后来也出现在拉普拉斯、甚至是泊松 (Poisson, 1837 年) 的著作中.

八

[130] 棣莫弗、斯特林和兰登都是 18 世纪的英国数学家中的优秀代表, 对此我们应该再多做一些介绍, 不过他们都未能达到欧洲大陆同行那样的水平. 牛顿传统在英国科学界被奉为金科玉律, 比起莱布尼茨的记号来, 牛顿所采用的笨拙记号很不利于科学的进步. 英国数学家拒绝从牛顿学说的流数法中解放出来, 其实有很深刻的社会原因. 英国与法国长期进行着贸易战争, 战争和商业中的胜利, 以及大陆哲学家对英国政治体系的赞美, 使英国人滋生出一种知识上的优越感, 其实他们恰是这种自命不凡的受害者. 18 世纪的英国数学与古代亚历山大城晚期的数学之间存在着一种类似, 二者都是因为不合适的记号在技术上妨碍了科学的进步, 但数学家的自满原因却有着深刻的社会性.

这时期英国数学界的领军人物是苏格兰的麦克劳林 (Colin Maclaurin), 他是爱丁堡大学的教授, 牛顿的信徒, 并且与牛顿关系密切. 麦克劳林对流数法、二阶和高阶曲线以及椭球体的引力的研究与拓展, 平行于同时代克莱罗和欧拉的工作, 他的不少定理在平面曲线和投影几何的理论中占有一席之地. 在麦克劳林的《构造几何》(*Geometria organica*, 1720 年) 中可以看到以 “克莱姆悖论” (Cramer's paradox) 著称的观察: 一条 n 阶平面曲线不是总能够被 $n(n+3)/2$ 个点确定, 因此 9 个点可能不能唯一地确定一条三阶曲线, 而 10 个点又太多了. 在书中还可以找到描述不同阶数的平面曲线的运动学方法. 麦克劳林为牛顿辩护反驳伯克莱而写的《流数论》(*A Treatise of Fluxions*, 二卷本, 1742 年), 因为用的是陈旧的几何语言而晦涩难读, 他企图用这个方法取得阿基米德学派的严谨性, 与欧拉简单明了的写作风格形成鲜明对比. 本书还包含麦克劳林对于旋转椭球体的引力的发现, 以及他的定理, 两个共焦的旋转椭球体对转轴或赤道上一个点的引力与它们的体积成正比. 也是在《流数论》中, 麦克劳林讨论了著名的 “麦克劳林级数”.

但这一级数并非新的发现, 因为它曾在一度担任过英国皇家学会秘书的泰勒所著的《增量方法》(*Methodus incrementorum*, 1715 年) 中出现过, 麦克劳林完全承认泰勒的贡献. 泰勒级数现在常用拉格朗日的记号写成下式:

$$f(x+h)=f(x)+hf'(x)+\frac{h^2}{2!}f''(x)+\cdots.$$

泰勒还明确陈述了级数当 $x=0$ 时的情形, 对此许多大学教材仍坚持称作 "麦克劳林级数". 泰勒的推导没有考虑到级数的收敛性, 而麦克劳林却开始有了这样的考虑, 他甚至还有了关于无穷级数的
所谓积分判别法. 直到 1755 年欧拉在《微分学原理》一书中用到 [133]
了泰勒级数, 之前人们一直都未能充分认识到它的重要性. 拉格朗日给出了泰勒级数的余项, 并将它作为他的函数论的基础. 泰勒自己也用这个级数来求解一些微分方程, 他还开始了对振动弦的研究, 这个工作后来由达朗贝尔和其他人继续进行 (见前第七节).

欧拉 (1707—1783 年) 选自 A. Lorgna 的肖像画

达朗贝尔 (1717—1783 年)

拉格朗日 (1736—1813 年)

九

拉格朗日 (Joseph-Louis Lagrange) 出生于都灵 (Turin) 一个意—法后裔家庭. 1755 年他 19 岁时就成为都灵炮兵学校的数学教授, 1766 年欧拉离开柏林去圣彼得堡时, 腓特烈大帝将拉格朗日邀请到柏林来, 据说邀请时使用了相当诚挚的语言: "欧洲最伟大的几何学家应该生活在最伟大的国王身边." 此后拉格朗日一直留在柏林, 直到腓特烈大帝 1786 年去世, 之后他去了巴黎. 法国大革命时, 拉格朗日参与了度量衡的改革, 并先后成为巴黎高等师范学院 (Ecole Normale, 1795 年) 和巴黎综合理工大学 (Ecole Polytechnique, 1797 年) 的教授.

拉格朗日早期的工作是他在变分法上的贡献. 欧拉在这方面的著述发表于 1755 年, 拉格朗日注意到欧拉的方法 "不具有一个纯分析的课题所要求的简洁性". 结果就产生了拉格朗日纯分析的变分演算 (1760—1761 年), 不仅有完全原创性的发现, 而且很好地整理和吸收了历史材料, 这也是他各方面工作的特色. 拉格朗日随即将他的理论应用于动力学的问题中, 并且完全使用了欧拉最小作用原理的构想, 即那个可悲的《阿加基亚》(*Akakia*) 剧作 (见第六节) 涉及的结果. 可见《分析力学》(*Mécanique analytique*) 中的许多关键想法都要追溯到拉格朗日在都灵的那段时期. 他对那个时期的另一个热门问题也有贡献, 这就是月球理论, 这个问题不仅有本身的重要性, 对寻求经度问题的答案也很重要. 拉格朗日对三体问题给出了第一个特解, 拉格朗日定理断言 (1772 年), 对于三个有限大的物体, 可以调整它们开始运动的方式, 以使得它们在同一段时间内的轨迹是相似的椭圆. 1767 年, 拉格朗日在论著《论解数值方程》(*Sur la résolution des équations numériques*) 中发表了分离代数方程的实根并用连分数求近似值的方法. 随后在 1770 年发表的《关于方程的代数解法的研究》(*Réflexions sur la résolution algébrique des équations*) 中, 他又论及一个基本问题: 为什么求解 $n \leqslant 4$ 次方程的方法不能成功地应用于 $n > 4$ 次方程. 这将拉格朗日引导到根的有理函数和它们在根的置换下的行为, 这一过程不仅启发了鲁菲尼 (Ruffini) 和阿贝尔 (Abel) 对 $n > 4$ 次方程的工作, 而且引出了伽罗瓦 (Galois) 的群论. 拉格朗日在数论中也有进展, 研究了二次剩余, 除了其他诸多定理之外, 他还证明了每个正整数是不超过四个平方数的和.

拉格朗日将其后半生用于编写他的几部重要著作《分析力学》
[134] (*Mécanique analytique*, 1788 年)、《解析函数论》(*Théorie des fonctions analytiques*, 1797 年) 及其续篇《函数微积分讲义》(*Leçons sur le calcul des fonctions*, 1801 年). 两本关于函数的书尝试通过将微积分归结为代数而给予微积分一个坚实基础, 他抛弃了牛顿提出并由达朗贝尔用公式表述的极限概念, 因为无法理解 $\frac{\Delta y}{\Delta x}$ 达到极限是怎么回事. 法国大革命的 "成功策划者" (organisateur de la victoire) 卡诺 (Lazare Carnot) 曾经也为牛顿的无穷小方法担忧, 用他的话说:

> 那个方法的最大不便在于, 被考察的量处于可以说不再是量的状态下, 虽然在有限状态下两个量的比很清楚, 然而一旦比值中的两个量同时变成零, 我们就不能对这个比值再持有清晰准确的概念. ①

拉格朗日的方法与他的前辈有所不同, 他从泰勒级数出发, 导出了余项的形式, 用一种相当单纯的方式表明, "任意" 函数 $f(x)$ 都可以借助于一个纯代数的过程展开成一个级数. 于是, 各阶导数 $f'(x), f''(x), \cdots$ 就可以在 $f(x+h)$ 对 h 的泰勒展开中定义为 $h, h^2/2!, \cdots$ 的系数. (记号 $f'(x), f''(x)$ 是拉格朗日首先采用的.)

虽然这个为微积分奠定基础的 "代数" 方法也并不令人满意, 而且拉格朗日对级数的收敛性也没有给予充分的注意, 不过对于函数的抽象处理却是前进了一大步, 这里第一次出现了 "实变函数论" 对于各种代数学与几何学的问题的应用.

拉格朗日的《分析力学》也许是他最有价值的工作, 至今仍值

---

① L. Carnot, *Réflexions sur la métaphysique du calcul infinitésimal*, 5th Ed. (Paris, 1881), p. 147; 另见 F. Cajori, *Amer. Math. Monthly*, Vol. 22 (1915), p. 148.

得人们仔细研究. 他在这部牛顿《原理》一百年之后诞生的书中, 将新发展起的分析学的全部威力应用到质点力学和刚体力学. 拉格朗日融汇了欧拉、达朗贝尔和 18 世纪其他数学家的工作, 并且以统一的观点向前发展了他们的成果. 充分运用拉格朗日本人的变分法, 就能够将静力学和动力学的各种原理统一到一起, 即在静力学中利用虚功原理, 在动力学中利用达朗贝尔原理. 这就很自然地引出广义坐标 p_i, q_i 和 "拉格朗日" 形式的运动方程:

$$\frac{d}{dt}\frac{\partial T}{\partial q_i} - \frac{\partial T}{\partial q_i} = F_i.$$

牛顿的几何方法现在被完全抛弃了, 拉格朗日的书是纯粹分析的一个胜利. 作者甚至在序言中说: "在本书中找不到一个图, 这里只有代数的运算. " ① 标志着拉格朗日是第一位真正的分析学家.

十

现在我们来介绍 18 世纪领军数学家中的最后一位: 拉普拉斯 [135]
(Pierre - Simon Laplace). 拉普拉斯是诺曼底 (Normandy) 一个农民的儿子, 曾在博蒙特 (Beaumont) 和卡昂 (Caen) 学习, 经达朗贝尔推荐成为巴黎军事学校的数学教授. 他还担任过其他几个教职和行政职位, 并在法国大革命时参与了巴黎高等师范学院和巴黎综合理工大学的组建工作. 拿破仑 (Napoleon) 授予他很多荣誉, 复辟的法国国王路易十八 (Louis XVIII) 也授予他很多荣誉. 比起蒙日 (Monge) 和卡诺, 拉普拉斯很容易改变自己的政治立场, 可以说是一个趋炎附势的人, 但是这种随遇而安的意识又成就了他, 无论法国政治风云如何变幻, 他总能从容地继续从事纯数学活动.

拉普拉斯在两部重要著作《概率分析理论》(*Théorie analytique des probabilités*, 1812 年) 和《天体力学》(*Mécanique céleste*, 五卷, 1799—1825 年) 中, 统一的不仅是他本人的研究工作, 也有各自课题

① *On ne trouvera point de figures dans cet ouvrage, seulement des opérations algébriques.* 这里用的是 "代数的" 而不是 "分析的" , 很典型.

中的以往工作. 这两部不朽著作各有一部通俗详尽的序篇,《关于概率的哲学随笔》(*Essai philosophique sur les probabilités* , 1814 年) (译者注: 此书有中译本, 龚光鲁, 钱敏平, 译, 高等教育出版社, 2013 年) 和《宇宙体系论》(*Exposition du système du monde*, 1796 年) (译者注: 此书有中译本, 李珩, 译, 上海译文出版社, 2001 年). 后篇论及的星云假设, 康德 (Kant) 曾在 1755 年独立地提出过, 甚至斯文登堡 (Swedenborg) 早在 1734 年就提出过.《天体力学》本身则是牛顿、克莱罗、达朗贝尔、欧拉、拉格朗日和拉普拉斯关于地球的形状、月球的理论、三体问题和行星的摄动等研究工作的集大成, 进一步又引出了太阳系稳定性的重大问题. “拉普拉斯方程”

$$\Delta V = \left(\frac{\partial^2}{\partial x^2} + \frac{\partial^2}{\partial y^2} + \frac{\partial^2}{\partial z^2}\right) V = 0$$

提醒我们位势理论是《天体力学》的一部分. (这个方程本身已经被欧拉在 1752 年推导流体力学的一些主要方程时发现.) 围绕这部五卷本巨著还发生了不少轶事. 众所周知的有, 当拿破仑想以书中没有提到上帝而戏弄拉普拉斯时, 据说他的回答是: “陛下, 我不需要那个假设. ”① 波士顿的鲍迪奇 (Nathaniel Bowditch) 曾将《天体力学》中的四卷翻译成英文, 他曾评论道: “每当我遇到拉普拉斯的‘于是显而易见’时, 我就知道我必定需要几个小时的艰苦工作来弥补中间的跳跃, 以便发现并说明它是怎样地‘显而易见’.” 哈密顿的数学生涯始于在拉普拉斯的《天体力学》中发现了一个错误, 而格林 (Green) 就在阅读拉普拉斯时冒出了电的数学理论的想法.

《关于概率的哲学随笔》是一篇可读性很强的概率论介绍, 它包含了拉普拉斯藉等可能事件假定所做的关于概率的否定定义:

> 概率论在于将属于同类的所有事件归结为一定数目的
> 等可能情形, 我们对于它们的存在具有同样的不确定, 我
> [136] 们寻找的概率就是确定该事件可能发生的情形的数目.

依照拉普拉斯的观点, 之所以出现概率的问题, 是因为我们部分地知道同时又部分地不知道. 这使我们想到拉普拉斯的著名论

① “Sire, je n’avais pas besoin de cette hypothèse.”

述, 它扼要地叙述了 18 世纪机械唯物主义的阐释:

> 如果一个有理性的人在任何时刻都知道生物界的一切力和所有生物的相互位置, 而他的才智又足以分析一切资料, 那么他就能用一个方程式表达宇宙中最庞大的天体和最微小的原子的运动. 对他来说, 一切都是显然的, 过去和未来都将呈现在他眼前.

这部经典的鸿篇大作包含内容非常丰富, 以至于概率论中后来的许多发现都能够在拉普拉斯的工作中找到.① 书中广泛深入地讨论了机会游戏和几何概率、伯努利定理以及与正规积分的关系、勒让德 (Legendre) 发明的最小二乘法. 主导的想法是母函数 (fonctions génératrices) 的应用, 拉普拉斯展示了它对于求解差分方程的威力. "拉普拉斯变换" 正是在这本书中引入的, 它后来成了赫维塞德 (Heaviside) 运算微积分的关键. 拉普拉斯还重新表述了已被人遗忘的贝叶斯 (Thomas Bayes) 所概述的一个理论, 贝叶斯是一位默默无名的英国牧师, 这个理论在他逝世后的 1763—1764 年发表, 后来被称为逆概率理论.

十一

进入到 18 世纪末期出现了一种反常的情形, 一些领袖数学家透露出数学领域差不多已经山穷水尽的感觉. 欧拉、拉格朗日、达朗贝尔和其他许多数学家艰辛的努力已经收获了最重要的定理, 这些重要的经典论述已经使他们或者将要使他们名至实归, 彪炳青史, 下一代的数学家只能找一些次要的问题去研究了. 1772 年, 拉格朗日在给达朗贝尔的信中写道: "难道你不觉得崇高的几何学有衰落的趋势吗? 除了你和欧拉先生以外, 已经再也没有别的支持者了. " ② 拉格朗日甚至一度中断了对数学的研究. 达朗贝尔也

① E. C. Molina, "The Theory of Probability: Some Comments on Laplace's 'Théorie analytique' ", *Bull. Am. Math. Soc.*, Vol. 36 (1930), pp. 369–392.

② *Ne vous semble-t-il pas que la haute géométrie va un peu à décadence? Elle n'a d'autre soutien que vous et M. Euler.* 在 18 世纪的法国, 常用 "几何学" 泛指一般的数学.

不能给他多少希望. 阿拉戈 (Arago) 在《拉普拉斯诔词》(*Éloge de Laplace* , 1842 年) 中表达了一种感伤, 可以帮助我们体会这种情绪:

拉普拉斯 (1749—1827 年) 选自根据 Naigeon 的油画所制作的版画

> 五位几何学家 —— 克莱罗、欧拉、达朗贝尔、拉格朗日和拉普拉斯 —— 分担了其存在性已经为牛顿所揭示了
> [137] 的世界. 他们沿着各种方向探索, 深入到过去认为无法企及的领域, 指出了这些领域中人们的观察所未曾发现的无数现象, 最后 —— 正是在这里有其不朽的光荣 —— 他们将天体运动中一切最微妙和最神奇的东西归入到一个单一的原理、一个唯一的法则之中. 几何学也有了勇气来安排未来, 随着世纪的更替, 历史会审慎地对科学的决定做出选择. ①

阿拉戈的演说告诉我们, 这种 "世纪终点" (fin de siècle) 的悲观主义的主要根源就是试图将数学的进展与力学和天文学的进展过于等同. 从古巴比伦时代一直到欧拉和拉普拉斯的时代, 天文学曾经引导并启发了数学上最非凡的发现, 现在这种发展好像已经

① F. Arago, *Oeuvres complètes* (Paris and Leipzig, 1855), Vol. 3, p. 464.

达到了顶点. 然而, 受法国大革命和自然科学成果所开辟的新远景鼓舞的新一代人, 证实了这种悲观主义是何等的没有根据. 不过这种巨大的新动力只有部分是来自法国, 如同文明史上经常的情况, 这种动力也会来自政治经济中心的外围, 这一次就是来自哥廷根 (Göttingen) 的高斯.

十二

数学第一部全方位的历史著述属于法国的启蒙时代, 书中充满极富可读性的叙述, 不像是过去的史书只有一串人名和书名, 这就是蒙蒂克拉 (Jean-Etienne Montucla) 所著的《数学史》(*Histoire des mathématiques*). 该书作者是一位经常出入于百科全书编纂者圈子的律师, 1761 年以后担任了多项政府要职.《数学史》最初在 1758 年出版时只有两卷, 以后经天文学家拉朗德 (J.-J. de Lalande) 增补成为四卷 (1799—1802 年), 包括了 "纯数学" 和 "混合数学" (应用

蒙蒂克拉 (Jean—Etienne Montucla, 1725—1799 年) 根据 P. Viel 的小画像所制作的版画

数学), 甚至还有音乐. 这部书尽管对后来的研究很有启发, 却一直无以为继. 直到一百年之后, 才有康托尔 (Moritz Cantor) 致力于此, 但他没有涉及应用部分. 蒙蒂克拉的著述之后还有博絮埃 (Abbé Charles Bossuet) 的两卷本《数学史概论》(*Essai sur l'histoire générale des mathématiques*, 1802 年), 他曾是帕斯卡 (Pascal)1779 年著述的编辑, 这部数学史书被人们广泛阅读, 还被翻译成多种文字.

参考文献

拉格朗日和拉普拉斯的著作都有现代版本, 欧拉著作纪念版已接近完成, 其中不少卷包含重要的介绍文字. 欧拉的通信集业已出版. 编辑几位伯努利的数学论述的工作已经开始, 其中已经出版的有带有注释的 *Ars conjectandi in Die Werke von Jakob Bernoulli*, Band 3 (Basel, 1975), 在这之前只有雅各的著作 (1744, 2 Vols.) 和约翰的著作 (1742, 4 Vols.). 欧拉著作纪念版 *Leonhardi Euleri Opera Omnia* 的编辑工作始于 1911 年, 共出版三个系列, 第一系列 *Opera*
[138] *Mathematica* 29 卷已经完成. 见 A. P. Youschkevitch (Juškevič), *DSB*,
Vol. 4 (1971), pp. 467–484.

Truesdell, C. "Leonhard Euler, Supreme Geometer (1707—1783)". *Studies in Eighteenth Century Culture*, Vol. 2 (1972), pp. 51–95.

Juškevič, A. P., and Winter, E. *Leonhard Euler und Christian Goldbach. Briefwechsel. 1729—1764*; Berlin, 1965.

See on Laplace the extensive article by C. C. Gillespie in *DSB*, Vol. 15, Suppl. I (1978), pp. 273—403.

[Mills, S., Ed.] *The Collected Letters of Colin MacLaurin.* Nantwick, Cheshire, 1982 (Birkhäuser, Boston, distributor).

Lambert, J. H. *Opera mathematica.* 2 Vols., Berlin, 1946. (Vol. 1, pp. ix – xxxi, contains a preface by A. Speiser.)

Cajori, F. *A History of the Conception of Limits and Fluxions in Great Britain from Newton to Woodhouse.* Chicago, 1931.

Jourdain, P. E. B. *The Principle of Least Action.* Chicago, 1913.

DuPasquier, L. G. *Léonard Euler et ses amis.* Paris, 1927.

Spiess, O. *Leonhard Euler*. Frauenfeld and Leipzig, 1929.

Leonard Euler, *Collection of Articles in Honor of the* 250*th Anniversary of His Birth.* Moscow, 1958 (俄文). [另见 articles in *Istor.-mat. Issled.*, Vol. 7 (1954), pp. 451–640 (俄文). 还有,*A Collection of Articles Published on the Occasion of the* 150*th Anniversary of Euler's Death*, Moscow and Leningrad, 1935 (俄文).]

Euler, L. *Vollständige Anleitung zur Algebra*, J. E. Hofmann, ed. Reclam, Stuttgart, 1959 (有历史背景介绍).

Fleckenstein, J. O. "Johann und Jakob Bernoulli". In *Elemente der Mathematik*, Suppl. 7, Basel, 1949.

Hofmann, J. E. "Über Jakob Bernoulli's Beiträge zur Infinitesimalmathematik". *Enseignement mathématique*, 2nd ser., 5 (1956), pp. 61–171.

Andoyer, H. *L'oeuvre scientifique de Laplace.* Paris, 1922.

Loria, G. "Nel secondo centenario della nascita di G. L. Lagrange". Isis, Vol. 28 (1938), pp. 366–375. (列有全部参考文献).

Auchter, H. *Brook Taylor der Mathematiker und Philosoph.* Marburg, 1937. (从莱布尼茨手稿资料看到, 莱布尼茨在 1694 年就得到了泰勒级数, 格列戈里更早在 1671 年已经得到.)

Green, H. G., and Winter, H. J. J. "John Landen, F.R.S. (1719—1790), Mathematician". Isis, Vol. 35 (1944), pp. 6–10.

[Bayes, T.] *Facsimile of Two Papers, with commentaries by E. C. Molina and W. E. Deming.* Washington, D.C., 1940.

Pearson, K. "Laplace". *Biometrica*, Vol. 21 (1929), pp. 202–216.

Stäckel, P "Zur Geschichte der Funktionentheorie im achtzehnten Jahrhundert". *Bibliotheca mathematica*, Vol. 3, No. 2 (1901), pp. 111–121.

Nielsen, N. *Geomètres français du dix-huitième siècle.* Copenhagen and Paris, 1935.

Les oeuvres de Nicolas Struyck (1687—1769) qui se rapportent au calcul des chances, J. A. Vollgraf, ed. Amsterdam, 1912.

Sarton, G. “Montucla”. *Osiris*, Vol. 1 (1936), pp. 519–567.

Maystrov, L. E. “Lomonossov, Father of Russian Mathematics”. *The Soviet Review*, Vol. 3, No. 3 (1962), pp. 3 - 18. [译自 *Voprosy Filosofii*, Vol. 5 (1961).]

Scott, J. F. “Mathematics Through the Eighteenth Century”. *Philos Mag.*, Commemoration Number (1948), pp. 67–90. (重点在英国)

[139] Truesdell, C. *The Rational Mechanics of Flexible or Elastic Bodies, 1630-1780.* In Euler's *Opera Omnia*, 2nd ser., Vol. 11, Zurich, 1960. [欧拉全集的其他重要介绍有 G. Faber on infinite series (1st ser., Vol. 16, 1935); G. Faber and A. Krazer on integrals (1st ser., Vol. 19, 1932); C. Carathéodory on variational calculus (1st ser., Vol. 24, 1952); A. Speiser on geometry (1st ser., Vols. 26–29, 1953—1956); and J. O. Fleckenstein on mechanics (2nd ser., Vol. 5, 1957).]

Schneider, I. “Der Mathematiker Abraham de Moivre (1667—1754)”. *AHES*, Vol. 5 (1968), 177–317.

Sheynin, O. B. “R. J. Boscovitch's Work on Probability”. *AHES*, Vol. 9 (1973), pp. 306–324. (Rudjev Josip Boškovič [1711—1787], 生于克罗地亚 (Croatian) 的耶稣会信徒, 人称 “博学者”.)

Brunet, P. “La vie et l'oeuvre de Clairaut”. *Revue d'histoire des sciences*, Vol. 4 (1951), pp. 13–40, 109–153; also Paris (1952).

Gillespie, C. C. *Lazare Carnot, savant.* Princeton, N.J., 1970.

第八章　19 世纪

一

法国大革命和拿破仑时代为数学的进一步发展创造了极为有利的条件. 在欧洲大陆, 工业革命的道路已经打开, 它刺激了物理学的研究, 诞生了新的社会阶级, 这些阶级对生活有新的看法, 关心科学和技术的教育. 民主的观念渗透到学术生活, 人们兴起对古代思维方式的批评, 中学和大学必须改革和恢复活力. [141]

崭新而动荡的数学发展并不主要是由于新型工业所出现的技术问题, 在工业革命的心脏英国, 几十年里数学一直毫无生气. 数学最健康的发展是在法国, 而后是德国, 在这些国家中, 可以更明显地感受到意识形态方面与过去的割裂, 这里完成或即将完成席卷一切的变化, 为新的资本主义经济和政治结构奠定了基础. 新的数学研究渐渐地从将力学和天文学视为精确科学的终极目标的古老趋势中解放出来, 对于科学的追求更加脱离经济生活和军事的需求. 专业人员逐渐成熟, 为了科学本身而对科学发生兴趣. 虽然科学与实际的联系从来没有完全割断, 但时常变得模糊. “纯” 数学

和 “应用” 数学的划分随着专门化的兴起而更加明显.①

[142] 19 世纪的数学家不再以皇家宫廷或贵族沙龙为中心. 他们的主要职业不再是某个科学院的院士, 大多数人受聘于某个大学或专业院校, 在教书的同时也从事研究. 过去伯努利家族、拉格朗日和拉普拉斯也曾偶尔教教书, 但现在教学的责任增加了, 数学教授成为年轻人的教育者和审查者. 虽然仍然保留着国际的观点交流, 但各个国家科学家之间生长的民族情感日渐破坏了以前几个世纪的国际主义, 作为科学语言的拉丁文渐渐被各种民族语言替代. 数学家的工作领域也开始专门化, 如果把欧拉、莱布尼茨、达朗贝尔称作 “数学家”, 正如 “几何学家” (géomètres) 一词在 18 世纪的含义, 那么我们认为柯西 (Cauchy) 是分析学家, 凯莱 (Cayley) 是代数学家, 施泰纳 (Steiner) 是几何学家 (甚至是 “纯” 几何学家), 而康托尔 (Cantor) 则是集合论的开拓者. 随着人们学习 “数理统计” 或 “数理逻辑”, “数学物理学家” 也应运而生. 只有在天才的最高水平上才能打破专门化, 而正是高斯、黎曼 (Riemann)、克莱因 (Felix Klein)、庞加莱 (Poincaré) 的工作最有力地推动了 19 世纪的数学.

二

在 18 世纪和 19 世纪的分界线上屹立着高斯这位数学巨人. 高斯生于德国的不伦瑞克 (Brunswick), 是一个短工的儿子. 不伦瑞克的公爵看出年轻的高斯是个神童, 慷慨地承担了他的教育费用. 这

① 观念上的差别可以用雅可比 (Jacobi) 关于傅里叶观点的评论作为经典的表述, 傅里叶代表着 18 世纪的实用主义观念: “*Il est vrai que Monsieur Fourier avait l'opinion que le but principal des mathématiques était l'utilité publique et l'explication des phénomènes naturels; mais un philosophe comme lui aurait dû savoir que le but unique de la science, c'est l'honneur de l'esprit humain, et que sous ce titre une question de nombre vaut autant qu'une question du système du monde.*” (“傅里叶先生相信, 数学的主要终结在于解释了自然现象, 对公众再无意义. 但是对于像他这样的哲学家应该知道, 科学的唯一终结是人类思维的荣誉, 从这个观点看, 关于数字的问题与关于世界体系的问题一样重要.”) 摘自 1830 年给勒让德的信 (Werke, I, p. 454), 高斯代表了两种观点的合成, 他自如地将数学应用在天文学、物理学和大地测量学, 却在同时将数学看作是 “科学的女皇”, 而算术则是 “女皇的皇冠”.

位青年才俊从 1795 年到 1798 年就读于哥廷根, 并在 1799 年于黑尔姆施塔特 (Helmstadt) 取得博士学位. 从 1807 年直到他 1855 年逝世, 高斯安静而不受打扰地担任着天文台的台长和他母校的教授. 他的相对与世隔离, 对于"应用"数学和"纯粹"数学的掌握, 对天文学的全神贯注以及对拉丁文的流利使用, 都带有 18 世纪的印记; 但他的工作焕发出一种新时代的精神. 高斯和他的同辈人康德 (Kant)、歌德 (Goethe)、贝多芬 (Beethoven) 和黑格尔 (Hegel) 虽然身处国外正在兴起的巨大政治斗争的外围, 却以一种最有力的方式在自己的领域中表达了这个时代的新思想.

高斯的日记表明, 他在 17 岁时就开始做出了惊人的发现. 例如, 他在 1795 年独立于欧拉发现了数论中的二次互反律. 他早期的一些发现发表在 1799 年的黑尔姆施塔特学位论文和 1801 年出版的令人钦佩的《算术研究》(*Disquisitiones arithmeticae*) 中. (译者注: 此书有中译本, 名为《算术探索》, 潘承彪, 张明尧, 译, 哈尔滨工业大学出版社, 2011 年) 这篇学位论文给出了所谓"代数基本定理"的第一个严格证明, 这个定理说, 每个实系数的 n 次代数方程至少有一个根, 因而有 n 个根. (译者注: 代数基本定理的通常表述是: 每个复系数的 n 次代数方程至少有一个根. 但是因为人们当时尚未普遍接受复数, 高斯尽量避免提到复数, 所以他只考虑了实系数的情况.) 关于这个定理也许还要追溯到吉拉德 (Albert Girard), 他是斯蒂文著作《代数中的新发明》(*Invention nouvelle en algèbre*, 1629 年) 的编者. 达朗贝尔在 1746 年曾试图给出第一个证明, 高斯很喜欢这个定理, 在以后又给出了两个证明, 他的第四个证明 (1849 年) 重又回到了第一个证明, 而第三个证明 (1816 年) 用到了复积分, 表明他很早就掌握了复数的理论. [143]

《算术研究》收集了在高斯以前数论研究中的所有杰出工作, 书中内容极为翔实, 以至于这本书的出版有时会被视为是近代数论的开端. 《算术研究》的核心是二次同余的理论, 二次型的理论和二次剩余的理论, 最巅峰的部分是二次剩余定律 (即 theorema aureum, "黄金定理"), 对此高斯在书中给出了第一个完整的证明.

高斯对这个定理的着迷就像对代数基本定理一样, 他后来又发表了另外五个证明, 他去世以后人们在他的论文中又发现了一个新的证明 (译者注: 另一种说法是发现了两个证明). 这部《算术研究》中还包含了高斯关于圆的分割的研究, 也就是对于方程 $x^n = 1$ 的根的研究. 这一研究引出了一条著名定理, 即正 17 边形 (更一般地说是正 n 边形, 其中 n 为形如 $2^{2^k}+1(k=0,1,2,3,\cdots)$ 的素数) 可以仅用直尺和圆规作图, 这是希腊式几何的一次显著扩展.

在这个新世纪的第一天, 即 1801 年元旦, 巴勒莫的皮亚齐 (Piazzi in Palermo) 发现了第一颗小行星, 命名为谷神星, 这唤起了高斯对天文学的兴趣. 因为当时对这个小行星只能做很少量的观测, 于是人们提出了一个问题: 如何根据少量的观测计算一颗行星的轨道? 高斯完全解决了这个问题, 又引出了一个 8 次方程. 当 1802 年另一颗小行星智神星被发现时, 高斯开始对行星的长期摄动发生兴趣, 因此发表了《天体运动理论》(*Theoria motus corporum coelestium*, 1809 年)① 和关于一般的椭球体的引力的论文 (1813 年), 以及关于机械求积法的工作 (1814 年) 和关于长期摄动的研究 (1818 年). 高斯关于超几何级数的论文 (1812 年) 也是属于这个时期的, 这使得人们可以从一种单独的观点来讨论多种函数, 同时这也是关于级数收敛性的首次系统研究.

1820 年以后高斯开始积极关注测地学. 在这里, 他将理论研究结合三角测量的大量应用工作, 其中的结果之一是他对最小二乘法的阐述 (1821 年, 1823 年), 这曾经是勒让德 (1806 年) 和拉普拉斯的研究课题. 或许在高斯一生中, 他最重要的贡献是他的曲面论, 发表在《曲面的一般研究》(*Disquisitiones generales circa superficies curvas*, 1827 年) 中, 用了与蒙日极不相同的方法处理这个问题. 在高等测地学的领域, 实用的考虑再一次与微妙的理论分析紧密结合. 这本著作中出现了所谓的曲面的内蕴几何, 使用曲线坐标将线元 ds 表示成为二次微分形式 $ds^2 = Edu^2 + 2Fdudv + Gdv^2$. 其中

① 该书被 Charles Henry Davis 翻译为 *Theory of the Motion of the Heavenly Bodies Moving about the Sun in Conic Sections.*

更有“绝妙定理” (theorema egregium) 无人可及, 它断言曲面的全曲率仅仅依赖 E, F, G 及其导数, 因此是一个弯曲不变量. 即便是在集中精力投身于测地学的这个时期, 高斯也没有冷落他最初的爱 [145]
好 —— 被称为“数学的皇冠”的数论, 因为在 1825 年和 1831 年出现了他关于四次剩余的工作. 这是他对《算术研究》中二次剩余理论的延续, 但这个延续借助了复数理论的新方法. 1831 年的论文不仅给出了复数的代数, 还给出了复数的算术. 一个新的素数理论诞生了, 在其中 3 仍然是素数, 但 $5 = (1 + 2i)(1 - 2i)$ 就不再是素数. 这个素数理论澄清了算术中的许多模糊之处, 二次互反律也因此变得比在实数中更简单了. 在这篇论文中, 高斯通过用平面上的点表示复数, 一劳永逸地清除了当时还笼罩在复数上的神秘性.[①]

高斯 (Carl Friedrich Gauss, 1777—1855 年) 选自 A. Jensen 的绘画

在哥廷根有一尊石像表现了高斯和他年轻的同事韦伯 (Wil-

① 参照 E. T. Bell, “Gauss and the Early Development of Algebraic Numbers”, *Nat. Math. Mag.*, Vol. 18 (1944), pp. 188, 219. 欧拉和其他数学家在 1760 年以后已经想到这样表示复数. 见 A. Speiser, “Introduction to Euler”, *Opera omnia*, 1st ser., Vol. 28 (1955), p. xxxvi.

helm Weber) 发明电报的过程. 这事发生在 1833—1834 年, 当时高斯的注意力开始转向物理学. 在这个时期, 他做了许多关于地磁的实验工作, 但他还是抽出时间做出了一个有头等重要性的理论贡献 —— 他的《论与距离平方成反比的引力和斥力的普遍定律》(*Allgemeine Lehrsätze*, 1839 年, 1840 年), 标志着位势论成为数学一个独立分支的开始,(格林 1828 年的论文当时实际上还不为人知), 并且还引出了关于空间积分的一些极小原理, 对此我们称为 "狄利克雷 (Dirichlet) 原理". 对高斯来说, 极小值的存在性是显然的, 这后来成为一个很有争议的问题, 最终被希尔伯特解决了.

直到他 1855 年逝世, 高斯一直都很活跃, 晚年日益关注应用数学. 不过他的出版物并未能充分地勾画出他的全部伟大, 他的日记和部分书信表明他将一些最有洞察力的思想保留给自己. 现在我们知道, 早在 1800 年高斯就发现了椭圆函数, 1816 年前后就掌握了非欧几何学. 关于这些课题, 高斯从未发表过任何内容, 只是在给友人的信中, 透露过他对尝试证明欧几里得平行公理所持的批评立场. 高斯似乎不愿意使自己公开地陷入任何有争议的题目中, 他在信中说, 如果他不守口如瓶, "黄蜂就会绕着他的耳朵转", 还会听到 "皮奥夏人 (译者注: 指愚人) 的呼喊". 高斯怀疑众人所接受的康德学说中空间概念显然就是欧几里得平直空间的观念的正确性, 对于他而言, 空间的实际几何性是一个需要通过实验来发现的物理事实.

三

克莱因 (Felix Klein) 在他的 19 世纪数学史中, 曾试图将高斯与比他年长 25 岁的法国数学家勒让德相对比. 也许将高斯与任何一位数学家做比较都是不完全公平的, 他只堪与最伟大的数学家伦比. 然而专门比较一下他们二人却能看出高斯的思想是如何的 "飘逸", 因为勒让德也用自己独立的方法研究过高斯做过的许多课题. 勒让德在 1775 年至 1780 年执教于巴黎的军事学校, 后来担任各种政府职位, 其中包括巴黎高等师范学院的教授、巴黎综合理 [146] 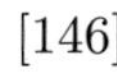
工大学的评审专家和经度局官员.

勒让德 (Adrien-Marie Legendre, 1752—1833 年) (译者注:2009 年, 人们才发现数学史的相关书籍中大量引用的勒让德侧面像 (上图) 不是数学家勒让德, 而是另一个不太出名的法国政治家 Louis Legendre (1752—1797 年),Duren, Peter (December 2009). “Changing Faces: The Mistaken Portrait of Legendre”. Notices of the AMS 56 (11): 1440–1443, 1455.)

和高斯一样, 勒让德在数论领域做出了基本工作 (《数论随笔》, *Essai sur les nombres*, 1798 年; 《数论》, *Theorie des nombres*, 1830 年), 给出了二次互反律的公式. 勒让德在大地测量学和理论天文学方面也有重要工作, 像高斯一样勤勉地计算了许多数表, 1806 年表述最小二乘法, 并研究了椭球面的引力, 甚至包括不是旋转椭球面的情况, 为此他引进了 “勒让德函数”. 勒让德和高斯一样, 对椭圆积分和欧拉积分以及欧几里得几何的基础和方法都感兴趣.

虽然高斯对于数学的所有这些领域的性质洞察更深入, 但勒让德的工作也具有非凡的重要性. 他的综合教材在很长一段时期都是权威, 尤其是他的《微积分练习》(*Exercices de calcul intégral*, 三卷本, 1811—1819 年) 和《椭圆函数和欧拉积分的理论》(*Traité des fonctions elliptiques et des intégrals eulériennes*, 1827—1832 年), 至今仍然是一本经典著作. 他在《几何学原理》(*Éléments de géométrie*, 1794 年) 中与欧几里得的柏拉图式的理想决裂, 基于近代教育的需要呈现出一本初等几何的教材, 这本书数次重版并被翻译成多种文字, 产生了持久的影响.

四

法国数学历史上的新时期也许可以说是从建立军事院校时开始, 这发生在 18 世纪后期. 这些学校 —— 有的建立在法国之外 (都灵、伍利奇 (Woolwich)) —— 将数学教学视为军事工程训练的一部分, 十分重视. 拉格朗日的数学生涯就开始于都灵的一个炮兵学校, 勒让德和拉普拉斯亦曾执教于巴黎的军事学校, 蒙日在梅济耶尔 (Mézières), 卡诺则是工程队的队长. 拿破仑对数学的兴趣远溯于他在布里耶纳 (Brienne) 和巴黎的军事学校做学生的年代. 当保皇党的军队入侵法国时, 对军事工程学更集中的教育需求变得明显了, 于是在巴黎成立了巴黎综合理工大学 (1794 年), 这个学校很快发展成为学习通用工程学的领头机构, 并最终成为 19 世纪早期包括美国西点军校在内的所有工程学校和军事学校的楷模. 理论数学和实用数学的教育都是课程的组成部分, 研究与教学同时受到重视. 人们希望法国最优秀的科学家向这些学校提供支持, 许多法国的大数学家都曾是巴黎综合理工大学的学生、教授或评审专家. ①

[147] 这所大学以及其他技术院校的教学使用了新型的教材, 欧拉时代典型的为初学者使用的知识书籍还必须用大学课本补充. 19 世纪早期一些最好的教材就是为巴黎综合理工大学或其他相似的

① 参照 C. G. J. Jacobi, *Werke*, Vol. 7, p. 355 (课程讲授于 1835 年). 巴黎综合理工大学曾将很多研究课题用于打造 19 世纪初期的数学, 包括研究与教育两个方面. 参照 H. Wussing, *Pädagogik*, Vol. 13 (1958), pp. 646–662. 时代背景见 M. P. Crosland, *The Society of Arcueil* (Cambridge, Mass., 1967). 拉普拉斯在巴黎附近阿尔克伊 (Arcueil) 的住所在 1806 年至 1813 年曾是一个社交和讨论科学的中心.

学校配备的,它们的影响一直延伸到我们现在的课本. 这些教材中的优秀代表是拉克鲁瓦 (Sylvestre-François Lacroix) 写的《微积分学》(*Traité du calcul differentiel et du calcul intégral*, 二卷本, 1797 年), 整整几代人都用这部著作学习微积分. 前面我们曾提到勒让德的书, 还有一部著作是蒙日的画法几何学课本, 也是一本当今许多相关书籍仍在效仿的著作.

五

蒙日作为巴黎综合理工大学的校长, 是所有与这所学校有关联的数学家的科学领袖. 他本人的数学生涯始于在梅济耶尔的陆军军官学校任教 (1768—1789 年), 他在那里关于修筑防御工事的课程给了他机会发展画法几何学, 并使其成为几何学的一个分支, 当时的讲稿已编入《画法几何学》(*Géométrie descriptive*, 1795—1799 年) (译者注: 此书有中译本,《蒙日画法几何学》, 廖先庚, 译, 湖南科技出版社, 1984 年.) 一书出版. 在梅济耶尔, 他还开始将微积分应用于空间的曲线和曲面, 他关于这个课题的论文后来收入《分析在几何学中的应用》(*Application de l'analyse à la géométrie*, 1809 年), 这是关于微分几何的第一本书, 当然还不具有现在所习惯的形式. 在近代数学家中, 蒙日是被我们视为专科学家的最早的一位: 他是一位专门的几何学家, 即便他对偏微分方程的讨论也具有很鲜明的几何风格.

由于蒙日的影响, 几何学在巴黎综合理工大学蓬勃发展. 蒙日的画法几何学以射影几何学为核心, 并且在应用到曲线和曲面时, 又因他对代数和分析方法的掌握而对解析几何和微分几何有很大贡献. 阿谢特 (Jean Hachette) 和比奥 (Jean-Baptiste Biot) 发展了圆锥曲线和二次曲面的解析几何学, 在比奥的《解析几何论》(*Essai de géométrie analytique*, 1802 年) 中, 我们终于开始看到了现在的解析几何课本的样式. 蒙日的学生迪潘 (Charles Dupin), 拿破仑时代的一个年轻海军工程师, 将老师的方法应用到曲面理论上, 从中找出了渐近线和共轭线. 迪潘做了巴黎的几何学教授, 并在他很长的一生中博得了政治家和制造业的倡导者的美名. “迪潘指示线” 和 “迪潘四次圆纹曲面” 让我们想到他早期的兴趣, 他的《几何学的发展》(*Développements de géométrie*, 1813 年) 和《几何学的应用》(*Applications de géométrie*, 1825 年) 包含了许多有趣的结果.

蒙日最有独创力的学生是庞斯莱 (Victor Poncelet), 当拿破仑的大军在 1813 年受挫以后, 他被俘在俄国过着孤独的生活, 也正好有机会思考老师的新方法. 庞斯莱被蒙日几何学的纯综合方面所吸引, 被引导到两个世纪以前德萨格所提出的一种思维方式, 从而成为射影几何学的创立者.

蒙日 (Gaspard Monge, 1746—1818 年)

庞斯莱的《论图形的射影性质》(*Traité des propriétés projectives des figures*) 面世于 1822 年. 这本大部头包含了构成新形式几何学
[149] 基础的所有基本概念, 包括交比、透视性、射影性、对合, 甚至无穷远处的虚圆点. 庞斯莱知道, 圆锥曲线的焦点可以看作是圆锥曲线上通过虚圆点的切线的交点. 这本书包括了多边形内接一条圆

锥曲线并外切另一条圆锥曲线的理论 (所谓的庞斯莱 “闭形问题”). 虽然这本书才是关于射影几何学的第一部全面论著, 但在以后短短的几十年里, 这一几何分支就达到了极其完善的境地, 以至于被人们认作是数学结构整合良好的一个经典范例.

六

蒙日虽然坚守民主的原则, 却效忠于拿破仑, 并认为他是大革命理想的践行者. 1815 年波旁王朝 (Bourbons) 复辟时, 蒙日丢掉了他的职位, 不久就过世了. 然而, 巴黎综合理工大学没有丢弃蒙日的精神, 学校本身的教学性质使得纯粹数学和应用数学难以分离. 力学得到了人们充分的关注, 数学物理终于开始从古人的反射光学和折射光学中解放出来. 马吕斯 (Etienne Malus) 发现了光的偏振 (1810 年), 菲涅尔 (Augustin Fresnel) 重建了惠更斯的光的波动理论 (1821 年). 在偏微分方程领域做了卓越工作的安培 (André-Marie Amperé) 在 1820 年以后成为电磁学的重要开拓者. 这些研究者直接或间接地促进了数学的发展, 一个例子是迪潘对马吕斯光线几何的改进, 既促进了几何光学的现代化, 又对线汇几何有所贡献.

人们虔诚地研究了拉格朗日的《分析力学》(*Mécanique analytique*), 尝试和应用其中的方法. 由于静力学具有几何上的可能性, 吸引了蒙日和他的学生, 同时那些年也陆续出现了一些关于静力学的教材, 其中有蒙日本人写的一部 (1788 年, 有多个版本). 静力学中的几何成分被普安索 (Louis Poinsot) 充分开发, 他多年都是法国公众教育高级委员会的成员. 他的《静力学概要》(*Eléments de statique*, 1804 年) 和《物体转动新理论》(*Théorie nouvelle de la rotation des corps*, 1834 年) 将力矩的概念作为力的概念的补充, 用惯性椭球来表述欧拉的惯性矩理论, 并分析了当刚体在空间运动或者围绕一个固定点旋转时这个惯性椭球的运动. 庞斯莱和寇里奥利 (Coriolis) 对拉格朗日的分析力学给出了几何的处理, 他们两人和普安索都强调力学在简单机械理论上的应用. 当物体在加速系统中运动时出现的“寇里奥利加速度”, 是几何解释拉格朗日结果的一个例子.

除了拉格朗日和蒙日以外, 早期与巴黎综合理工大学有关的顶尖数学家还有: 泊松 (Siméon Poisson)、傅里叶 (Joseph Fourier) 和柯西 (Augustin Cauchy). 他们三位都对数学在力学和物理学的应用有着浓厚的兴趣, 并且又都由这个兴趣引出在“纯粹”数学中的发现. 从我们教材频频出现泊松的名字就可以看出泊松的多产, 例如, 微分方程中的“泊松括号”, 弹性理论中的“泊松常数”, 位势论中的“泊松积分”和“泊松方程”. 其中“泊松方程” $\Delta V = 4\pi\rho$ 是因为泊松发现拉普拉斯方程 $\Delta V = 0$ 没有考虑质量 (1812 年), 这个方程直到高斯在他的《普遍定律》(*Allgemeine Lehrsätze*, 1839—1840 年) 中才对可变密度的质量情形给出精确证明. 泊松的《力学论著》(*Traité de mécanique*, 1811 年) 是沿着拉格朗日和拉普拉斯的思路写的, 但也包含一些新颖之处, 例如明显使用了冲量坐标 $p_i = \partial T/\partial \dot{q}_i$, 这后来启发了哈密顿和雅可比的工作. 他 1837 年的书中还包含了概率论中的“泊松定律”, 这一定律首先是作为伯努利的二项定律在小概率情形的近似导出, 现在已经被视为辐射、交通和一般的分布问题中的一个基本定律 (见前面第七章第六节).

傅里叶首先是以《热的分析理论》(*Théorie analytique de la chaleur*, 1822 年)[①]的作者而为人们所熟悉, 这是热传导的数学理论, 因此基本上是研究热方程 $\Delta U = k\dfrac{\partial U}{\partial t}$. 由于其方法的普遍性, 这本书成了数学物理中涉及已知边界条件下的偏微分方程的积分问题的所有近代方法的出处. 这个方法就是应用三角级数, 曾经是欧拉、达朗贝尔和丹尼尔 · 伯努利之间讨论的起因, 傅里叶进行了彻底地厘清. 他建立起这样的事实, “任意”函数 (即能被一段或多段连续曲线的弧表示的函数) 都能表示为一个形如 $\sum_{n=0}^{\infty}(A_n \cos nx + B_n \sin nx)$ 的三角级数. 虽然之前有欧拉和伯努利的观察, 但傅里叶的三角级数思想在傅里叶进行研究的时代仍然极其新颖和惊人,

① 英译本名为 *The Analytic Theory of Heat*, 由 Alexander Freeman 翻译. (译者注: 也有中译本, 桂质亮, 译, 北京大学出版社, 2008 年.)

以至于据说当他 1807 年第一次陈述他的思想时, 居然遭到了恰恰是拉格朗日本人的强烈反对.

"傅里叶级数" 现在已经成为求解偏微分方程边值问题理论成熟的运算工具, 同时也由于自身的价值而受到人们的注意. 傅里叶对它的处理完全揭开了对 "函数" 应该做何理解这样一个问题, 之所以 19 世纪的数学家感到有必要仔细考察关于数学证明的严格性问题以及一般数学概念的基础, 这是其中一个原因.①对于傅里叶级数这一特定情形, 这个任务由狄利克雷和黎曼承担起来.

七

柯西对光的理论和力学的许多贡献被他在分析方面工作的成功所掩盖, 但我们必须记住他与纳维埃 (Navier) 同是弹性数学理论的创立者. 柯西的主要成就是在复变函数论和他在分析方面坚持严格性. 复变函数的理论在以前已经建立, 特别是达朗贝尔在 1752 [151]
年一篇关于流体阻力的论文中甚至已经得到了我们现在所称的柯西 – 黎曼方程. 在柯西手中, 复变函数论不再仅仅是流体力学和空气动力学常用的一个工具, 更是数学研究一个崭新而独立的领域. 柯西关于这个题目的研究在 1814 年之后反复进行, 最重要的一篇论文是《论上下限为虚数的定积分》(*Mémoire sur les intégrales définies, prises entre des limites imaginaires*, 1825 年). 论文中出现了柯西带有留数的积分定理, 每个正则函数 $f(z)$ 在每一点 $z = z_0$ 都可以展开成一个级数, 这个级数在以 z_0 为中心、经过离 z_0 最近的奇点的圆中收敛, 这一定理发表于 1831 年, 同年高斯发表了他关于复数的算术理论. 洛朗 (Laurent) 对关于级数的柯西定理的延伸发表在 1843 年 —— 它同时也被魏尔斯特拉斯 (Weierstrass) 得到. 这些事实说明, 柯西的理论并不需要面对专家质询; 复变函数从一开始就被人们接受了.

柯西与他的同时代人高斯、阿贝尔 (Abel) 和波尔查诺 (Bolzano)

① P. E. B. Jourdain, "Note on Fourier's Influence on the Conceptions of Mathematics", *Proc. Intern. Congress of Math.*, Vol. II (Cambridge, 1912), pp. 526–527.

同属于重新坚持数学严格性的首先倡导者. 18 世纪本质上是一个试验的时期, 在那个时期, 数学结果源源不断地涌出. 这时期的数学家不太注意他们工作的基础, 据说达朗贝尔曾说: “allez en avant, et la foi vous viendra,”① 而当他们注意到严格性时, 就像欧拉和拉格朗日偶尔为之那样, 他们的论证也并不总是令人信服. 现在时代已经到达密切关注结果含义的时候, 一个实变数的 “函数” 是什么? 这个函数用傅里叶级数展开和用幂级数展开表现出极为不同的行为, 与完全不同的复变数的 “函数” 的关系是什么? 这些问题将关于微积分基础和潜无穷与实无穷的存在性等所有悬而未决的问题重新摆到数学思维中最引人注目的位置.② 欧多克索斯在雅典的民主衰落以后曾经做过的工作, 又由柯西与他心思缜密的同辈人在工业主义扩张的时期重新展开. 不同的社会环境产生不同的结果, 欧多克索斯的成功有着扼杀创造力的趋势, 而近代改革者则激发数学创造力达到新的高度, 追随在柯西和高斯之后的还有魏尔斯特拉斯和康托尔.

柯西给出了我们现在在教科书中普遍接受的微积分的基础. 这些内容可以在他的《分析教程》(*Cours d'analyse*, 1821 年) 和《在巴黎综合理工大学演讲概要》(*Résumé des leçons données à l'Ecole Royale Polytechnique* , 第一卷, 1823 年) 中找到. 柯西利用了达朗贝尔的极限概念去定义函数的导数, 并把它建立在比前人所能做到的更加坚固的基础之上.

[152] 柯西从 “极限” 的定义开始给出一些例子, 诸如当 $\alpha = 0$ 时 $\sin\alpha/\alpha$ 的极限. 他定义可变无穷小量 (variable infiniment petite) 为一个以零为极限的变量, 然后假定 $\Delta y, \Delta x$ 为已知无穷小量 (seront des quantités infinimont petites), 所以就有

$$\frac{\Delta y}{\Delta x} = \frac{f(x+i) - f(x)}{i},$$

① “只要向前, 就会得到信心.”

② P. E. B. Jourdain, “The Origin of Cauchy's Conception of a Definite Integral and of the Continuity of a Function”, *Isis*, Vol. 1 (1913), pp. 661–703 (也见 *Bibl. Math.*, Vol. 6 [1905], pp. 190–207).

当 $i \to 0$ 时的极限称为函数 $y = f(x)$ 的导函数 (fonction dérivée, y' *ou* $f'(x)$). 他令 $i = \alpha h$, 其中 α 是一个无穷小量 (infiniment petite), h 是有限量 (quantité finie):

$$\frac{f(x+\alpha h)-f(x)}{\alpha}=\frac{f(x+i)-f(x)}{i}h,$$

其中 h 称为函数 $y = f(x)$ 的微分 (différentielle de la fonction). 而且, $dy = df(x) = hf'(x); dx = h$. ①

柯西将拉格朗日的记号及其他的许多贡献应用到实函数论中去, 但对拉格朗日的 "代数" 基础并未做任何让步. 他接受了拉格朗日对中值定理和泰勒级数余项的推导, 但讨论级数时没有忽略认真关注收敛性, 无穷级数理论中有几个收敛性证明是以柯西命名的. 在柯西的著作中可以看到连续性的现代概念, 还有迈向分析 "算术化" 的确定步骤, 这后来成为魏尔斯特拉斯研究工作的核心. 柯西还给出了一个微分方程和一组这样的方程的解的存在性的第一个证明 (1836 年). 于是, 柯西最终以这种方式对自芝诺时代起就萦绕着数学的一系列问题和悖论提供了一个初步的回答, 他没有否认它们或置之不理, 而是凭借创造一种数学技巧以使它们的合理化成为可能.②

柯西与他的同辈人巴尔扎克 (Balzac, 他们都创作了数目惊人的作品) 一样, 也是正统主义者和保皇党派. 这两个人都对价值有极其深刻的理解, 虽然他们思想保守, 但所完成的许多工作都坚守着基本的定位. 柯西在 1830 年革命以后放弃了他在巴黎综合理工大学的教席, 在都灵和布拉格 (Prague) 生活了一段时间以后, 又于 1838 年返回巴黎. 1848 年以后, 他被允许留下来教书, 而且可以不必宣誓对新政府效忠. 他的创作量极为巨大, 以至于巴黎科学院不得不限制所有送往《科学院通报》(*Comptes-Rendus*) 的论文长度

---

① *Résumé*, Vol.I (1823), 该章名为 "Calcul différentiel", pp. 13–27. 这一过程的严格分析可见 M. Pasch, *Mathematik am Ursprung* (Leipzig, 1927), pp. 47–73.

② 例如可见 M. Kline, *Mathematical Thought from Ancient to Modern Times* (New York, 1972) 第十章 "The Installation of Rigor in Analysis", (译者注: 此书有中译本,《古今数学思想》, 上海科学技术出版社, 2013 年); 也见 H. Freudenthal, *DSB*, Vol. 3 (1971), pp. 131–148.

以保证发表柯西的文章. 据说, 当拉普拉斯读到柯西在巴黎科学院的第一篇讨论级数收敛性的论文时, 这位牛人深感不安, 立即回到
[153] 家去检查他的《天体力学》(*Mécanique céleste*) 中的那些级数是否收敛, 还好, 似乎并没有什么大的错误.

八

1830 年前后的巴黎, 充满了数学活力. 伽罗瓦这位头等的数学天才就像一颗彗星, 如同日后突然消失一样地突然出现在人们的视线之中. 伽罗瓦是巴黎附近一个小城镇的地方官的儿子, 曾经被巴黎综合理工大学拒之门外, 转而进入巴黎高等师范学院, 但后来又被开除了. 体制内的学术权威使他深感压抑, 送到科学院发表的一篇论文也被柯西退回, 满怀希望在大奖赛中夺奖的新文章又被弄丢了, 他满腔热血试图在对 "当权派" 的厌恶与对科学和民主的热爱之间保持着不稳定的平衡. 伽罗瓦以共和派的身份参加了 1830 年的革命, 在监狱中消磨了好几个月, 不久就在一次决斗中丧命, 时年仅 21 岁. 他的一些论文在他死后许多年才得以出版, 在决斗的前夕, 他将自己关于方程论的一些发现的摘要写给一个朋友. 在这篇伤感的书信中, 他请求他的朋友把他的发现呈交给那些数学家领袖, 在信的结尾他写道:

> 你可以公开请求雅可比或高斯对这封信发表意见, 不是请他们说这些定理是对还是错, 而是请他们说这些定理的重要性. 在这之后, 我希望就会有人在这些纸片中获益.

"这些纸片" (gâchis) 中至少包括群论, 是近世代数和近世几何的关键. 这个想法在某种程度上已经被拉格朗日和意大利的鲁菲尼预见到, 但是伽罗瓦有了一个完整的群论观念. 他表明了一个代数方程根的变换群的基本性质, 并指出了这些根的有理域由这个群所决定. 伽罗瓦还指出了不变子群所占据的中心地位, 不少古代的难题, 例如三等分角、二倍立方体、三次方程与四次方程的解以及任意次数的代数方程的解, 都在伽罗瓦理论中找到了自

然位置. 据我们所知, 伽罗瓦的最后书信从未送到高斯或雅可比的手中, 也一直没有被数学界所知, 直到 1846 年刘维尔 (Liouville) 将伽罗瓦的大部分论文发表在自己主办的《数学杂志》(*Journal de mathématiques*) 中, 那个时期 (1844—1846 年) 柯西已经开始发表关于群论的著作了. 只是从那时起, 一些数学家才开始关注伽罗瓦的理论. 一直到若尔当 (Camille Jordan) 的《置换论》(*Traité des substitutions*, 1870 年) 以及稍后克莱因和李 (Sophus Lie) 的文章问世, 人们才对伽罗瓦的重要性有了完全理解. 现在普遍认为, 伽罗瓦的统一原理是 19 世纪最杰出的数学成就之一.①

伽罗瓦 (Evariste Galois, 1811—1832 年) 选自一幅珍稀的画像, 表现的是他 21 岁时临近一场致命的决斗之前

伽罗瓦对于一个变数的代数函数的积分、对于我们现在所称的阿贝尔积分等也都有一些想法, 可以看出他的思想方法更接近黎曼. 也许可以设想一种可能, 如果伽罗瓦不死, 近代数学就会 [154]

① 见 G. A. Miller, "History of the Theory of Groups to 1900". *Collected Works*, Vol. I (1935), pp. 427–467; H. Wussing, *Die Genesis des abstrakten Gruppenbegriffes* (Berlin, 1969); 关于若尔当, 见 H. Lebesgue, *Notices d'histoire des mathématiques* (Geneva, 1958), pp. 40–65.

从巴黎和拉格朗日学派而不是从哥廷根和高斯学派获得最深刻的启发.

九

另一位年轻的天才出现在 19 世纪 20 年代, 他就是阿贝尔 (Niels Henrik Abel), 挪威一个乡村牧师的儿子. 阿贝尔短暂的生命几乎像伽罗瓦一样悲摧. 在克里斯蒂安娜 (Christiania) 读大学的时候, 阿贝尔曾一度认为自己解决了五次方程, 但后来又在 1824 年发表的一本小册子中改正了以前的错误. 这是阿贝尔的一篇著名论文, 他在文中证明了用根式解一般五次方程的不可能性, 从邦贝利 (Bombelli) 和韦达的时代起, 这个问题就一直困扰着数学家 (泊松和其他数学家认为意大利人鲁菲尼 1799 年的证明太过含糊). 阿贝尔因此得到一笔薪金, 可以到柏林、意大利和法国旅行. 不过, 他的一生大部分时间都为贫穷所困, 既不能获得可以发挥才能的职位, 也使他未能与数学界有更多的个人往来, 1829 年回到祖国以后不久就去世了, 当时勒让德、雅可比和高斯刚刚认识到他的伟大.

在那次旅行期间, 阿贝尔又写了一些论文, 包括他关于级数的收敛性、"阿贝尔积分" 和椭圆函数的工作. 无穷级数中的阿贝尔定理表明他能够将这个理论建立在一个可靠的基础上. "你能想象出比宣称 $0 = 1^n - 2^n + 3^n - 4^n + \cdots$, 其中 n 是一个正整数, 还要可怕的事情吗?" 他在给友人的一封信中这样写道, 并且他继续说:

> 在数学中, 几乎没有一个无穷级数的和是以严格的方式确定出来的 (1826 年给霍姆伯 (Holmboe) 的信).

阿贝尔因椭圆函数的研究曾与雅可比有过短暂而激烈的竞争. 高斯在他的私人笔记中已经发现可以通过将椭圆积分反演而得到单值的双周期函数, 但他从未发表他的想法. 勒让德花费了许多精力在椭圆积分上, 却又完全忽视了这一点, 直到年迈时他读到阿贝尔的发现深受触动. 阿贝尔的运气很好, 遇到了一份热衷于刊登他的论文的新刊物, 克雷尔 (Crelle) 主编的《纯粹数学与应用数学杂志》(*Journal für die reine und angewandte Mathematik*, 1826 年) 第一卷至少刊登了阿贝尔 5 篇论文. 在第二卷 (1827 年) 出现了阿贝尔的《关于椭圆函数的研究》(*Recherches sur les fonctions elliptiques*) 的第一部分, 其中开始了双周期函数的理论.

克雷尔是普鲁士第一条铁路的建筑师和规划者, 同时也因所编的《计算表》(*Rechentafeln*, 1820 年) 以及创办至今仍在发行的期刊《纯粹数学与应用数学杂志》而为人所知. 这本期刊是最早的纯数学期刊之一, 克雷尔借此提携了诸如阿贝尔和施泰纳等年轻数学家, 期刊的名称取自热尔岗 (Gergonne) 的《纯粹数学与应用数学 [155]
年刊》(*Annales de mathématiques pures et appliquées*, 1836 年以后改名为《纯数学与应用数学杂志》, 见本章第十六节).

我们常常谈到阿贝尔的积分方程和关于代数函数积分之和的阿贝尔定理, 后者引出阿贝尔函数, 交换群被称作阿贝尔群, 这说明伽罗瓦的思想与阿贝尔的这些工作是何等紧密相关.

十

1829 年, 即阿贝尔去世的那一年, 雅可比 (Carl Gustav Jacob Jacobi) 出版了《椭圆函数基本新理论》(*Fundamenta nova theoriae functionum ellipticarum*) 一书. 这位作者是哥尼斯堡大学 (University of Königsberg) 的一位青年教授, 他是柏林一位银行家的儿子, 出身于显赫的家庭, 他在圣彼得堡的兄弟莫里茨 (Moritz) 是俄国最早做电学实验的科学家之一. 雅可比在柏林大学毕业以后, 从 1826 年到 1843 年一直在哥尼斯堡执教, 后来因健康原因在意大利度过一段时光, 最终以柏林大学的教授身份结束他的人生, 逝于 1851 年, 享年 46 岁. 雅可比是一位睿智并且热爱自由的思想家、善于启发学生的教师、卓越的科学家, 精力充沛、思想清晰, 整个数学领域只有很少的部分未曾被他接触.

雅可比以通过无穷级数定义的称为 θ 函数的 4 个函数作为讨

论椭圆函数论的基础. 双周期函数 sn u, cn u, dn u 是 θ 函数的商, 它们满足某些恒等式与加法定理; 与普通三角学的正弦函数和余弦函数非常相似. 椭圆函数的加法定理也可以看作是关于代数函数积分之和的阿贝尔定理的特殊应用. 人们不禁要问: 超椭圆积分是否能像椭圆积分那样通过反演得到椭圆函数? 这个答案在 1832 年又被雅可比发现, 他发表的结果说, 这种反演可以借用 1 个以上变量的函数来完成. 于是有 p 个变量的阿贝尔函数的理论产生了, 它成为 19 世纪数学的一个重要分支.

西尔维斯特 (Sylverster) 将函数行列式命名为 "雅可比行列式", 以表示对雅可比在代数学与消元理论方面工作的尊敬. 雅可比关于这个题目最有名的一篇论文是《论行列式的结构和性质》(*De formatione et proprietatibus determinantium*, 1841 年), 使得行列式理论成为数学家的公共财产. 行列式的想法来源已久, 主要可以追溯到莱布尼茨 (1693 年)、瑞士数学家克莱姆 (Gabriel Cramer, 1750 年)、拉格朗日 (1773 年), 行列式的名称则归功于柯西 (1812 年). 三上义夫 (Y. Mikami) 曾指出, 日本数学家关孝和 (Seki Kõwa) 在 1683 年以前已经有了行列式的概念.① 此处我们还要提到中国宋代数学家发展起来的 "矩阵" 方法, 关孝和曾研究过这些著作.

[156] 了解雅可比的最好方法也许是通过他关于动力学的漂亮讲稿《动力学讲义》(*Vorlesungen über Dynamik*), 此书根据 1842—1843 年的讲稿于 1866 年出版. 书中遵循了拉格朗日和泊松法国学派的传统, 又包含着丰富的新思想. 其中有雅可比关于一次偏微分方程的研究以及它在动力学的微分方程上的应用.《动力学讲义》令人关注的一章是决定椭球面上的测地线, 问题引出两个阿贝尔积分之间的关系

① Y. Mikami, "On the Japanese Theory of Determinants", *Isis*, Vol. 2 (1914), pp. 9–36. 按照李约瑟的说法 (*Science and Civilization in China*, Vol. III [Cambridge, 1959], p.117), 关孝和名字更好的英文写法是 Seki Takakusu. 他的著作讨论了 n 阶代数方程的数值解以及圆弧的修正. *DSB* 的文章将他的名字写作 Seki Takakazu. 他的数学显然深受中国传统的影响.

十一

雅可比关于动力学的讲义将我们引向另一位数学家, 他的名字常常与雅可比联系在一起, 这就是威廉 · 罗恩 · 哈密顿 (William Rowan Hamilton, 请不要与他的同时代人威廉 · 哈密顿 (William Hamilton) 混淆, 后者是爱丁堡的哲学家). 他出生于一个爱尔兰家庭, 一生都生活在都柏林. 他进入了三一学院, 1827 年 21 岁的时候成为爱尔兰皇家天文学家, 并且一直担任这个职位, 直到 1865 年逝世. 当他还是孩童时就通过研究克莱罗和拉普拉斯学习了欧洲大陆的数学, 这在当时的英国还是一件稀奇的事情, 他关于光学与动力学的极富创造性的工作表明他精通这些新颖的方法. 他的光线论 (1824 年) 不仅仅是线汇的微分几何, 更是光学仪器的一种理论, 这使得哈密顿可以预见双轴晶体中的锥形折射. 这篇论文中出现了他的 "特征函数", 成为 1834—1835 年出版的《动力学的一般方法》(*General Method in Dynamics*) 的指导思想. 哈密顿的想法是, 将光学和动力学同时从一个普遍原理推导出来. 在为莫佩蒂辩护时, 欧拉已经指出了作用量积分的平稳值可以达到这个目的. 哈密顿依照这个提示, 使光学和动力学成为变分法的两个方面. 他找出某一个特定积分的平稳值, 并把它视为积分上下限的一个函数. 这就是 "主" 函数, 也称 "特征" 函数, 它满足两个偏微分方程, 其中之一常被写作:

$$\frac{\partial S}{\partial t} + H\left(\frac{\partial S}{\partial q}, q\right) = 0.$$

此式曾被雅可比特别选出写在动力学讲义中, 现在称为哈密顿 - 雅可比方程. 这却掩盖了哈密顿特征函数的重要性, 特征函数在哈密顿的理论中占有中心地位, 是统一力学和数学物理学的一个途径. 在几何光学的情形, 特征函数又被莱比锡天文学家布伦斯 (Heinrich Bruns) 重新发现, 并且作为*光程函数*显示它在光学仪器理论中的应用.

在哈密顿关于动力学的工作中, 逐渐变成数学一般体系中的

一部分首先是 “正则” 形式, $\dot{q}=\frac{\partial H}{\partial p}$, $\dot{p}=-\frac{\partial H}{\partial q}$, 他的动力学方程就写成这种形式. 李利用正则形式与哈密顿 – 雅可比方程建立了力
[157] 学与接触变换之间的关系. 哈密顿另一个被普遍接受的思想, 是从一个积分的变分推导出物理学与力学的定律. 近代的相对论和量子力学都是以 “哈密顿函数” 作为其基本原理的.

1843 年是哈密顿一生中的转折点, 那一年他发现了四元数, 他将余生都投入到四元数的研究. 我们将在以后再来讨论这个发现.

十二

狄利克雷 (Deter Lejeune Dirichlet) 与高斯、雅可比以及法国数学家关系密切. 他在 1822—1827 年过着私人授课的生活, 其间遇到了傅里叶并研究了他的著作, 还熟读了高斯的《算术研究》. 他后来执教于布雷斯劳大学 (University of Breslau), 并在 1855 年接替了高斯在哥廷根的位置. 他与法国和德国数学及数学家的个人接触使他有资格诠释高斯, 并对傅里叶级数做出富有洞察力的分析. 狄利克雷漂亮的《数论讲义》(*Vorlesungen über Zahlentheorie*, 1863 年) 至今仍然是对高斯数论研究的最佳介绍, 书中还包含了许多新的结果. 在 1840 年的一篇论文中, 狄利克雷指出如何将解析函数论的全部功能用于数论中的问题, 正是在这些研究中他引入了 “狄利克雷级数”. 他还将二次无理性的概念推广到一般的有理代数数域.

狄利克雷首次对傅里叶级数的收敛性给出了严格证明, 并且以这样的方式使人们对函数的性质有了正确的了解.① 他还把所谓狄利克雷原理引入到变分法, 这一原理假定了已知边界条件下存在着函数 v, 可使积分 $\int[v_x^2+v_y^2+v_z^2]d\tau$ 取极小. 这是对高斯曾引入到他 1839—1840 年的位势论中的一个原理的修改, 并且后来成为黎曼在位势论中解决问题的一个强有力的工具. 我们已经提到,

① 见 A. F. Monna, “The Concept of Function in the 19th and 20th Centuries, in Particular with Regard to the Discussions Between Baire, Borel and Lebesgue”, *AHES*, Vol. 9 (1972), pp. 51–84.

希尔伯特最后严格地确立了这个原理的有效性 (见前第二节).①

十三

狄利克雷在哥廷根的继承人黎曼是对近代数学进程影响最多的人. 黎曼是一位乡村牧师的儿子, 就读于哥廷根大学 (University of Göttingen), 1851 年在那里获得了博士学位, 1854 年成为该校讲师, 1859 年成为教授. 他像阿贝尔一样多病, 最后的岁月在意大利度过, 并于 1866 年他 40 岁的时候在那里逝世. 在短短的一生中, 黎曼发表的论文数量不多, 但篇篇在当时乃至现在都是重要的, 其中 [158]
有几篇还开辟了全新而且富饶的领域.

1851 年, 黎曼关于复函数 $u+iv=f(x+iy)$ 理论的博士论文问世. 像达朗贝尔和柯西一样, 黎曼也受到流体力学观点的影响. 他把 xy 平面共形地映射到 uv 平面上, 并且确定了能将平面上的一个单连通区域变换到另一个任意的单连通区域的函数的存在性. 这引出了黎曼曲面的概念, 将拓扑学的考虑引入到分析中. 在那个时候拓扑学还是一个几乎未曾触及的课题, 对此只有利斯廷 (J. B. Listing)1847 年发表在《哥廷根学报》(*Göttinger Studien*) 的一篇论文. 黎曼指出了拓扑学对于复函数论的中心重要性. 这篇论文也明确了黎曼关于复函数的定义: 它的实部和虚部在给定的区域必须满足 "柯西 – 黎曼方程" $u_x=v_y$, $u_y=-v_x$, 此外还必须满足某些关于边界与奇点的条件.

黎曼把他的观念应用到超几何函数与阿贝尔函数 (1857 年), 自由地运用了 (他所命名的) 狄利克雷原理. 他的结果之一是发现了黎曼曲面的亏格是一个拓扑不变量, 并将它作为分类阿贝尔函数的一个工具. 另一篇在他去世后发表的论文 (1867 年) 将他的思想应用于极小曲面上. 黎曼关于椭圆模函数与 p 个独立变量的 θ-级数的研究, 以及关于含有代数系数的线性微分方程的研究也是属于他在这一方面的工作.

① A. F. Monna, *Dirichlet's Principle* (Utrecht, 1975).

黎曼在 1850 年成为讲师, 是因为提交了不止两篇的基础论文, 其中一篇关于三角级数与分析基础, 另一篇关于几何学基础. 第一篇论文分析了狄利克雷对于一个函数展开成傅里叶级数的条件, 其中条件之一是这个函数是 “可积的”. 这是什么意思呢? 柯西与狄利克雷已经给出了一些回答, 黎曼则以自己内容更为丰富的回答取代了它们. 他给出了我们现在称作 “黎曼积分” 的定义, 一直到了 20 世纪才被勒贝格 (Lebesgue) 积分所取代. 黎曼指出由傅里叶级数确定的函数怎样表现出具有无穷多个极大值和极小值的属性, 而这类函数是老一辈的数学家在他们的函数定义中所无法接受的. 函数的概念开始郑重地从欧拉的 *curva quaecunque libero manus ductu descripta*① 中解放出来. 黎曼在他的讲义中给出了一个连续函数没有导数的例子, 魏尔斯特拉斯也在 1875 年发表了这样一个函数的例子. 当时的大多数数学家拒绝认真地看待这种函数并称之为 “病态函数”, 而近代分析已经指出这种函数是如何自然, 并指出黎曼在这里再一次洞察到数学的一个基本领域.

黎曼在 1854 年的另一篇论文中论述了几何学所依据的假设. 空间作为一个任意维数的拓扑流形被引入, 在这样一个流形里通
[160] 过一个二次微分式定义度量标准. 黎曼在他的分析学中, 曾根据复函数的局部特性定义了复函数, 在这篇论文中他以同样的方式定义了空间的特性. 黎曼的统一原理使他不仅可以分类所有现存的几何形式, 包括当时还不很明了的非欧几何, 并且可以创造出任意多个新型的空间, 这些空间中有许多在后来的几何学与数学物理学中找到了用武之地. 黎曼发表的这篇论文没有使用任何分析技巧, 这使得他的思想很难被人们理解. 后来有些公式发表在黎曼提交到巴黎科学院的一篇论述固体热量分布的得奖论文 (1861 午) 中, 其中还有关于二次型变换理论的一个概述.

必须提及的黎曼最后一篇论文是他对不超过一个已知数 x 的素数数目 $F(x)$ 的讨论 (1859 年). 这是复数论在素数分布的应用,

① “徒手画出的一些曲线” (*Inst. Calc. integr.*, Vol. III, § 301). 见前面第七章的脚注 15.

同时还分析了高斯的建议: $F(x)$ 可以用 $\int_2^x(\log t)^{-1}dt$ 作为近似. 这是一篇著名的论文, 因为其中包含所谓的黎曼假设, 即欧拉的西塔函数 $\zeta(s)$ —— 这是黎曼的记号 —— 如果就复数 $s=x+iy$ 而论, 它的一切非实数零点位于直线 $x=\frac{1}{2}$ 上. 这个假设一直到现在都悬而未决.①

十四

黎曼关于一个复变量函数的概念常常被拿来与魏尔斯特拉斯的概念作比较. 魏尔斯特拉斯在普鲁士 (Prussian) 的中学当了多年的教师, 1856 年成为柏林大学的数学教授, 并在那里教了 30 年书. 他对教学总是精心准备, 所做的演讲享有着与日俱增的声誉, 也主要是通过这些演讲, 使魏尔斯特拉斯的思想成了数学家的公共财富.

魏尔斯特拉斯在中学教书时期, 就写了一些关于超椭圆积分、阿贝尔函数与代数微分方程的论文. 他最著名的贡献是以幂级数作为他的复函数理论的基础, 这在某种意义上回归到拉格朗日, 不同点在于魏尔斯特拉斯在复平面上进行讨论, 并且是完全严格的. 在收敛圆内, 幂级数的值表示 "函数元素", 如果可能的话, 还可以通过所谓的解析开拓继续拓展. 魏尔斯特拉斯特别研究了由无穷乘积所定义的全部函数. 他的椭圆函数 $\wp(z)$ 已经如同雅可比较早一些的 sn u, cn u, dn u 一样确定了.

魏尔斯特拉斯的名声在于他极其谨慎的推理, "魏尔斯特拉斯式的严谨" 在他的函数论和变分法中都是显而易见的. 他澄清了最小值、函数与导数的概念, 并且由此消除了在微积分的基本概念
中还存在着的一些混乱. 无论是方法上还是逻辑上, 他都是一位出 [161]

① R. Courant, "Bernhard Riemann und die Mathematik der letzten hundert Jahre", *Naturwissenschaften*, Vol. 14 (1926), pp. 813–818; E. C. Titchmarsh, *The Theory of the Riemann Zeta-Function* (Oxford, 1951); H. H. Edwards, *Riemann's Zeta Function* (New York, 1974). (译者注: 亦可参见卢昌海所著《黎曼猜想漫谈》, 清华大学出版社, 2012 年.)

黎曼 (Georg Friedrich Bernhard Riemann, 1826—1866 年)

魏尔斯特拉斯 (Karl Weierstrass, 1815—1897 年)

类拔萃的数学把关人, 他缜密推理的另一个例子表现在一致收敛性的发现. 魏尔斯特拉斯开创了把分析的原理简化为最简单的算术概念, 我们现在称之为数学的算术化.

> 正是主要由于魏尔斯特拉斯的研究工作的贡献, 才使得现在在分析学中对于根据无理数和极限的概念而进行的这种类型的推理有了基本上完全一致的意见与确信. 无论最为大胆的还是与超极限、邻极限和极限变位的应用的各种各样的结合, 人们在有关微分方程与积分方程理论最为复杂的问题的所有结果上都能取得一致, 也要归功于魏尔斯特拉斯. ①

十五

算术化是所谓的柏林学派特别是克罗内克 (Leopold Kronecker) 的特点. 许多著名的精通代数学与代数数论的数学家都属于这个学派, 诸如克罗内克、库默尔 (Ernst Kummer) 与弗罗贝尼乌斯 (Frobenius), 我们还可以将戴德金 (Dedekind) 与康托尔 (Cantor) 归列其中. 库默尔在 1855 年被邀请到柏林作为狄利克雷的继承人, 以后一直在那里教书到 1883 年, 此时他自动放弃了数学研究, 因为他感觉到自己的创造力有衰退的趋势. 库默尔进一步发展了哈密顿曾经概述过的线汇微分几何, 并在研究中发现了以他的名字命名的具有 16 个节点的四次曲面. 不过他的名声主要因为他在代数有理域理论中引入的 "理想数" (1846 年). 这个理论所受到的启发部分来自库默尔对费马大定理的证明, 部分来自高斯的四次剩余理论, 这个理论将素因子的概念引入到复数域中. 库默尔的 "理想" 因子给出数在一般有理域中对于素因子的唯一分解, 这个发现使得代数数的算术有了很大的进展, 后来被希尔伯特出色地概述在 1894 年为德国数学学会 (German Mathematical Society) 所写的报告

① D. Hilbert, "Über das Unendliche", *Mathematische Annalen*, Vol. 95 (1926), pp. 161–190; 法文译本, *Acta Mathematica*, Vol. 48 (1926), pp. 91–122.

中.[①] 戴德金与韦伯 (Weber) 的理论确定了代数函数论与有理域中的代数数论之间的关系, 这是库默尔关于数学算术化进程的影响的一个例子.

克罗内克 1855 年定居在柏林, 一直是靠私人收入生活. 他在那里教书多年, 却没有正式的教授职称, 直到 1883 年库默尔退休之后才获得了一个职位. 克罗内克的主要贡献是在椭圆函数、理想数理论和二次型的算术方面; 他发表的关于数论的讲义精心阐述
[162] 了他本人与前人的发现, 同时也清晰地表明了他对于数学算术化的必要性的信念. 这种信念是基于他对严谨性的追求, 他认为数学必须建立在数的基础上, 而所有的数应该建立在自然数的基础上. 例如 π 这个数不应该从通常的几何学的方法导出, 而应该建立在级数 $\frac{\pi}{4} = 1 - \frac{1}{3} + \frac{1}{5} - \frac{1}{7} + \cdots$ 的基础上, 因而也就是建立在自然数组合的基础上, π 的某些连分数表示也能达到同样的目的. 克罗内克想把数学的每一样东西都硬塞到数论模式中的企图, 可以用他 1886 年在柏林的一个会议上的著名论断表达出来: "Die ganzen Zahlen hat der liebe Gott gemacht, alles andere ist Menschenwerk."[②] 对于任何数学问题, 他只能接受通过有限步骤就可以验证的定义, 因此他以拒绝来对待实无穷的困难. 在克罗内克学派中, "上帝是一位算术学家" 的口号取代了柏拉图的 "上帝是一位几何学家" 的口号.

克罗内克所教授的实无穷是与戴德金 (Richard Dedekind) 的, 尤其是康托尔的理论针锋相对的. 戴德金在不伦瑞克技术学院 (Technische Hochschule in Brunswick) 做了 31 年的教授, 他提出了关于无理数的严谨理论. 在《连续性与无理数》(*Stetigkeit und irrationale Zahlen*, 1872 年) 与《数及其意义是什么》(*Was sind und*

① D. Hilbert, "Die Theorie der algebraischen Zahlkörper", in *Jahresber. Deut. Math. Verein.*, 4 (1894—1895), pp. 175–546.

② "上帝创造了整数, 其余一切都是人造的."

was sollen die Zahlen? 1888 年) 这两本小书① 中, 他对近代数学完成了欧多克索斯曾为希腊数学所做过的贡献. 近代数学中 (克罗内克学派除外) 定义无理数的 "戴德金分割" 与欧几里得《几何原本》第五卷所论述的古代欧多克索斯理论之间有很大的相似. 康托尔与魏尔斯特拉斯对无理数的算术定义虽然与戴德金的理论有所不同, 但是它们都建立在相似的考虑之上.

然而, 克罗内克眼中最大的异端是康托尔. 康托尔从 1869 年到 1905 年执教于哈雷 (Halle), 他之所以著名不仅仅是因为他的无理数理论, 还有他的集合论 (Mengenlehre). 由于这个理论, 康托尔开辟了数学研究的一个全新领域, 一旦其前提被接受, 它就能满足关于严格性的最微妙的要求. 康托尔从 1870 年开始发表文章, 以后持续了多年, 1883 年他发表了《一般集合论基础》(*Grundlagen einer allgemeinen Mannig-faltigkeitslehre*). 在这些论文中, 康托尔在对实无穷的系统数学处理的基础上, 发展出超穷数理论. 他将最低的超穷数 $\aleph$ 指定到一个可数集, 上面的超穷数赋予连续统, 于是就能够将普通数的算术推广到超穷数. 康托尔还定义了超穷序数, 它表达了无穷集排序的方式.

康托尔的这些发现是古代关于无穷本性的学术思考的延续, 康托尔本人也很清楚这一点. 他捍卫着圣 · 奥古斯丁 (St. Augustine) 对于实无穷的完全接受, 同时又必须面对众多数学家的反对而坚守自己, 很多数学家只接受用 ∞ 表示的过程, 否认其他的无穷. 康 [163]
托尔的主要反对者是克罗内克, 他代表着在数学算术化进程中一种完全相反的趋势. 当集合论对于实变函数论和拓扑学的基础的巨大重要性变得日益明显的时候, 尤其是在 1901 年勒贝格用他的测度论充实了集合论之后, 康托尔最终赢得了人们的广泛接受. 超穷数理论中仍然存在着逻辑上的困难, 并且出现了悖论, 诸如布拉利 – 福尔蒂 (Burali-Forti) 悖论和罗素 (Russell) 悖论, 再一次引出关于数学基础思想的不同学派. 20 世纪在形式主义者与直觉主义者

① 这两本书由 W. W. Beman 译为 *Continuity and Irrational Numbers* 和 *The Nature and Meaning of Numbers* (Chicago, 1901); 以后又一起重印在 *Essays on the Theory of Numbers*, Dover Publications, Inc., 1963.

之间的争论是康托尔与克罗内克之间的争论在新水平上的延续.

康托尔 (Georg Cantor, 1845—1918 年)

十六

[164] 同代数学与分析学引人注目的发展并驾齐驱的是几何学同样引人注目的兴旺. 追溯到蒙日的教学, 从中可以找到几何学中 "综合" 与 "代数" 两种方法的渊源. 而在蒙日学生的工作中, 这两种方法被分离了, "综合" 方法发展成为射影几何学, "代数" 方法发展成近代的解析几何学与代数几何学. 射影几何学从 1822 年庞斯莱的一本书开始, 成为一门独立的学科. 在涉及基础发现时, 常常会遇到优先权的困难, 庞斯莱因此也必须要面对蒙彼利埃 (Montpellier) 的教授热尔岗 (Joseph Gergonne) 的竞争, 因为就在此时, 热尔岗也

发表了几篇关于射影几何的重要论文, 在其中他领会了二元性在几何学中的意义. 这些论文都发表在《纯数学与应用数学年刊》(*Annales de mathématiques pures et appliquées*) 上. 这是第一份纯数学的期刊, 热尔岗就是期刊主编, 它的发行年代是 1810 年至 1831 年. (1836 年, 这份期刊又继续出版, 刊名改为《纯数学与应用数学杂志》(*Journal de mathématiques pures et appliquées*).)

庞斯莱典型的思维模式是另一个原理 —— 连续性原理, 这使他可以从一个图形的性质推导出另一个图形的性质. 他对这个原理的陈述是:

> 考虑一个有着大致位置, 但对于所有不会违反系统各部分之间存在的规律、条件和关系的各种位置还有某些方面尚不能确定的任意图形, 假设根据这些数据, 可以得到一个或多个度量型或者描述型的关系或属性, …… 如果保持这些数据不变, 只进行特定的修改 …… 例如, 某些量可能消失或改变含意或符号 …… 当原图形的某些部分进行某些连续运动时, 并不一定会使得在第一个系统里所具有的属性和关系可以应用到这个系统的后续阶段.①

这条原则在应用时必须极为小心, 因为它的陈述非常不清晰. 只有现代代数才能更精确地定义该原则的适用范围. 在庞斯莱及其学派的手中, 这条原则引出了新的有趣的精确结果, 特别是当它应用于从实数到复数的转换中时. 庞斯莱因此能够断言平面上的一切圆都 "理想地在无穷远处有两个虚点重合", 同时也引入了所谓平面上的 "无穷远直线". 哈代 (G. H. Hardy) 曾指出, 这意味着射影几何学毫无困难地接受了实无穷.② 但分析学家在这个问题上的意见仍然是不一致的.

德国的几何学家进一步地发展了庞斯莱的思想, 1826 年出现了施泰纳的第一篇论著, 1827 年默比乌斯 (August Ferdinand Möbius)

① Poncelet, *Traité des propriétés projectives des figures* (1882), p. xiii.

② G. H. Hardy, *A Course of Pure Mathematics*, 6th ed. (Cambridge, 1933), Appendix IV.

发表《重心计算》(*Barycentrischer Calcül*), 1828 年普吕克 (Julius Plücker) 出版了《解析几何的发展》(*Analytisch-geometrische Entwickelungen*) 第一卷, 1831 年出版第二卷, 随后在 1832 年有施泰纳
[165] 的《几何形的相互依赖性的系统发展》(*Systematische Entwickelung der Abhängigkeit geometrischer Gestalten von einander*) 出版. 德国几何学方面的重要先驱性著作中的最后一部则是 1847 年出版的施陶特 (Christian von Staudt) 的公理化的《位置的几何学》(*Geometrie der Lage*).

在这些德国几何学家之中, 持综合法与持解析法研究几何的各有代表. 综合 (或 "纯粹") 学派的典型代表是施泰纳, 他的父亲是一位自学成才的瑞士农民, 他这个 "牧羊娃" 由于接触了裴斯塔洛齐 (Pestalozzi) 的思想而开始迷恋几何学. 他决定到海德堡读书, 后来执教于柏林大学, 从 1834 年直到 1863 年去世, 他一直在那里担任一个教席. 施泰纳是一位彻底的几何学家, 他甚至因为厌恶使用代数和分析, 以至于不喜欢数字. 依照他的观点, 几何学最好是通过全神贯注的思考来学习. 他说, 计算替代了思考, 而几何却刺激思考. 对于他本人, 这是千真万确的, 他的方法以大量漂亮而又常常复杂的定理丰富了几何学. 带有双重无限多条圆锥曲线的施泰纳曲面 (也称为罗马曲面 —— 因为施泰纳在罗马发现了它) 的发现就归功于他. 施泰纳常常省去他对定理的证明过程, 这使得他的论文集变成了几何学家寻找求解问题的宝库.

施泰纳以一种严密系统的方式构造了他的射影几何学, 从透视到射影, 并由此而到圆锥曲线. 他还以其典型的几何方法解决了一些等周问题. 他为关于圆是具有给定周长的一切封闭曲线中包围了最大面积的图形的证明 (1836 年) 提供了一种方法, 用这种方法可以将任何一个具有给定周长的非圆图形变成一个周长相同而面积更大的图形. 施泰纳由此得到的圆具有面积极大值的结论却有一个漏洞: 他并没有证明极大值确实存在. 狄利克雷曾努力向施

泰纳指出这一点, 后来魏尔斯特拉斯给出了一个严谨的证明.[①]

施泰纳同样需要用一个度量来定义四个点或四条直线的交比, 他的理论中的这个缺陷后来被施陶特去除. 这位数学家多年以来是埃尔朗根大学 (University of Erlangen) 的教授. 施陶特在他的《位置的几何学》中用一种纯射影的方法定义了四个点在一条直线上的 "投射 (Wurf)", 并指出它与交比是一致的. 为这个目的, 他使用了所谓的默比乌斯网构建, 当无理数值引入到射影坐标时, 就引出了与戴德金的工作紧密相关的公理化考虑. 1857 年, 施陶特指出了如何通过将虚元素作为椭圆对偶图形的对偶元素而将其严谨地引入到几何学中.

施泰纳 (Jakob Steiner, 1796—1863 年)

在随后的几十年里, 综合射影几何学的内容在庞斯莱、施泰纳和施陶特所奠定的基础上大大丰富起来, 并且最终成为一些标准

① W. Blaschke, *Kreis und Kugel* (Leipzig, 1916), pp. 1–42. (译者注: 此书有中译本,《圆与球》, 苏步青译, 高等教育出版社, 2015 年.)

教科书的主题, 其中赖厄 (Reye) 的《位置的几何学》(*Geometrie der Lage*, 1868 年; 第三版, 1886—1892 年)[①]就是一个最有名的例子.

十七

[166] 解析射影几何学的代表人物是德国的默比乌斯 (Möbius) 与普吕克 (Plücker)、法国的沙勒 (Michel Chasles) 与英国的凯莱 (Cayley).

凯莱 (Arthur Cayley, 1821—1895 年)

默比乌斯曾在莱比锡天文台 (Leipzig Astronomical Observatory) 做了五十多年的观测员, 后来成为该台的台长, 是一位多方面的科学家. 他在《重心计算》(Der barycentrischer Calcül, 1827 年) 中首次引进了齐次坐标. 当质量 m_1, m_2, m_3 被放置在一个固定三角形的三个顶点时, 默比乌斯赋予这些质量的重心坐标为 $m_1 : m_2 : m_3$, 并指出了这些坐标非常适合于描述平面的射影属性与仿射属性. 自那时起, 齐次坐标就成为解析处理射影几何学中得到共识的工具. 默比乌斯与他的同时代人施陶特不同, 他的研究工作是在十分孤

① 英译本书名为 *Lectures on the Geometry of Position* (New York, 1898).

立的环境中进行的, 却也得到了不少其他有趣的发现. 其中一个例子是在线汇论中的零系, 他在一本关于静力学的教科书中做了介绍 (1837 年). 还有 “默比乌斯带” (1865 年发表), 是第一个不可定向曲面的例子, 同时也提醒我们, 默比乌斯还是近代拓扑科学的创始人之一.①

普吕克在波恩任教多年, 是一位几何学家, 同时也是一位实验物理学家, 曾在晶体磁性、气体电导和光谱学中有过各种发现. 他在一系列的论文与著作中, 尤其是在《新空间几何学》(*Neue Geometrie des Raumes*, 1868—1869 年) 中, 用了很多新观念重建解析几何学. 书中表现了缩写记号的功能, 例如 $C_1+\lambda C_2=0$ 表示一束圆锥曲线. 他引进了齐次坐标, 称为建立在一个基本四面体基础上的 “射影” 坐标, 另外还引入了一条基本原理, 几何学不必仅仅以点为基本元素, 直线、平面、圆、球都可以作为几何学所依据的元素 (空间元素). 这一含义丰富的概念同时为综合几何学和解析几何学注入了新的灵感, 创造了对偶性的新形式. 一个特殊形式的几何空间的维数现在可以是任意的正整数, 取决于定义 “元素” 所需要的参数的数目. 普吕克还发表了平面代数曲线的一个一般理论, 从中他推导了奇点数目之间的 “普吕克关系” (1834, 1839 年).

沙勒很长时间一直是法国几何学的领军代表人物, 他是蒙日晚年在巴黎综合理工大学的学生, 并于 1841 年担任该校的教授. 1846 年, 沙勒在巴黎大学教授了多年之后, 获得了学校专门为他设立的高等几何学教席. 沙勒的工作与普吕克的工作有许多共同之处, 特别是他从方程中最大限度地提取几何信息的本领, 这使他能够娴熟地运用迷向直线与无穷远圆点. 沙勒追随庞斯莱应用了 “枚举” 方法, 并在他手中发展为几何学的一个新分支, 称为枚举几何学或计数几何学. 这个领域后来由舒伯特 (Hermann Schubert) 和措伊滕 [167]
(H. G. Zeuthen) 分别在他们的著作《枚举几何学的演算》(*Kalkül der abzählenden Geometrie*, 1879 年) 和《枚举法》(*Abzählende Methoden*,

① 哥廷根的利斯廷也曾发现了 “默比乌斯带”, 并在 1861 年发表. 利斯廷和默比乌斯二人发现 “默比乌斯带” 的时间都是 1858 年.

1914 年) 中全面开发. 这两本著作用几何语言揭示了代数学在这里的强项与弱点. 它最初的成功引发了施图迪 (E. Study) 等人的反应, 施图迪强调 "几何学图形的精确性不会永远都被看作是偶然的".①

沙勒对于数学史尤其是几何学的历史有很深的造诣, 所著著名的《几何学中方法的来源与发展的历史概述》(*Aperçu historique sur l'origine et le développement des méthodes en géométrie*, 1837 年) 一书奠定了数学近代史的起点. 这是一部关于希腊几何学与现代几何学极富有可读性的书, 从中可让我们一窥多产的科学家笔下的数学史.②

十八

在新的射影几何与代数几何热得发烧的那些年里, 另一种新颖甚至是更革命性的几何学正在悄然出现在大多数主流数学家不太注意的一些无名出版物中. 欧几里得的平行公设是一条独立公理还是可以由其他公理导出这个问题, 已经让数学家们困惑了两千多年. 古代的托勒密曾试图找出一个答案, 中世纪的纳西尔 · 丁 (Nasir al-dīn)、18 世纪的兰伯特和勒让德都企图去证明这个公理, 即使他们在研究过程中得到了一些有趣的结果, 但都没有成功.③ 高斯是相信平行公设独立本性的第一人, 这就意味着, 建立在其他选择公理基础上的几何学在逻辑上是可能的, 但高斯从来没有公开发表过他对此的想法. 首先公开向两千年的权威挑战并建立了

① 见 E. Study, *Verhandlungen Dritter Intern. Math. Kongress* (Heidelberg, 1905), pp. 388–395; B. L. van der Waerden, *Diss* (Leiden, 1926).

② 沙勒也受一个伪造文件的人所害而背了一些恶名, 此人在 1861—1870 年间曾向他兜售了几千件伪造的材料, 其中包括从帕斯卡所写的信件到柏拉图所写的其他文字 (甚至还有抹大拉的玛丽亚写给耶稣朋友的信). 见 J. A. Farrer, *Literary Forgeries* (London, 1907), Ch. XII.

③ 有一个当时没有注意到的奇特情况, 苏格兰哲学家里德 (Thomas Reid) 在批判伯克莱的视觉理论时, 曾发表过一份用光线表示的非欧几里得几何学 (椭圆型) 大纲, *An Inquiry into the Human Mind* (1764). 见 N. Daniels, "Thomas Reid's Discovery of Non-Euclidean Geometry", *Philosophy of Science*, Vol. 39 (1972), pp. 219–234.

一种非欧几里得几何学的是俄国人罗巴切夫斯基 (Nikolai Ivanovič Lobačevskiĭ) 和匈牙利人波尔约 (János Bolyai). 第一个发表这种想法的是罗巴切夫斯基, 他是喀山 (Kazan) 的教授, 曾在 1826 年讲授过有关欧几里得平行公理的课程. 他的第一本著作于 1829—1830 年问世, 用俄文写就. 很少有人注意到这本书, 即便是后来以《关于平行线理论的几何研究》(*Geometrische Untersuchungen zur Theorie der Parallellinien*)① 为书名的德文版本也很少受人注意, 只有高斯表现出了兴趣. 此时波尔约已经发表了他对于这一方面的想法.

罗巴切夫斯基 (Nikolai Ivanovič Lobačevskiĭ, 1793—1856 年)

① 英译为 "Geometrical Researches on the Theory of Parallels", 译者 G. B. Halsted, 并被收入 R. Bonola, *Non-Euclidean Geometry* (1912), Dover Publications, Inc., 1955.

[169] 波尔约是匈牙利一个省城数学教师的儿子. 这位做数学教师的老波尔约 (Farkas (Wolfgang) Bolyai), 曾就读于哥廷根, 那时高斯也是那里的学生, 两人一直保持着偶尔的通信联系. 老波尔约用了很多时间试图去证明欧几里得的第五公设 (见前第三章第七节), 但没有得到确定的结论. 他的儿子继承了他的热情, 也开始研究这一证明, 不过父亲却劝说他做些别的事情:

> 你必须像痛恶淫荡的交际一样痛恶它, 它会使你完全失去你的闲暇、你的健康、你的休息, 还有你一生的全部快乐. 这片无边的黑暗也许可以吞噬掉一千个伟人牛顿, 使大地上永远看不到光明 …… (1820 年的信)

波尔约参加了军队, 并获得了勇敢军官的荣誉. 他开始接受将欧几里得的平行公设作为一条独立的公理, 并且发现有可能在另一条公理的基础上构造一门几何学, 这条公理是, 过平面上一点可
[170] 以存在无限多条直线与平面上的一条直线不相交. 同样的思想也曾经出现在高斯和罗巴切夫斯基的头脑里. 波尔约以《绝对空间科学的附录》(*Appendix scientiam spatii absolute veram exhibens*, 以下简称《附录》) 为题写下了他的思想, 作为他父亲一本书的附录在 1832 年发表.① 担忧的父亲写信给高斯, 请他对儿子的异端之说给予指教. 当回信从哥廷根寄到时, 信中却是对年轻波尔约的工作的热情赞许. 此外, 高斯还解释道, 他不能夸奖波尔约, 因为这就意味着自夸,《附录》中的想法也是他本人多年来的想法.

波尔约对这封赞许的信非常失望, 这封信把他抬高到大科学家的地位, 但同时也抢夺了他的优先权. 当他没有得到进一步的认可时, 他更加失望了, 不过还在继续研究着诸如虚量的几何表示等问题. 而他经德文版本获悉罗巴切夫斯基 1840 年的著书时, 更是受到深深的震撼, 但也只能继续自己的退休生活直到 1860 年去世.

波尔约与罗巴切夫斯基两人的论文虽然很不相同, 但在原理上是相似的. 新的思想独立地在哥廷根、布达佩斯和喀山出现,

---

① 英译为 "The Science of Absolute Space", 译者 G. B. Halsted, 并被收入 Bonola, *Non-Euclidean Geometry*.

并且是经两千年的潜伏期之后的同一时刻出现, 这一点很引人注意. 同样引人注意的是, 这种思想的一部分是在处于数学研究中心的地理范围以外成熟的, 有时伟大的新思想会诞生在学术圈子的外部而不是内部. 当然, 圈里圈外也有关联: 哥廷根的高斯是老波尔约的同学加朋友, 罗巴切夫斯基在喀山的老师巴特尔斯 (J. M. Bartels) 也曾是高斯的老师.

非欧几里得几何学 (这个名字是高斯取的, 以下简称为非欧几何学) 在以后的几十年里仍然是数学中一个晦暗的领域. 大部分数学家对它置之不理, 当时占主导的康德哲学也没有认真地研究它. 第一位了解非欧几何学全部意义的领军科学家是黎曼, 他的一般流形理论 (1854 年) 不仅完全承认了已存在的几种非欧几何, 也承认了许多别的几何, 即所谓的黎曼几何, 但是完全接受这些理论要等到黎曼以后一代人开始懂得了他的理论意义 (1870 年及以后).

古典几何学还有一次推广始发于黎曼之前的年代, 却直到创建人去世都没有得到人们的充分认知, 这就是三维以上的几何学, 1844 年, 格拉斯曼 (Hermann Grassmann) 在《扩张论》(*Ausdehnungslehre*) 一书中将其完全发展成形. 格拉斯曼是斯德丁 (Stettin) 一所高中的教师, 又是一个兴趣极为广泛的人, 他笔下的文章涉及各种主题, 电流、颜色、声学、语言学、植物学和民俗学. 人们至今还在使用他关于《梨俱吠陀》(*Rigveda*) 的梵文字典. 更可读一些的《扩张论》修订本出版于 1861 年, 写作方法按照严格的欧几里得形式. 这本书建立了在 n 维空间中的几何学, 首先是在仿射空间, 然后是在度量空间. 格拉斯曼使用了一种不变的符号体系, 其中我们现在可以识别出向量和张量的记号 (他的 "间隙" 乘积就是张量), 但是这却使得他的工作几乎不能为他的同时代人所理解. 后来一 [171]
代数学家利用格拉斯曼的部分结构建立了仿射空间和度量空间的向量分析.

虽然凯莱在 1843 年用一种更通俗的形式引入了 n 维空间的同样概念, 但三维以上空间的几何学一直没有得到人们的相信, 同样也是黎曼在 1854 年的演说才改变了这种局面. 除了黎曼的思想,还有普吕克的思想, 他指出空间的元素不必是点 (1865 年), 所以三维空间线的几何学就可以看作是一个四维的几何学. 另外克莱因也在强调, 前者可以看作是一个五维空间中的四维二次曲面的几何. 人们完全接受三维以上的几何学一直要到 19 世纪后期, 主要是因为它们被用来解释多于三个变量的代数和微分形式理论.

十九

哈密顿与凯莱的名字表明, 讲英语的数学家终于在 19 世纪 40 年代赶上了欧洲大陆的同行. 直到进入了 19 世纪, 剑桥与牛津的大学者还认为任何改进流数论的尝试都是对牛顿神圣形象的亵渎与叛逆, 英国的牛顿学派与欧洲大陆的莱布尼茨学派渐行渐远, 以至达到了欧拉在他的《积分学》(1768 年) 中考虑的程度: 契合两种表现方法毫无益处. 1812 年, 这一窘境被剑桥的一群年轻数学家冲破了. 他们在较年长的伍德豪斯 (Robert Woodhouse) 的鼓励下, 建立了分析学会传播微分记法. 领导者是皮科克 (George Peacock)、巴贝奇 (Charles Babbage) 和赫谢尔 (John Herschel). 用巴贝奇的话来说, 他们努力鼓吹 "纯 d 主义的原则, 以反对大学中的 · 流行".① 这个运动最初遭到了人们严厉的批评, 后来经过诸如 1816 年出版拉克鲁瓦 (Lacroix)《微积分教程》(*Traité élémentaire de calcul différentiel et de calcul intégral*, 第二版, 1806 年) 的英译本等各种活动, 终于打开了局面, 英国新一代数学家开始加入到近代数学的研究中来.

然而, 最初的重要贡献并不是来自剑桥, 而是来自于几位曾经独立地接纳欧洲大陆数学的数学家, 其中最重要的是哈密顿和格林. 有意思的是, 这两个人以及新英格兰的鲍迪奇 (Nathaniel Bowditch) 都是从阅读拉普拉斯的《天体力学》得到激励去研究 "纯 d 主义" 的. 格林是诺丁汉 (Nottingham) 一位磨坊主的儿子, 自学成才, 一直对电学中的新发现抱以极大的热情. 那时 (约 1825 年前后),

① J. B. Dubbey, "The Introduction of the Differential Notation in Great Britain", *Annals of Science*, Vol.19 (1963), pp. 37–48.

几乎还没有数学理论来描述电现象, 泊松在 1812 年仅仅迈出第一步. 格林读了拉普拉斯的著作, 用他自己的话说:

> 考虑到全社会对于能源的需求, 像电这样的问题应该 [172]
> 尽可能地付诸计算, 表现出许多难题的解上面反映的优势, 通过不再特别关注一个系统中不同物体承受的每一种力, 而将注意力仅限制于它们都要依赖其微分的特殊函数, 促使我去尝试能否找出这种函数与物体产生的电量之间的某种一般关系.

由此格林发表了《论数学分析在电磁理论的应用》(*Essay on the Application of Mathematical Analysis to Theories of Electricity and Magnetism*, 1828 年), 开始电磁学的数学理论方面的最初尝试. 这是近代数学物理学在英国的开始, 以后又由于高斯 1839 年的论文, 位势论确立为数学的一个独立分支. 高斯并不知道格林的文章, 此文直到 1846 年汤姆森 (William Thomson, 后来的开尔文勋爵 (Lord Kelvin)) 在克雷尔的《纯粹数学与应用数学杂志》做了重新刊登才广为人知. 但高斯与格林的思想极为接近, 甚至于对拉普拉斯方程的解, 格林选择了 "位势函数" 一词, 高斯选择了几乎是同样的术语 "位势". 不仅如此, 联系曲线积分与曲面积分的两个密切相关的等式, 也分别被称作 "格林公式" 与 "高斯公式". 求解偏微分方程中的 "格林函数" 也是以这位利用业余时间研究拉普拉斯的磨坊主儿子命名的.

我们没有篇幅来描述数学物理学在英国或德国的进一步发展. 与之相关的名字有斯托克斯 (Stokes)、瑞利 (Rayleigh)、开尔文、麦克斯韦 (James Clerk Maxwell)、基希霍夫 (Kirchhoff)、亥姆霍兹 (Helmholtz)、吉布斯 (Gibbs) 等. 这些人对求解偏微分方程的贡献也非常大, 以至于人们常把数学物理学与二阶线性偏微分方程理论混为一谈. 同时, 数学物理学为数学的其他领域也带来了丰富的思想, 例如概率论、复函数论和几何学. 具有特别重要性的是麦克斯韦的《电磁学通论》(*Treatise on Electricity and Magnetism*, 二卷本, 1873 年),[①] 这本书对于以法拉第 (Faraday) 的实验为基础的电磁学理论进行了系统的数学阐述. 麦克斯韦的理论最终主导了数理电学, 并在日后启发了洛伦兹 (Lorentz) 关于电子的理论和爱因斯坦的相对论.

二十

在 19 世纪, 英国的纯数学主要是代数及其在几何学的应用, 这一领域中的三位领军人物是凯莱、西尔维斯特 (James Joseph Sylvester) 和萨蒙 (George Salmon). 凯莱早年曾从事法律的研究和工作, 1863 年就任为剑桥新设立的萨德勒数学教席 (Sadlerian professorship of mathematics), 自此就在那里教了 30 年书. 他 19 世
[173] 纪 40 年代在伦敦从事法律工作时, 认识了当时还是精算师的西尔维斯特, 凯莱和西尔维斯特在型代数 (或称为齐式代数) 方面的共同兴趣就是从那时开始的, 他们的合作意味着代数不变式理论的开端.

这个理论很多年以来悬而未决, 尤其是当行列式开始成为研究对象以后. 凯莱与西尔维斯特早期的工作超出了单纯行列式的范围, 而是系统地给出型代数的不变式理论的一次有意识的尝试, 并用一套自己的符号和构成规则加以完善. 这个理论后来被德国的阿龙霍尔德 (Aronhold) 和克莱布施 (Alfred Clebsch) 改进, 构成庞斯莱 (Poncelet) 的射影几何在代数上的对应. 凯莱的长篇大作涵盖了有限群、代数曲线、行列式与代数型的不变式等多个领域中的许多课题, 其中 9 篇《关于型的研究报告》(*Memoirs on Quantics*, 1854—1878 年) 是他最著名的工作之一. 系列论文的第六篇 (1859 年) 提出了对于圆锥曲线的度量的射影定义, 这个发现将凯莱引向了欧几里得度量的射影定义, 并且使他能够确定度量几何学在射影几何学框架内部的位置. 凯莱没有注意到射影度量与非欧几何的关系, 这是后来克莱因发现的.

① Dover 出版社 1954 年曾重印. (译者注: 有中译本, 戈革, 译, 北京大学出版社, 2010 年.)

西尔维斯特不仅是一位数学家, 同时也是诗人、才子, 与莱布尼茨一样, 也是在整个数学史上创造新名词最多的数学家. 从 1855 年到 1869 年, 西尔维斯特执教于伍尔维奇军事学院 (Woolwich Military Academy). 他曾两次前往美国, 第一次是在弗吉尼亚大学 (University of Virginia) 做教授 (1841—1842 年), 第二次是在巴尔的摩 (Baltimore) 的约翰 · 霍普金斯大学 (Johns Hopkins University) 做教授 (1877—1883 年). 在第二个时期, 他是最早在美国大学中培养数学研究生的数学家之一, 由于西尔维斯特的教学, 数学开始在美国兴盛起来.

西尔维斯特对代数的诸多贡献中有两项已经成为经典: 初等因子理论 (1851 年, 又被魏尔斯特拉斯在 1868 年重新发现) 和二次型的惯性定理 (1852 年, 雅可比与黎曼已经知道, 但没有发表). 现在人们普遍采用的许多术语也都归功于西尔维斯特, 例如不变量 (invariant)、协变量 (covariant)、反变量 (contravariant)、同步的

西尔维斯特 (James Joseph Sylvester, 1814—1897 年)

(cogredient)、合冲 (syzygy) 等. 他的轶事也在广泛流传, 很多都是对这位教授不修边幅的各种描述.

英国第三位代数 – 几何学家萨蒙的漫长一生一直与都柏林的三一学院 (Trinity College, Dublin) 有联系, 这所学校也是哈密顿的母校, 萨蒙在那里既教数学也教神学. 他的主要功绩是他著名的教科书, 以其清晰性与吸引力见长, 为许多国家的几代学生开辟了一条通向解析几何学与不变式理论的道路, 至今都难以超越. 这套课本包括《圆锥曲线》(*Conic Sections*, 1848 年)、《高阶平面曲线》(*Higher Plane Curves*, 1852 年)、《现代高等代数》(*Modern Higher Algebra*, 1859 年) 与《立体解析几何》(*Analytic Geometry of Three Dimensions*, 1862 年), 每位学习几何的学生都应该去读读这些书.

二十一

英国代数学有两项值得我们特别注意的成果: 哈密顿的四元数与克利福德 (William Kingdon Clifford) 的复四元数. 哈密顿是一
[175] 位爱尔兰皇家天文学家, 在完成了关于力学与光学的工作后, 1835 年转向代数学. 他的《代数偶的理论》(*Theory of Algebraic Couples*, 1835 年) 将代数学定义为纯时间的科学, 并在将复数看作数偶的概念上构建了严谨的复数代数学. 这些应该独立于高斯的相关工作, 后者在其双二次剩余理论 (1831 年) 中也构建出严谨的复数代数学, 但他建立在复平面几何的基础上. 现在两种观点都已经为人们同等地接受. 哈密顿后来又尝试去钻研三元数组、四元数组等的代数. 他的崇拜者们都热衷于谈到, 1843 年 10 月的一天, 他在都柏林的一座桥边散步时突然灵光一闪, 就发现了四元数. 哈密顿关于四元数的研究发表在两本大书中:《四元数讲义》(*Lectures on Quaternions*, 1853 年) 与遗作《四元数基础》(*Elements of Quaternions*, 1866 年). 四元数演算中最著名的部分是向量理论 (这个名称是哈密顿取的), 也是格拉斯曼 (Grassmann) 扩张理论的一部分. 所以人们现在常常引用哈密顿与格拉斯曼的代数工作. 但是在哈密顿的时代以及

之后的很长一段时期, 四元数本身却成为一个被过分溢美的对象. 英国一些数学家在四元数演算中看到了某种莱布尼茨式的 “泛算术” (arithmetica universalis), 这自然引起了一些反响, 诸如赫维塞德 (Heaviside) 与泰特 (Tait), 使得四元数失去了不少光彩. 超复数理论经皮尔斯 (Peirce)、施图迪、弗罗贝尼乌斯和嘉当的精心阐述, 最终将四元数摆到最简单的两个以上单位的结合数系统这样一个合理位置. 在狂爱四元数的鼎盛时期, 甚至产生了一个促进四元数与数学相关系统研究的国际协会, 不过后来成为第一次世界大战的牺牲品而消失了. 围绕四元数争论的另一个方面是在哈密顿与格拉斯曼的拥护者之间的争论, 当时由于美国的吉布斯 (Gibbs) 和英国的赫维塞德的努力, 向量分析终于作为数学的一个独立分支而兴起. 这个争论盛行时正是 1890 年与第一次世界大战之间, 最终由群论的应用解决, 它确定了每种方法在各自操作领域的优点.①

克利福德 1879 年 33 岁就英年早逝, 曾执教于剑桥大学三一学院和伦敦大学学院. 他是最早理解黎曼的英国人之一, 而且与黎曼有着共同对于我们空间观念的起源的浓厚兴趣. 克利福德发展了一种运动的几何学, 由此他将哈密顿的四元数推广为复四元数 (1873—1876 年). 这些以 $a+b\epsilon$ 的复数为系数的四元数, 其中 ϵ^2 可以是 $+1,-1,0$, 可以用来研究非欧空间中的运动. 克利福德的《精确科学中的常识》(*Common Sense of the Exact Sciences*) 至今很有可读性, 表明了克利福德与克莱因之间在思想上的血缘关系. 这种血缘关系也表现在对非欧几何中的某些闭欧几里得流形的术语 “克利福德 - 克莱因空间” 上, 假如克利福德寿命更长一些, 也许英国数学家更早的一代人就会受到黎曼思想的影响. [176]

数十年里, 英语国家一直将纯数学的重点放在形式代数, 这一点对哈佛大学皮尔斯 (Benjamin Peirce) 的工作很有影响. 他是鲍迪奇的学生, 在天体力学方面做出了卓越的工作, 并在 1870 年出版了《线性结合代数》(*Linear Associative Algebras*), 这是关于超复数最

① F. Klein, *Vorlesungen über die Entwickelung der Mathematik im 19. Jahrhundert* (Berlin, 1927), Vol. II, pp. 27–52; J. A. Schouten, *Grundlagen der Vektor-und Affinoranalysis* (Leipzig, 1914); 以及 E. Cartan 的许多文章.

哈密顿 (William Rowan Hamilton, 1805—1865 年)

早的系统研究之一.[①] 英国数学的形式主义倾向也许可以解释都柏林王后学院 (Queen's College, Dublin) 数学家布尔 (George Boole) 的著作《思维规律的探索》(*An Investigation of the Laws of Thought*, 1854 年)[②]的诞生. 书中揭示了由亚里士多德整理、在大学里教授了几个世纪的形式逻辑法则本身如何成为运算对象, 建立了与莱布尼茨的一般性特征(characteristica generalis) 的观念相协调的原理.

布尔深受德摩根 (Augustus De Morgan) 符号逻辑的工作的影响, 德摩根从 1826 到 1866 年是伦敦大学学院的教授, 是他提出了逻辑命题的第一种形式. 他悠长岁月的工作极大地影响了英国数学. 德摩根也是一位才子, 见他身后发表的《悖论的预算》(*Budget of Paradoxes*, 1872 年).

---

① 皮尔斯的一个儿子 C.S. 皮尔斯不仅像他的父亲一样是一位名副其实的应用数学家, 从事美国海岸和大地测量调研, 还对数学哲学做出了重要的贡献, 这后一点直到最近才被人们广泛承认. 例如见 C. Eiserle, *Studies in the Scientific and Mathematical Philosophy of C. S. Peirce* (The Hague, 1979; a collection of essays).

② Dover Publications, Inc. 1951 年重印.

"逻辑代数" 开创了一个致力于确立逻辑与数学统一的思想学派, 这个学派从弗雷格 (Gottlob Frege) 的著作《算术基础》(*Die Grundlagen der Arithmetik*, 1884 年) 中汲取了动力, 书中给出从逻辑到算术概念的推演. 这些研究在 20 世纪以罗素 (Bertrand Russell) 和怀特黑德 (Alfred North Whitehead) 的《数学原理》(*Principia Mathematica*, 1910—1913 年) 达到一个高峰; 它们也影响了后来希尔伯特 (Hilbert) 关于算术基础与消除无穷悖论的工作. ①

二十二

凯莱与西尔维斯特关于不变量理论的论文在德国获得极大的关注, 那里的几位数学家根据完整的算法将这个理论发展成为一门学科, 其中主要人物有黑塞 (Ludwig Otto Hesse)、阿龙霍尔德 (Siegfried Heinrich Aronhold)、克莱布施 (Clebsch) 和戈丹 (Paul Gordan). 黑塞曾先后做过哥尼斯堡 (Königsberg)、海德堡 (Heidelberg)、慕尼黑 (Munich) 的教授, 他与普吕克一样, 指出了简记法在解析几何中的威力, 并喜欢用齐次坐标和行列式来推理. 阿龙霍尔德曾任教于柏林的高等工科学校 (Technische Hochschule in Berlin), 在 1858 年的论文中用所谓的 "理想" 因子 (与库默尔的 "理想" 概念无关) 发展起不变量理论的一个一致的符号体系, 这个符号体系在 1861 年经克莱布施进一步发展, 从此, "克莱布施 - 阿龙霍尔德" 符号体系几乎成为系统研究代数不变量的最普遍使用的方法. 我们现在 [177]
认识到这个符号体系以及哈密顿的向量、格拉斯曼的外代数、吉布斯的并向量其实就是张量代数、因而也就是线性代数的一些特殊方面. 这个不变量理论后来由埃尔朗根大学 (University of Erlangen) 的戈丹加以充实, 他在 1868—1869 年证明了, 对于每一个二元型, 存在有限多个有理不变式和共变式, 使得所有的有理不变式和共变式都可以用有理形式表示. 这条戈丹定理 (Endlichkeitssatz) 在 1890 年被希尔伯特推广到 n 个变量的代数形式.

---

① D. Hilbert and W. Ackermann, *Grundzüge der theoretischen Logik* (Berlin, 1928). 也见 M. Black, *The Nature of Mathematics* (New York and London, 1934).

克莱布施曾是卡尔斯鲁厄 (Karlsruhe)、吉森 (Giessen) 与哥廷根的教授, 39 岁就逝世了, 但他短暂的一生却凝聚了许多卓越成就. 在法国的拉梅 (Lamé) 和圣维南 (Saint-Venant) 的引领下, 他出版了一本关于弹性理论的书 (1862 年), 并将不变式理论应用于射影几何. 他是最先理解黎曼的数学家之一, 并且是代数几何这一分支的创建人, 这里黎曼的函数论和多连通面理论被应用于实代数曲线. 克莱布施和戈丹的《阿贝尔函数理论》(*Theorie der Abelschen Funktionen*, 1866 年) 对这些思想给出了一个概括的纲要. 克莱布施创办的《数学年刊》(*Mathematische Annalen*), 在 60 多年里一直是占主导地位的数学期刊. 他关于射影几何的讲义 (1876—1877 年) 后来由他的学生林德曼 (F. Lindemann) 出版, 至今仍然是关于射影几何的一部标准教材.

二十三

至 1870 年, 数学已经发展出庞大的结构, 并划分成只有专家才能摸得着头绪的众多领域. 即便是伟大的数学家 —— 埃尔米特 (Hermite)、魏尔斯特拉斯、凯莱和贝尔特拉米 (Beltrami) —— 最多也只能够精通其中的几个领域. 这种专门化一直在持续发展, 目前已经到达令人震惊的程度. 反对的呼声从未停止过, 在上个百年里的一些最重要的成就曾是各个不同数学领域综合的结果.

这种综合在 18 世纪中由拉格朗日和拉普拉斯在力学上得到实现, 一直作为特色各异极具威力的工作的基础. 19 世纪又为此增添了一些新的统一原理, 主要有群论和黎曼关于函数和空间的观念. 它们的意义在克莱因、李和庞加莱的工作中有最好的体现.

克莱因在 19 世纪 60 年代后期是普吕克在波恩的助教, 也就是在那里他学习了几何学. 1870 年他 22 岁时访问了巴黎, 在那里他遇到了李, 一个比他年长 6 岁而且只是在不久之前才对数学发生兴趣的挪威人. 两个年轻人见到了几位法国数学家并学习了他们的工作, 其中就有巴黎综合理工大学的若尔当. 若尔当在 1870

年刚刚完成他关于置换群和伽罗瓦方程论的《置换论》(*Traité des substitutions*). 从中克莱因和李开始了解到群论的中心重要性, 进而大概将数学领域划分为两部分, 克莱因通常更多地关注离散群, 李则重心在连续群.

克莱因 (Felix Klein, 1849—1925 年)

1872 年, 克莱因成为埃尔朗根 (Erlangen) 的教授, 他在就职演 [178]
讲中解释了群的概念在数学领域分类中的重要性. 这个以 "埃尔朗根纲领" 著称的演讲, 宣称每一种几何学都是一种特殊变换群的不变量理论. 将这个群扩张或缩小, 我们就可以从一种几何学过渡到另一种几何学. 欧几里得几何学是对度量群 (译者注: 即保持度量不变的群, 也就是通常所称的欧几里得运动群) 的不变量的研究, 射影几何学是对射影群的不变量的研究. 变换群的分类就给出了几何学的分类, 每一个群的代数不变量和微分不变量的理论就给出一种几何学的分析结构. 凯莱关于度量的射影定义使得我们可以在射影几何学的框架内考虑度量几何学. 在平面上的射影几何学添加一个不变的圆锥曲线就得到非欧几何学, 甚至相对不为人知的拓扑学也作为连续点变换 (译者注: 连续变换或拓扑变换) 的不变量理论而得到自己适当的位置.

在这之前的一年, 克莱因在表示非欧几何可以利用凯莱度量而被视为射影几何时, 曾就他的思维模式给出了一个重要例子, 使得人们最终充分承认了一直被忽视的波尔约和罗巴切夫斯基的理论. 这里还建立了理论中的逻辑一致性, 如果在非欧几何中有逻辑的错误, 那么它们就可以在射影几何中被检查出来, 只是信服这种奇谈怪论的数学家并不多. 后来在希尔伯特的几何公理中, 经常用到这种一个数学领域在另一个数学领域的 "影像" 的思想, 而且起到重要的作用.

运用群论, 综合蒙日、庞斯莱、高斯、凯莱、克莱布施、格拉斯曼和黎曼的几何和代数的工作就有了可能. 黎曼的空间理论所提供的许多建议都体现在埃尔朗根纲领中, 不仅启发了克莱因, 也启发了亥姆霍兹和李. 亥姆霍兹研究了黎曼的空间观念 (1868 年和 1884 年), 部分是为了给他的颜色理论找到一个几何影像, 部分是为了寻求我们的视觉尺度的起源, 这引导他去研究几何公理的性质, 特别是黎曼二次度量的性质. 之后李通过分析所属的变换群的性质, 改进了亥姆霍兹关于黎曼度量性质的推断 (1890 年), 这个 "李 - 亥姆霍兹" 空间问题不仅对于相对论和群论、甚至对于生理学都有重要意义. ①

克莱因在他的小册子《论黎曼的代数函数论》(*Über Riemann's Theorie der algebraischen Funktionen*, 1882 年)② 中对黎曼的复函数概念给出阐释, 其中着重指出, 物理上的考虑因素也会影响到甚至是最微妙类型的数学. 在《二十面体的讲义》③ (*Vorlesungen über das Ikosaeder*, 1884 年) 中, 克莱因表明, 现代代数学可以对古代柏拉图

① H. Freudenthal, "Neuere Fassungen des Riemann-Helmholtzschen Raumproblems", *Math. Zeitschrift* 63 (1956), pp. 374–405.

② 由 Frances Hardcastle 英译为 *On Riemann's Theory of Algebraic Functions and Their Integrals.*

③ 由 G. G. Morrice 英译为 *Lectures on the Icosahedron.*

体讲出许多新颖和惊人的内容. 这个工作是对于正多面体的旋转群及其与代数方程的伽罗瓦群的关系的研究. 通过克莱因本人和 [180] 他众多学生的广泛研究, 他将群的观念应用于线性微分方程、椭圆模函数、阿贝尔函数和新的“自守”函数, 并在进行自守函数方面的工作时与庞加莱展开了有趣的友好竞争. 在克莱因令人鼓舞的领导下, 哥廷根继承了自高斯、狄利克雷和黎曼以来的传统, 成为世界上的数学研究中心, 各国的青年男女汇集于此, 将各自专门的课题作为整个数学的一个组成部分加以钻研. 克莱因常做一些很有启发的演讲, 演讲的笔记经油印传播, 不仅为几代数学家提供了专门的材料, 而且更重要的是赋予这门科学一个整体的了解. 1925 年克莱因逝世以后, 他的一些讲义又得以书籍的形式出版.

李还在巴黎时就发现了切触变换, 有了这个关键, 整个哈密顿力学就可以作为群论的一部分. 他回到挪威以后, 成为克里斯蒂安尼亚 (Christiania, 1925 年后重新命名为奥斯陆) 的教授, 后来在

李 (Marius Sophus Lie, 1842—1899 年)

1886 年到 1898 年, 又执教于莱比锡. 他将一生都奉献给关于连续变换群及其不变量的系统研究, 表明它们作为几何学、力学、常微分方程与偏微分方程的分类原则的中心重要作用. 在李的学生舍费尔斯 (Scheffers) 与恩格尔 (Engel) 的编辑帮助下, 李的工作成果被编纂成几部标准著作:《变换群理论》(*Theorie der Transformationsgruppen*, 1888—1893 年)、《微分方程》(*Differentialgleichungen*, 1891 年)、《连续群》(*Kontinuierliche Gruppen*, 1893 年)、《切触变换》(*Berührungstransformation*, 1896 年). 李的工作后来又经法国数学家嘉当 (Élie Cartan) 的贡献、并在他的影响下而大大丰富.

二十四

面对着数学在德国的巨大发展, 法国的优秀数学家也纷纷在各个领域崭露头角. 将法国数学家与德国数学家加以比较是很有意趣的: 埃尔米特与魏尔斯特拉斯、达布 (Darboux) 与克莱因、阿达马 (Hadamard) 与希尔伯特、塔内里 (Paul Tannery) 与康托尔 (Moritz Cantor). 从 19 世纪 40 年代到 19 世纪 60 年代, 法国的领军数学家是巴黎法兰西学院 (College de France) 的教授刘维尔 (Joseph Liouville), 他是一位优秀的教师和组织者, 也是《纯粹数学与应用数学杂志》(*Journal de mathématiques pures et appliquées*) 多年的主编. 他系统地研究了两个或多个变量的二次型的算术理论, 同时统计力学中的 "刘维尔定理" 又表明他在另一个完全不同的领域也是一位富有创造力的研究者. 他确立了超越数的存在性, 并且在 1884 年证明, e 和 e^2 都不是有理系数的二次方程的根. 这是自 1761 年兰伯特证明 π 是无理数到 1873 年埃尔米特证明 e 是超越数以及最终 1882 年林德曼最后证明 π 是超越数这一串推理中的一步. 刘维尔和他的几位同事发展了曲线和曲面的微分几何学, 弗雷内 (Frenet) – 塞雷 (Serret) 公式 (1847 年) 就出自刘维尔这个圈子.

埃尔米特 (Charles Hermite) 是索邦大学 (Sorbonne) 和巴黎综合理工大学的教授, 他在 1857 年柯西逝世以后成为法国分析方面

的领军人物. 埃尔米特和刘维尔的工作继承着高斯和雅可比的传 [181]
统, 同时也表现出与黎曼和魏尔斯特拉斯的工作的同源关系. 正如 "埃尔米特数" "埃尔米特型" 等名称所表明, 椭圆函数、模函数、θ 函数、数论和不变量理论都得到了他的关注. 他与荷兰数学家斯蒂尔切斯 (Stieltjes) 保持着多年的友谊, 曾经极大地鼓励过这位斯蒂尔切斯积分和连分数对力矩理论的应用的发现者, 后者还在埃尔米特的帮助下获得了图卢兹的教席. 这种欣赏是相互的: "Vous avez toujours raison et j'ai toujours tort."① 埃尔米特曾这样写信给他的朋友. 埃尔米特与斯蒂尔切斯之间的四卷《通信集》(*Correspondance*, 1905 年) 包含了丰富的材料, 主要是关于复变函数的.

斯蒂尔切斯 (T. J. Stieltjes, 1856—1894 年)

法国的几何传统在达布 (Gaston Darboux) 的著作和文章中继续发扬光大. 达布是一位蒙日意义下的几何学者, 靠着对群论和微分方程的娴熟掌握来切入几何问题, 并以一种生动的空间直觉来处理力学问题. 他是法兰西学院的教授, 执教长达半个世纪, 最有影响的著作是其标准的《曲面的一般理论的讲义》(*Leçons sur la*

① "你永远是对的, 而我永远是错的."

théorie générale des surfaces, 四卷, 1887—1896 年), 呈现了一个世纪以来曲线与曲面微分几何的研究成果. 在达布的笔下, 这种微分几何以最富于变化的形式与常微分方程和偏微分方程以及力学相联系. 达布的行政和教学技巧、细致的几何直觉、对分析技术的掌握和对黎曼的理解, 都使得他在法国占据着一个类似于克莱因之于德国的地位.

19 世纪下半叶是分析及其应用的全方位法语教材的时代, 这些伟大的教材通常冠以 *Cours d'analyse*(分析教程) 的标题, 由领军数学家撰写. 最为著名的有若尔当的《分析教程》(*Cours d'analyse*, 三卷, 1882—1887 年), 皮卡 (Emile Picard) 的《分析专论》(*Traité d'analyse*, 三卷, 1891—1896 年), 以及作为其补充的古尔萨 (Edouard Goursat) 的《数学分析教程》(*Cours d'analyse mathématique*, 二卷, 1902—1905 年).

二十五

19 世纪下半叶最伟大的法国数学家是庞加莱 (Henri Poincaré), 自 1881 年到 1912 年逝世, 他一直任教于索邦大学. 他的同辈数学家当中, 没有一个人能够涉猎并充实了如此广泛的领域. 他每一年会讲授不同的课题; 讲义由学生所编纂, 覆盖了广泛的领域: 位势理论、光、电、热传导、毛细现象、电磁学、流体力学、天体力学、热力学、概率论. 这些讲义各具特色, 整体上呈现出众人的工作成果, 其中有些还有待于进一步完善. 此外, 庞加莱还撰写了多部通俗和半通俗读物, 希望对现代数学问题提出一些普遍的理解. 其中
[183] 有《科学的价值》(*La valeur de la science*, 1905 年).① 和《科学与假设》(La science et l'hypothèse, 1906 年)② 除了这些讲义以外, 庞加莱还以对技巧的娴熟掌握和对纯粹数学和应用数学的一切相关领

① 由 G. B. Halsted 英译为 *The Value of Science*. (译者注: 此书有中译本, 李醒民, 译, 商务印书馆, 2013 年.)

② 英译名为 *Science and Hypothesis*, 1952 年由 Dover Publications, Inc. 重印. (译者注: 有中译本, 李醒民, 译, 商务印书馆, 2006 年.)

域的完全理解, 发表了大量关于所谓自守函数和富克斯 (Fuchsian) 函数、微分方程、拓扑学以及数学基础的论文. 在 19 世纪的数学家中, 可能除了黎曼以外, 就只有庞加莱能为当代数学家留下如此丰富的谆谆教诲.

理解庞加莱工作的关键也许在于他对天体力学特别是三体问题的深入思考, 他所著的《天体力学的新方法》(*Les méthodes nouvelles de mécanique céleste*, 三卷, 1893 年), 显示了他与拉普拉斯紧密的传承关系, 同时还证明, 即便到了 19 世纪末期, 多产的数学家仍在密切关注古代关于宇宙的力学问题. 正是与这些问题相联系, 庞加莱才研究了发散级数并发展了关于渐近展开的理论, 探讨了积分不变量、轨道的稳定性与天体的形状. 他关于微分方程的积分曲线在奇点附近以及大范围内的特性的基本发现与他关于天体力学的工作是有关的. 关于概率的研究也是如此, 这是他与拉普拉斯有着共同爱好的另一个领域. 庞加莱就像欧拉和高斯: 不论在什么方向接近他, 都会得到原创性的激励. 我们关于相对论、宇宙进化论、概率论和拓扑学的现代理论都深受庞加莱工作的影响.

庞加莱 (Henri Poincaré, 1854—1912 年)

二十六

19 世纪为解放和统一意大利的复兴运动是意大利民族的新生, 也是意大利数学的新生. 意大利近代数学的几位创始人都参加了他们国家从奥地利统治下解放并统一的斗争, 以后他们又把从政职务与自己的专业职位结合起来. 在黎曼的强大影响之下, 意大利数学家通过克莱因、克莱布施和凯莱获得了对于几何学和不变量理论的知识, 并对弹性理论及其强烈的几何魅力深感兴趣.

新意大利数学学派的创始人中有布廖斯基 (Brioschi)、克雷莫纳 (Cremona) 和贝蒂 (Betti). 布廖斯基 1852 年成为帕维亚 (Pavia) 的教授, 1862 年组建了在米兰的技术研究所, 直到 1897 年逝世他都在那里任教. 他是《纯粹数学与应用数学年报》(*Annali di matematica pura ed applicata*, 意文版, 1858 年) 的创始人之一, 这个名称就表明他在刻意仿效克雷尔和刘维尔的期刊. 1858 年, 他与贝蒂、卡索拉蒂 (Casorati) 一同访问了法国和德国的领军数学家. 沃尔泰拉 (Volterra) 后来宣称 "意大利作为一个民族的科学存在" 就始自这次旅行.① 布廖斯基是凯莱 – 克莱布施式的代数不变量研究的
[184] 意大利代表. 克雷莫纳在 1873 年之后是罗马工程学校的校长, 平面和空间上的双有理变换就是以他的名字命名为 "克雷莫纳变换" (1863—1865 年), 他也是图解静力学的创始人之一.

贝尔特拉米 (Eugenio Beltrami) 是布廖斯基的学生, 曾经在博洛尼亚、比萨、帕维亚和罗马担任教席. 他在几何方面的主要工作完成于 1860 年到 1870 年之间, 用微分参数将一种微分不变量的算法引进到曲面论中. 他在那一时期的另一贡献是对于 "伪球形曲面" 的研究, 这种曲面的高斯曲率是负常数. 在这种伪球面上, 我们可以实现波尔约的二维非欧几何. 在克莱因的投影解释下, 这是一种表明非欧几何并无内在矛盾的办法, 因为如果有矛盾, 这个矛盾必定也会在平常的曲面论中出现.

① V. Volterra, *Bull. Am. Math. Soc.*, Vol. 7 (1900), pp. 60 – 62.

到 1870 年, 黎曼的思想已经越来越成为年轻一代数学家的共同财富, 德国数学家克里斯托费尔 (E. B. Christoffel) 和利普希茨 (R. Lipschitz) 的两篇文章 (1870 年) 的主题就是黎曼关于二次微分形式的理论. 第一篇文章引进了克里斯托费尔符号. 这些研究与贝尔特拉米的微分参数理论一起, 引领帕多瓦的里奇 (Gregorio Ricci-Curbastro) (译者注: 因为在与学生列维 – 齐维塔联合发表的一篇著名文章中曾署名 Gregorio Ricci, 所以常常被简称为里奇) 做出了绝对微分学 (1884 年), 这原本是为了处理偏微分方程的变换理论而建立的一种新的不变符号体系, 却同时也成为适合二次微分形式的变换理论的符号体系.

在里奇和他的一些学生 —— 主要是列维 – 齐维塔 (Tullio Levi-Civita) —— 手中, 绝对微分学发展成为我们现在所称的张量理论. 张量能够使许多不变量的符号体系统一起来, 并且在处理关于弹性学、流体力学和相对论的一般原理时也表现出它们的威力. 张量这个术语源于弹性学 (沃伊特, 1990 年).

意大利微分几何学最卓越的代表是比安基 (Luigi Bianchi). 他的《微分几何讲义》(*Lezioni di geometria differenziale*, 第二版, 三卷, 1902—1909 年) 作为 19 世纪微分几何的经典阐述, 堪与达布的《曲面的一般理论》(*Théorie générale des surfaces*) 媲美.

二十七

哥廷根的教授希尔伯特 (David Hilbert) 于 1900 年在巴黎国际数学家大会上提出了 23 个著名研究问题. 那时希尔伯特已经因为在代数形式上的工作获得了声誉, 并已经准备了他关于几何学基础的著名著作《几何基础》(*Grundlagen der Geometrie*, 1900 年). 这本书从多个方面受到了帕施 (Moritz Pasch of Giessen) 先驱性工作的启发, 特别是他的著作《新几何学讲义》(*Vorlesungen über neuere Geometrie*, 1882 年), 帕施在书中将思考的公理模式拓展到几何基础, 这同时也促进了弗雷格在算术基础上的工作. 希尔伯特在《几

何基础》中分析了作为欧几里得几何基础的各个公理, 并解释了现
[185] 代公理研究如何能够改进希腊人的成就.

在 1900 年的演讲中, 希尔伯特尝试抓住过去几十年里数学研究的趋势, 同时勾勒出未来创造性工作的纲要,① 解读他的规划会帮助我们更好地理解 19 世纪数学的意义. 因为规划中也展望了 20 世纪的数学发展, 我将这一解读放在了下一章的第二节.②

希尔伯特的规划彰显了 19 世纪末期数学的活力, 这与 18 世纪末存在着的悲观看法形成鲜明对比. 目前, 希尔伯特的一些问题已告解决, 另有一些期待着最终的解答. 1900 年之后的数学发展并未使 19 世纪末提出的期望失望. 然而, 即便是希尔伯特的天才也未能预见到今天已经发生着的一些惊人进展. 20 世纪的数学已经踏上了自己所开创的光荣道路.

参考文献

关于 19 世纪数学历史的最好论述是:

Klein, F. Vorlesungen über die Entwickelung der Mathematik im 19. Jahrhundert I, II. Berlin, 1926—1927. (第一部分及其附录的英文翻译, Brookline, Mass., 1979.) (译者注: 有中译本,《数学在 19 世纪的发展》, 第一卷, 齐民友, 译, 高等教育出版社, 2010 年, 第二卷, 李培廉, 译, 高等教育出版社, 2011 年.)

19 世纪主要数学家的传略可见:

Sarton, G. *The Study of the History of Mathematics.* Cambridge, Mass., 1936, pp. 70–98. (列有所有 19 世纪和 20 世纪主要数学家的文章目录, 文献材料的补充部分见 *Scripta mathematica*, 1932 — 现在.)

更多可见:

① 译文载 *Bull. Am. Math.* Soc., 2nd ser., Vol. 8 (1901—1902), pp. 437–479.

② 30 年后对希尔伯特提出问题的讨论见 L. Bieberbach, “Über den Einfluss von Hilberts Pariser Vortrag über ‘Mathematische Probleme’ auf die Entwicklung der Mathematik in den letzten dreissig Jahren”, *Naturwissenschaften*, Vol. 18 (1936), pp. 1101–1111. 更近期的文章有 *Die Hilbertschen Probleme*, Ed. by P. S. Alexandrov, Ostwalds Klassiker, Vol. 252 (Leipzig, 1971; 译自俄文).

de Launay, *L. Monge. Fondateur de l'École Polytechnique.* Paris, 1934.

Taton, R. *Monge.* Paris, 1951. (简写版见 *Elemente der Mathematik*, Suppl. 49, Basel, 1950.)

Dunnington, G. W. *Carl Friedrich Gauss: Titan of Science.* New York, 1956.

Gauss, C. F. *Gedenkband anlässlich des 100. Todestages*, Ed. H. Reichardt. Leipzig, 1957.

Klein, F. *Materialen für eine wissenschaftliche Biographie von Gauss.* 8 Vols., Leipzig, 1911—1920.

Worbs, E. *Carl Friedrich Gauss: Ein Lebensbild.* Leipzig, 1955. [186]

Quaternion Centenary Celebration. *Proc. Roy. Irish Acad. A*, Vol. 50 (1945), pp. 69–98. (其中一篇文章是 "The Dublin Mathematical School in the First Half of the Nineteenth Century", by A. J. McConnell.)

"A Collection of Papers in Memory of Sir William Rowan Hamilton". *Scripta mathematica Studies*, New York, 1951.

Kötter, E. "Die Entwicklung der synthetischen Geometrie von Monge bis auf von Staudt". *Jahresber. Deut. Math. Verein*, Vol. 5 (1901), pp. 1–486.

Black, M. The *Nature of Mathematics.* New York, 1934. (包含关于符号逻辑的文献.)

Kagan, V. F. *Lobačhevskiĭ.* Moscow and Leningrad, 1945 (俄文). (法文译本, Moscow, 1974.) (见 I. Toth, *HM*, Vol. 6 (1979), pp. 91–97.)

One Hundred Five and Twenty Years of Non-Euclidean Geometry of Lobačhevskiĭ. A. P. Norden, ed. Moscow and Leningrad, 1952 (俄文).

Merz, J. T. *A History of European Thought in the Nineteenth Century.* 4 Vols., London, 1903—1914.

Hadamard, J. *The Psychology of Invention in the Mathematical Field.* Princeton, 1945. Dover reprint, 1954. (译者注: 有中译本,《数学领域中的发明心理学》, 陈植荫, 肖奚安, 译, 大连理工大学出版

社, 2008 年.)

Prasad, G. *Some Great Mathematicians of the Nineteenth Century: Their Lives and Their Works.* 2 Vols., Benares, 1933—1934.

Struik, D. J. "Outline of a History of Differential Geometry". *Isis*, Vol. 19 (1933), pp. 92–120; *ibid.*, Vol. 20 (1934), pp. 161–191.

Coolidge, J. L. "Six Female Mathematicians". *Scripta math.*, Vol. 17 (1951), pp. 20–31. (Concerning Hypatia, M. G. Agnesi, E. du Châtelet, M. Somerville, S. Germain, and S. Kovalevsky.)

Kovalevsky, Sonja. *Her Recollections of Childhood.* New York, 1895. (由 I. E Hapgood 译自俄文. 含有 A. C. Leffler 选自瑞典文的文献 (1892 年), 另有其他译本, 例如德文版本,Reclam ed., Leipzig.)

In Remembrance of S. V. Kovalevskaya. A Collection of Essays. Moscow, 1951 (俄文). (另见 *Istor.-mat. Issled.*, Vol. 7 [1954], pp. 666–715.)

Wheeler, L. P. *Josiah Willard Gibbs.* New Haven, 1951.

Kollros, L. "Jakob Steiner". In *Elemente der Mathematik*, Suppl. 7, Basel, 1947.

Winter, E. B. *Bolzano und sein Kreis.* Leipzig, 1933; Halle, 1949.

Kolman, E. *Bernard Bolzano.* Berlin, 1963.

Ore, O. *Niels Henrik Abel. Mathematician Extraordinary.* Minneapolis, 1957.

Infeld, L. *Whom the Gods Love.* New York, 1948. (一部关于 Galois 的小说.)

Dalmas, A. *Évariste Galois révolutionnaire et géomètre.* Paris, 1956.

Biermann, K. R. "J. P G. Lejeune Dirichlet, Dokumente fur sein Leben und Wirken". *Abh. Deutsch. Akad. Wiss., Klass für Math.*, No. 2 (1959), pp. 1–68.

——. "Der Mathematiker Ferdinand Minding und die Berliner Akademie." *Monatsberichte Deutsch. Akad. Wiss.*, 3 (1961), pp. 120–

133.

Medvedev, F. A. *The Development of the Theory of Sets in the* 19*th Century*. Moscow, 1965 (俄文).

——. *The Development of the Concept of Integral*. Moscow, 1974 (俄文). (见 HM, Vol. 6 [1979], pp. 85–90.)

Manning, K. “The Emergence of the Weierstrassian Approach to Complex Analysis”. AHES, Vol. 14 (1975), pp. 297–383.

[Kolmogorov, A. N., and Juškevič, A. P, eds.] *Mathematics of the* [187]
19th Century: Mathematical Logic, Algebra, Theory of Numbers, Theory of Probability. Moscow, 1978(俄文). (译者注: 现在也有英译本.)

Scholz, E. *Geschichte des Mannigfaltigkeitsbegriffs von Riemann bis Poincaré*. Boston, etc., 1980.

Biermann, K. R. *Gotthold Eisenstein*. Crelle 214/251 (1964), p. 1920.

Dugac, P. *Richard Dedekind et les fondements des mathématiques*. Paris, 1976.

——. “Eléments d’analyse de Karl Weierstrass.” AHES, Vol. 10 (1973), pp. 41–176. (文献, pp. 297–383.)

I. Grattan-Guinness. *The Development of the Foundation of Mathematics from Euler to Riemann*. Cambridge, Mass., 1970.

Herivel, *J. Joseph Fourier, the Man and the Physicist*. Oxford, 1975. (Cf. I. Grattan-Guinness, *Annals of Science*, Vol. 32 [1975], pp. 503–514.)

Dauben, J. W. *Georg Cantor, His Mathematics and Philosophy of the Infinite*. Cambridge, Mass., 1979. (译者注: 有中译本,《康托的无穷的数学和哲学》, 郑毓信, 刘晓力, 编译, 大连理工大学出版社, 2008 年.) (另见 P E. B. Jourdain, *Arch. Math. Phys.*, Vol. 3, pp. 10, 14, 16, 22.)

Rozenfel’d, B. A. *History of Non-Euclidean Geometry*. Moscow, 1976 (俄文). (见 HM, Vol. 6 [1979], pp. 460–464.)

Morrison, P. and E. *Babbage's Calculating Machine or Differential Engine*. New York, 1965.

Grabiner, J. V. *The Origins of Cauchy's Rigorous Calculus*. Cambridge, Mass., and London, 1981.

[Rüdenberg, L., and Zassenhaus, H., Eds.] *Hermann Minkowski: Briefe an David Hilbert*. Berlin, etc., 1973. (还未发现 Hilbert 写给 Minkowski 的信件.)

Reid, C. *Hilbert*. New York, 1970. (译者注: 有中译本,《希尔伯特》, 袁向东, 李文林, 译, 上海科学技术出版社, 2006 年.)

Métivier, M., Costabel, P., and Dugac, P *Siméon-Denis Poisson et la science de son temps*. Paris, 1981.

Marx, K. *Matemati Českie Rukopisi*. Moscow, 1968. (马克思的数学手稿, 德文, 俄文翻译和注解.) (译者注: 有中译本,《马克思数学手稿》, 北京大学《数学手稿》编译组编译, 北京, 人民出版社, 1975 年.)

Kennedy, H. C. "Karl Marx and the Foundations of the Differential Calculus". HM, Vol. 4 (1977), pp. 303–318. (另见 *Science and Nature*, Vol. 1 [1978], pp. 59–62.)

Bos, H. J. M., and Mehrtens, H. "The Interactions of Mathematics and Society in History. Some Explanatory Remarks". HM, Vol. 4 (1977), pp. 7–30, 附有大量文献目录.

第九章　20 世纪上半叶

一

当 20 世纪到来时, 数学正处于兴旺时期, 只是开创性的数学家仍然主要局限在世界一隅, 大多任职学术机构, 除了个别例外, 均为欧洲的男性白色人种. 领军的国家仍然是法国和德国, 在法国以巴黎为中心, 在德国则不那么集中, 哥廷根与柏林等几所大学难分伯仲. 杰出的数学工作也在俄国、英国、意大利、瑞士、斯堪的纳维亚 (Scandinavia)、比利时和荷兰层出不穷. 同时美国和日本的形势又开始显示, 欧洲尽管领先, 但已经不再拥有自文艺复兴以来的一强独大. 哥廷根的克莱因和希尔伯特、巴黎的庞加莱是大家公认的领军数学家, 但影响力也来自意大利的沃尔泰拉、法国的达布和阿达马、苏黎世 (Zurich) 的闵可夫斯基 (Minkowski, 此人不久以后也去了哥廷根) 等. [189]

科学院仍然很活跃, 特别是法国科学院首屈一指. 然而大多数数学家都在教学机构任职领薪, 研究人员也归入大学的教职员系列, 有一些在斯堪的纳维亚和荷兰的数学家在保险公司里做顾问. 虽然综合理工大学和科学技术大学中需要数学教师培养工程技术人员, 导致他们与工业关系密切, 但是直接结合生产的数学家却不多, 这类就业现象还是凤毛麟角, 刚刚开始出现. 斯泰因梅茨 (Charles P. Steinmetz) 曾在布雷斯劳 (Breslau) 和苏黎世就读, 1895 年以后在纽约斯克内克塔迪 (Schenectady) 的通用电气公司 (General Electric) 担任顾问工程师, 他将复函数理论应用到交流电路. 与之类似的还有肯涅利 (Arthur Kennelly) 和赫维赛德 (Oliver Heaviside), 前者自 1902 年起在哈佛 (Harvard), 以后又到麻省理工学院 (MIT) 教授工程学; 后者从 1880 年起就在英国用微积分计算工业中的电磁学, 并因他的运算分析和 "电报方程" 而为人所知. 赫维赛德始终过着与世隔绝的日子, 一座海边小屋就是他的隐居之处. 二人的名字因大气中的肯涅利 – 赫维赛德层而联结, 这层大气也称电离层.

克莱因意识到数学对于工业日益增长的重要性, 极力从私人
[190] 爱好者那里获得组织上和财务上的支持, 帮助物理学者和工程人员进行应用数学的研究. 成果之一就是哥廷根水动力学与空气动力学研究所, 负责人是一位力学工程师普朗特 (Ludwig Prandtl). 这样的研究所在当时还很少见.

因此, 对于这一时期的数学家, 我们必须要将眼光放到大学里. 当时数学家与其他专业人士一样, 已经组织或准备组织专门协会, 其中两个协会是从早年间延续下来的, 一个在汉堡 (始于 1690 年), 一个在阿姆斯特丹 (始于 1776 年). 比较年轻的学会分别在莫斯科 (始于 1860 年)、伦敦 (始于 1865 年)、巴黎 (始于 1872 年)、爱丁堡 (始于 1883 年)、意大利的巴勒莫 (Palermo, 始于 1884 年)、柏林 (始于 1899 年)、纽约 (始于 1888 年, 1894 年发展成为美国数学协会) 等地. 后续成立的还有: 印度分别在 1907 年和 1908 年各成立了一个、西班牙的和波兰的也在 1911 年分别成立. 数学家们因此可以定期面对面地聚集在一起.

首次有着重要意义的国际聚会发生在 1893 年芝加哥哥伦比亚博览会期间, 克莱因开办了一系列讲座. 接下来的聚会就是 1897 年在苏黎世召开的第一届国际数学家大会, 共有约 200 名与会者,

大会的语言是德语和法语. 会上主要演讲者之一是苏黎世的赫尔维茨 (Adolf Hurwitz), 演讲谈及解析函数和康托尔集合理论, 在当时是比较新颖的. 会上还讨论了两个现代题目: 逻辑基础 (施罗德, 佩亚诺) 和函数的函数 (沃尔泰拉), 阿达马建议为后者取名为 "fonctionnelle(泛函数)".

下一届数学家大会再一次利用了世界博览会的时机, 于 1900 年在巴黎召开, 这次大会因希尔伯特提出的 23 个问题而彪炳青史. 那一年在巴黎还有许多专业会议, 其中之一是第一届国际哲学大会, 佩亚诺、怀特黑德和罗素参加了大会, 他们讨论了数学的逻辑基础. 数学与哲学曾在 19 世纪分道扬镳 (在黎曼和布尔等人那里是个别例外), 现在又再次携手. 皮卡 1897 年在苏黎世曾说, "数学与哲学一直关系不好. (Les mathématiques sont en grande coquetterie avec la philosophie.)" 不知他是指哪种哲学.

以后几届数学家大会分别在海德堡 (1904 年)、罗马 (1908 年) 和英国剑桥 (1912 年) 召开. 由于第一次世界大战以及当时的紧张气氛, 直到 1928 年才在博洛尼亚召开第一次真正意义的国际大会.

为了全面了解纯数学和应用数学的迅速发展以及千差万别的不同领域, 克莱因和他的一些德国同事开始了一项伟大的计划: 编写一套《数学科学百科全书》(*Encyklopädie der mathematischen Wissenschaften*). 该书于 1898 年开始出版, 一直持续到 1935 年, 在克莱因的促成之下, 这一部专题论文集小有成就地发展了数学不同领域之间的相互联系, 全书的关注点从第一章的算术与代数直到第六章第二节的天文学. 1904 年在法国开始出现了再版, 却不幸成为一战的牺牲品. 喜欢较短篇幅专论集的人可以使用《论文集》 [191]
(*Repertorio*, 1897—1900 年), 由先在帕维亚后在那不勒斯任教授的帕斯卡 (Ernesto Pascal) 编纂, 此书是后来德文《高等数学通讯》(*Repertorium der höheren Mathematik*, 五卷, 1910—1929 年) 的雏形, 收有多位作者关于几何和分析的文章.

另外一种形式的数学通讯出现在《数学进展年报》(*Jahrbuch über die Fortschritte der Mathematik*), 第一次出版在 1871 年, 简短摘

要了 1868 年以前的著述, 以后按年继续. 到 1900 年, 已经列出来自 1500 名作者的 2000 条书目. 因为《年报》的通报与发表文章之间的时间间隔是三年, 阿姆斯特丹数学协会于 1892 年开始出版《数学出版物半年刊》(*Revue se-mestrielle des publications mathématiques*), 这份半年刊基本上只收入文章的标题, 但是时间间隔要短很多, 刊物一直办到 1938 年.

自从克雷尔和刘维尔的杂志问世以后, 数学刊物的数量不断增加, 其中应该提到的有:《数学记事》(*Annali di matematica*, 1858 年)、《数学收藏》(*Matemati Českiī Sbornik*, 莫斯科, 1866 年)、《数学年刊》(*Mathematische Annalen*, 1868 年)、《数学科学通报》(*Bulletin des sciences mathématiques*, 1870 年)、《美国数学杂志》(*American Journal of Mathematics*, 1878 年)、《数学学报》(*Acta Mathematica*, 瑞典, 1882 年)、《巴勒莫数学会会刊》(*Rendiconti di Palermo*, 1885 年) 以及《美国数学学会会报》(*Transactions of the American Mathematical Society*, 1899 年), 较晚些的有《数学杂志》(*Mathematische Zeitschrift*, 1918 年) 和波兰文的《基础数学》(*Fundamenta Mathematica*, 1920 年), 这些刊物至今仍在发行. 各协会也出版自己的刊物, 有些学校也出版刊物, 诸如巴黎高等师范学院, 稍后还有麻省理工学院. 追踪所有信息需要大量的努力, 特别是拉丁文已经随着高斯和雅可比时代的远去不再是国际通用语, 当然在诸如《数学年刊》这样的权威刊物上发表文章确实能够获得大量的读者.

在那个时代出版的很多著作现在已经过时, 但仍有一部分保持着自己的魅力, 其中不乏希尔伯特、豪斯多夫 (Hausdorff)、博雷尔 (Borel)、罗素和怀特黑德、勒贝格、谢尔品斯基 (Sierpiński) 等人的著作.

二

荷兰史学家扬 · 罗迈因 (Jan Romein) 通过对大量文献进行研

究,①将我们的注意力吸引到许多结构性改变, 这些改变大约发生在 1890—1910 年间, 紧随着将会带来 1914 年大浩劫的社会转型而来, 遍及从经济到历史和音乐, 人类活动的几乎各个领域. 数学当然不会例外, 就它而言, 改变主要是因其内部动态的结果. 这一场转型的主要因素尽管错综复杂, 却从康托尔的集合论不断渗透进数学的多个领域就可以看出, 当然这种渗透并不是没有困难的, 甚至会遇到阻力②; 同样也从对于数学基础密切相关的研究以及在代 [192]
数、逻辑和一般空间上抽象结构的发展可以看出. 人们渐渐抛弃数学就是量的理论这样陈旧的概念, 渐渐地将数学看作是一般的结构理论. 在新开展的领域里出现了积分的勒贝格理论、泛函分析、算子演算和积分, 还发生了形式主义、直觉主义和数理逻辑专家之间的辩论. 但是这种发展并不是纯内因的, 数学物理给予了巨大的影响, 1905 年后量子理论和相对论挑战着数学家、物理学家、天文学家、哲学家, 甚至化学家和神学家的才智. 此外还有其他的外因变化, 诸如生物学 (生物统计学) 的和工程学的.

老一代的领军人物是哥廷根的希尔伯特, 特别是在 1912 年庞加莱去世以后, 他的同事克莱因在 1925 年去世前的几十年间又把关注点日益放在了教育领域. 讨论 1900 年前后的数学状况, 从研究希尔伯特 1900 年著名的巴黎问题入手不失为一个好方法, 对此本书前一章业已提及, 这里简述一下这份日后研究领域的强力规划.

1. 康托尔的连续统的基数问题. 连续统的基数性是否仅次于可数集? 连续统是否也可以认为是有序的?

2. 算术公理的相容性 (互相没有矛盾). 如果这一相容性存在, 就可以建立几何公理的相容性.

3. 两个底、表面积、高度相等的四面体体积相等. 只借助分割和组合证明 (不使用无穷小).

① 参见 J. Romein, *The Watershed of Two Eras, Europe in* 1900 (Middletown, Conn., 1978). 译自荷兰文版 (Leiden and Amsterdam, 1967).

② “Aus dem Paradies, das Cantor uns geschaffen, soll uns niemand vertreiben können” (Hilbert, Math. Annalen, Vol. 95 [1926], pp. 161–190; 参见该书第八章第 14 节): “康托尔是从天堂为我们创造的, 任何人都无法阻拦我们.”

4. 两点之间直线最短的问题. 这个问题的部分起因来自闵可夫斯基几何和变分法中的问题.

5. 李的连续变换群的概念, 没有假定定义群的函数的可微性. 这个问题可能会引出函数方程.

6. 物理学公理的数学推演. 从几何公理可以过渡到理论力学的公理 (诸如玻尔兹曼 (Boltzmann) 在 1897 年所做), 继而到统计力学、概率论这些领域.

7. 某些数的无理性与超越性. 举例有形如 α^β 的数, 其中 $\alpha \neq 0$, β 是一个无理数, 就像 $2^{\sqrt{2}}$ 或 $e^\pi = i^{-2i}$, 这样的数是否是超越数或无理数? 希尔伯特想到埃尔米特和林德曼关于 π 的证明 (见第八章二十四节).

8. 素数理论的问题. 这里我们想到黎曼的 ζ 函数和哥德巴赫猜想, 每一个偶数都至少有一种方式写成两个素数之和 (1742 年, 写给欧拉的信).

9. 任意数域中最一般的互反律的证明. 使我们立刻想起希尔伯特当时在相对二次数域上的一些工作.

[193] 10. 在有限步骤下决定整数有理数的丢番图方程的可解性. 这是一个已经解决了二阶以上高次方程的古老问题, 与费马大定理有关.

11. 代数系数的二次型的理论. 这个问题也对希尔伯特在数域上的工作有直接的影响.

12. 将阿贝尔域上的克罗内克定理推广到任意的有理域. 因此得到一处代数方程、数论和抽象代数相汇合的领域.

13. 不可能用只有两个变数的函数解一般的七次方程. 正如奥卡涅 (Maurice d'Ocagne) 曾经论述, 这是一个由图算法产生的问题.①

14. 证明某些 "相对整" 的函数系统的有限特性. 这里将整函

① 巴黎综合理工大学的奥卡涅被人们认为是使用图表解方程这门科学的创始者, 他还为此方法定了名. 他在 1891 年提出图算法 (Nomographie), 接着在 1899 年又发表了《图算法论》(*Traité de nomographie*). 但是这一原理的提出则更早, 可以想到比利时根特 (Ghent) 人 Junius Massau 在 1884 年的工作.

数的概念拓展到相对, 这个问题寻求推广希尔伯特和戈丹的不变量经典理论中的有限性定理.

15. 舒伯特枚举几何的严格根据. 为此需要代数的严格根据.

16. 代数曲线和代数曲面的拓扑问题. 这个问题的答案还处于初级阶段, 尽管我们已经有了一些了解, 特别是在曲线方面.

17. 用函数的平方和的商表示正定函数 (变量的实数值从不为负的函数).

18. 用全等的多面体构建 (填充) 空间. 与之相关的是群论和晶体学的问题, 以及费奥多罗夫 (E. S. von Fedorov) 和舍恩弗利斯 (A. Schoenfiiesz) 的工作.①

19. 正则变分问题的解是否一定解析. 这里 "正则" 是特别定义的. 希尔伯特注意到, 每一块正常数曲率的曲面都是解析的, 但对于负常数曲率的曲面并不成立.

20. 一般的边界问题, 特别是证明给定边界值的偏微分方程有解, 再推广到正则变分问题.

21. 指定单值群的线性偏微分方程的存在性证明. 这个问题由富克斯函数的庞加莱理论提出.

22. 用自守函数将解析关系单值化. 也是来自希尔伯特关于两
个变量之间的任何代数关系都可以用一个变量的自守函数进行单 [194]
值化的证明.

23. 变分法演算的进一步发展. 希尔伯特增加了这一颇具 "煽动性" 的提议, 是因为他发现尽管有魏尔斯特拉斯在这个领域的贡献, 仍然还有许多死角缺乏研究, 在数学和力学的多个领域 (比如多体问题), 还会有着潜在的应用.

"你确实对于 20 世纪的数学有了完整的谋求" ("du hast die

① 费奥多罗夫是乌拉尔山脉 (Urals) 的一个煤矿经理, 舍恩弗利斯日后成为法兰克福的教授. 在 1890 年和 1891 年费奥多罗夫和舍恩弗利斯分别独立地做出空间 230 个晶体群的工作时, 舍恩弗利斯正和克莱恩在哥廷根. 见 *AHES,* Vol. 4 (1967), pp. 235–240. 费奥多罗夫在 1891 年也发现重复图形 (像墙纸一样) 的二维对称群只有 17 种. 这项结果于 1924 年被波利亚 (G. Pólya) 和尼格利 (P. Niggli) 再次发现, 见 H. S. M. Coxeter, *Introduction to Geometry* (New York, 1981), 第四章.

Mathematik für das 20. te Jahrhundert in Generalpacht genommen"), 希尔伯特的朋友闵可夫斯基在他发表了巴黎演讲后从苏黎世写信给他. 尽管这个评论听起来有些夸张, 但是确实这 23 个问题里提出的课题一直到今天都在激励着人们不断深入的科学研究. 其中有些问题已经解决: 德恩 (Max Dehn) 解决了问题 3(他于 1904 年显示了这种证明并不总是可行的); 阿廷 (Emil Artin) 解决了问题 17(1920 年), 有些问题部分解决: 比如问题 7, 盖尔丰德 (A. Gelfond) 于 1924 年的工作是其中之一. 这种情形很好理解, 因为这些"问题"更多地具有纲领的性质, 诸如第 16 个问题, 显示的是数学一个全新领域的可能性. 而变分法的广泛使用, 不仅在纯数学, 也运用到相对论这样的领域, 说明问题 23 位列其中也有相当的理由. ①

1900 这一年, 还标志着舍恩弗利斯在德国数学学会发表关于点集论进展的两卷报告. 书中论述了实变量函数论的应用和积分论以及点集度量的概念, 作者讨论了包括康托尔、佩亚诺、若尔当和博雷尔等人的方法在内的几种方法. 正是从此概念出发, 人们才取得了后来在法国出现的进一步发展.

三

19 世纪的晚期, 实函数理论取得了基础性的进展, 特别是在诸如函数相关、积分法、微分法这些概念上, 经常与三角级数的研究联系在一起. 研究为积分以及集的康托尔理论带来了新的条件. 与这些研究联系在一起的有柏林的杜布瓦 – 雷蒙 (Paul DuBois-Reymond)、比萨 (Pisa) 的迪尼 (Ulisse Dini)、巴黎的若尔当.

若尔当在 19 世纪 80 年代和以后的时期, 向人们介绍了有界变差函数的概念, 特别是他的代表作《分析教程》(*Cours d'analyse*, 三卷, 1882—1884 年). ② 而且他也如庞加莱大约在同时所做的那

---

① 见前第八章脚注 45, 亦见 H. Freudenthal, *DSB*, Vol. VI (1972), pp. 393–394. 对这一古老而又富挑战性问题的一般解由赫尔辛基 (Helsinki) 的森德曼 (K. F. Sundman) 在 1907 年和 1912 年给出, 但对于数字计算 (现在由计算机执行) 不实用.

② 第三版, 1909—1915 年.

畸形. 但是 “怪异” 继续呈现, 佩亚诺曲线 (1890 年) 就是其中之一.

佩亚诺从 1890 年直至 1932 年去世, 一直是都灵 (Turin) 的教授, 他强调严谨的必要性, 作为符号逻辑的先驱和公理方法的推行人而著名. 他的《数学公式汇编》(*Formulario matematico*, 五卷, 1895—1908 年) 全面汇集了数学定理, 总数达 4200 条, 经过他的三段论表述, 保持着逻辑上的精确. 虽然他还没有完全说服数学世界, 但是他在逻辑和数学问题上的影响却是不可置疑的.

四

实函数理论取得了显著进展. 我们曾经提到对于三角级数的研究产生的影响, 勒贝格在 1906 年的书中正是将他的理论运用到三角级数之上. 另外一个领域是泛函分析, 特别是积分方程理论. 我们已经看到, 最早使用 “泛函” 这一名称的是阿达马 (1897 年), 它取代了比较狭窄的词汇 “线函数 (line functions)” 有一位意大利人就强调, 要更加明确地根据函数 (例如曲线) 研究函数, 而不是数字 (或者点), 他就是贝蒂和迪尼在比萨的学生沃尔泰拉, 此人 1893—1900 年是都灵的教授, 然后又在罗马工作了 40 年. 他在 1889 年提出 “线函数”, 他的许多工作都是从物理考虑出发, 比如电流的能量取决于在电场中运动或弯曲的电线的形状.

阿达马还有后来的弗雷歇, 将他们的起点放在了变分法, 这是一条弗雷歇通向他的抽象空间的途径, 这个空间由比函数更抽象的元素构成. 阿达马是他那个时期最有影响的数学家之一, 他从 [197]
1892 年关于泰勒级数解析延拓的博士论文, 一直到 20 世纪 50 年代 (他活到将近 98 岁高龄), 活跃在从逻辑到数论到流体动力学很多不同的领域. 他 1901 年所著的《泰勒级数及其解析延拓》(*Série de Taylor et son prolongement analytique*) 已经被关注这一课题的人们奉为 “宝典”, 而且确实也是这一领域里具有长期影响的经典.

泛函分析之所以发展到现在的水平, 途径之一是对积分方程的研究. 这一课题历史悠久, 可以包括拉普拉斯的变换 (1792)、阿

贝尔的积分方程 (1823) 以及刘维尔的那些工作 (1832 年及以后), 但是它更是引起系统研究的位势论和其他以微分方程为中心的场 (诸如连续统中的振荡) 的边界值理论. 沃尔泰拉在 1887 年引入了以他的名字命名的线性积分方程, 以后的 1900 年和 1903 年, 弗雷德霍姆 (Ivar Fredholm) 在斯德哥尔摩 (Stockholm) 也引入了相同类型的方程. 他们都给出了这类方程的解, 但是弗雷德霍姆比沃尔泰拉影响更大, 主要是因为他的一个学生在 1900—1901 年冬天希尔伯特的演讲会上报告了他的工作. 类似 n 个变量的 n 个线性方程组的线形积分方程引起了人们的特殊兴趣. ①

希尔伯特的思想立刻活跃起来, 他看到了与位势理论和用已知边界条件构建格林函数的联系, 也看到确定本征值和本征函数的问题类似于将 n 个变量的二次型化简为典范型 (从本征值和本征函数似是而非的英文原文 eigenvalues 和 eigenfunctions 可见德国人贡献之大), 以及与正交函数项级数的关系. 这又会导致无限矩阵, 所有这些概念都曾在或者将在数学物理中发挥作用. 因此希尔伯特 1912 年的《线性积分方程一般理论基础》(*Grundzüge einer allgemeinen Theorie der Integralgleichungen*) 为数学又增添了一个新的领域. 不少已知的问题经过新的研究加以充实, 就得以在更加广阔的平台上被人们了解. 抽象空间经过有限长度向量的度量, 就成为抽象度量空间, 以希尔伯特命名. 另一个例子是平均收敛的里斯 – 菲舍尔定理 (1907 年), 以匈牙利人里斯 (F. Riesz) 和科隆 (Cologne) 的菲舍尔 (E. Fischer) 的名字命名. 里斯对泛函分析贡献很大, 包括博雷尔 – 勒贝格用德文表述的思想, 都可以在他后来的著作《泛函分析教程》(*Leçons d'analyse fonctionnelle*, 1952 年) 中

① Hermann Weyl 曾做出评论, "我似乎一直感觉, 弗雷德霍姆的发现是早就应该完成的. 将一个线性方程组对应一组分离的质点, 当其中一质点越过连续统的边界, 一个线性方程就会成为一个积分方程, 这样的概念难道不是极其自然的?" (*Amer. Math. Monthly*, Vol. 58 [1951].) 弗雷德霍姆的方程可以写作 $\phi(x)+\int_0^1 f(x,y)\phi(y)\mathrm{d}y=\psi(x)$, 其中 ϕ 未知.

读到.[①]另外还有巴拿赫的贡献.

这个时期也带来在实解析函数和复解析函数传统领域的新成果, 取得这些成功的是庞加莱和皮卡, 博雷尔、阿达马以及其他人又继续了他们的工作. 阿达马将研究结果运用到数的解析法, 并且研究了黎曼的 ζ 函数, 证明 $\leqslant x$ 的素数的数目 $\pi(x)$ 渐进地等于 $x/\log x$, 因此证实了高斯的猜想. 同年 (1896 年), 卢万 (Louvain) 教 [198]
授德拉瓦莱普森 (Charles de la Vallée Poussin) 还获得了这一 "素数定理" 的另一种证明. (当时二人正好都是 30 岁, 后来的寿命也几乎一样长.) 德拉瓦莱普森以后又使定理更加清晰, 证明了勒让德的猜想, 公式中的 $\log x$ 应该是 $\log x - 1.08366$. 他的《无穷小分析教程》(*Cours d'analyse infinitesimale*, 二卷, 初版 1903—1906 年) 一直是一部标准著作, 多次再版.

博雷尔从 1909 年到 1940 年一直在索邦, 发表了数篇关于解析函数的文章, 其中关于单演函数的一篇写于 1917 年, 单演函数是指在区域上处处可微. 从 1898 年到 1952 年, 他所编纂的《函数论专集》(*Collection de monographies sur la théorie des fonctions*) 共有 50 多卷, 其中 10 卷是博雷尔自己的著作. 另外还有其他的专著, 包括关于概率的 7 卷 (1937—1950 年).

1883 年, 庞加莱确定了两个变量之间的解析关系可以单值化, 也就是说, 变量可以用一个变量的取值 "自守的" 函数表示. 但是这个一般的单值化定理 (见希尔伯特第 23 个问题) 的满意证明直到 1908 年才由庞加莱本人和哥廷根的研究生、后来耶拿 (Jena) 和莱比锡 (Leipzig) 的教授克贝 (Paul Koebe) 给出. 克贝还在共形映射上获得了结果.

曾经先在里尔 (Lille, 1887 年)、后在巴黎 (1892 年) 做教授的潘勒韦 (Paul Painlevé) 比庞加莱小 9 岁, 在发表一篇解析函数的论文以后转到代数曲线和微分方程及其奇点, 并将结果应用到理论力学. 在他身上我们看到的是在法国和意大利并不少见的那种类型

① 与 B. Szökafnalvy-Nagy 合著, 英译本书名是 *Functional Analysis*(1955 年). (译者注: 此书有中译本,《泛函分析讲义》, 科学出版社, 1980 年.)

的数学家: 一个同时在政治上和科学上都杰出的人. 潘勒韦于 1915 年担任教育部长, 1917 年又出任陆军部长, 同年担任总理并任命福熙 (Foch) 作为协约国最高军事委员会代表. 他还是首开飞行的飞行员, 教授航空学, 并于 1925 年再次担任总理. 他的著作中有两卷本的《非黏性液体阻力教程》(*Leçons sur la résistance des fluides non visqueux*, 1930—1931 年).

五

推广和进一步抽象这一时期特有的大量数学问题的潮流也冲击了美国, 从 1892 年起就在新成立的芝加哥大学 (University of Chicago) 做教授的莫尔 (Eliakim Hastings Moore)①是美国数学学派的首创人之一, 就像切比雪夫 (Čebyšev) 19 世纪 70 年代在俄国、谢尔品斯基 (Sierpiński) 在 1910 年以后为波兰所做的那样. 与同时代的许许多多美国学生一样, 莫尔曾到德国学习. 在柏林时, 克罗内克和魏尔斯特拉斯的严格给他印象很深. 莫尔的工作覆盖从公理学到积分方程多个领域, 但是他名声最响的还是 "一般分析", 他在
[199] 康托尔和罗素的影响下, 发展了在一般范围的函数类的理论, 在适当记号的支持下, 足以构成并统一各方面的理论.②

莫尔是一位成功的教育者和管理者, R. L. 莫尔、维布伦 (Oswald Veblen)、伯克霍夫 (George D. Birkhoff)、迪克森 (Leonard E. Dickson) 都是他的学生, 代表着在美国本土培养的第一代杰出的数学家.

以 R. L. 莫尔和维布伦为美国数学家代表的这一数学领域, 开始称为拓扑学或位置分析 (analysis situs), 1900 年以后这一部分拓扑学称为组合拓扑学 (与点集拓扑学形成对比), 豪斯多夫是曾经

① 不要与他的学生莫尔 (Robert Lee Moore) 相混淆, 此人 1920 年以后任教于得克萨斯大学 (University of Texas), 因在公理学和拓扑学的贡献而为人所知; 也不要与 1904—1931 年在麻省理工学院 (MIT), 活跃在微分几何和张量分析方面的莫尔 (Clarence L. E. Moore) 混淆.

② 为此他曾请求瑞士裔美国数学史家卡约里 (Florian Cajori) 撰写两卷本的《数学记号史》(*History of Mathematical Notations*, 1928—1929 年).

给出解释的人之一. 这一领域脱颖于一组令人费解的谜题,[①]诸如欧拉的哥尼斯堡七桥、默比乌斯带, 随之而来的就是复值函数论中的黎曼曲面、若尔当的闭曲线定理, 特别是庞加莱在 1895—1904 年之间所发表的单纯复形以及流形的贝蒂数.

对同调论及其群的考虑以及对链和圈的研究后来又被许多研究者所继续, 其中有维布伦和他在普林斯顿 (Princeton) 的同事亚历山大 (James W. Alexander). 特别需要一提的是年轻的荷兰人布劳威尔 (L. E. J. Brouwer), 他的首次亮相是在阿姆斯特丹的论文《论数学基础》(*On the Foundations of Mathematics*, 1907 年, 荷兰文).[②]然而在当时, 在希尔伯特问题 (特别是第 5 题) 的影响下, 人们的注意力转向了几个方面, 其中就有连续群和拓扑学. 1908 年和 1912 年之间, 布劳威尔发现了不动点定理, 并且证明一个 n 维球对于自身的任何连续映射都会至少保持一个固定点不变. 自康托尔和佩亚诺曲线开始, 维数不变性的问题就出现了. 布劳威尔现在证明了不同维数的两个流形不能同胚, 即不可能进行一对一的连续映射, 这就是布劳威尔的 "不变性定理" (1910 年). 他还演示了将一个圆盘划分为三块周线相等的区域的可能性. 关于这一时期拓扑学的大多数成果可见维布伦的《位置分析》(*Analysis situs*, 1922 年), 以及维布伦 1928 年以后的同事莱夫谢茨 (S. Lefschetz) 所著的《位置分析与代数几何》(*L'analysis situs et la geometrie algébrique*, 1924 年).

六

在这个时期, 代数改变了自己古老的特性, 不再仅仅包括代数

① 谜题作为一种数学消遣已经风行了几个世纪, 总能不断地为 "严肃" 数学提供课题. 收有这类谜题的著名书籍是 F. E. A. Lucas, *Récréations mathématiques* (4 Vols., Paris, 1891—1894; reprinted Paris, 1960); W. Ahrens, *Mathematische Unterhaltungen und Spiele* (Leipzig, 1901); 和 H. E. Dudeney, *Amusements in Mathematics* (London, 1917; Dover reprint, 1958). 这一传统近来更是由加德纳 (Martin Gardner) 在《科学美国人》(*Scientific American*) 月刊上堂而皇之地传承下来.

② 英译本作者海廷 (A. Heyting), 1975 年.

方程论以及相关的不变量和共变量的理论, 而是成为当今具有环、域、理想及其相关概念的抽象学说. 新型代数的发源之一是从代
[200] 数方程的伽罗瓦理论以自己的力量进入抽象理论发展起来的群论, 特别是有限群理论, 因此设立了一个代数整体变换的模型. 先后在哥尼斯堡和斯特拉斯堡 (Strasbourg) 担任教授的韦伯 (Heinrich Weber, 希尔伯特和闵可夫斯基正是他在哥尼斯堡时的学生)[①] 曾著有一部《代数教程》(*Lehrbuch der Algebra*, 二卷, 1895—1896 年), 我们从中能够通晓代数的这一进化. 韦伯的书中有专门的章节讲到群和代数域. 弗雷格和佩亚诺也在这个方面进行了开创性的工作, 其结果又由施泰尼茨 (Ernst Steinitz, 他当时在布雷斯劳) 在所著的《域的代数理论》(*Algebraische Theorie der Körper*, 1910 年) 一书中做了验证. 书中域 (Körper) 是重要的抽象概念, 表示元素可以进行加法和乘法两种运算, 并且满足结合律、交换律和分配律的一个系统. 施泰尼茨的方法是研究所有有这样可能的域. 他还提到对这一工作的一个影响: 亨泽尔 (Kurt Hensel) 的《代数整数理论》(*Theorie der algebraischen Zahlen*, 1908 年, 亨泽尔在马尔堡 (Marburg) 任教.) 及其对 p 进数的域的研究.

从施泰尼茨发展这种新型代数开始, 特别是在战争时期, 埃米 · 诺特 (Emmy Noether) 有着很大影响. 诺特的父亲是埃尔朗根 (Erlangen) 的教授马克斯 · 诺特 (Max Noether), 曾因代数曲线的诺特定理 (1873 年) 而著名, 也是女儿论文导师戈丹的同事 (1907 年). 1915 年, 埃米 · 诺特在希尔伯特的帮助下开始到哥廷根讲课, 但是作为一个女人和一个犹太人, 她还要与巨大的偏见做斗争. 希特勒上台后, 她的教授代数这一收入微薄的聘任也被剥夺, 从 1933 年

① 韦伯曾和他的朋友戴德金一起编辑了黎曼的著作 (1876 年), 还编辑了黎曼的偏微分方程讲义 (1900—1901 年), 后者作为 “Riemann-Weber” 而长期享有盛名, 只是在 1924 年以后直至今天仍然有名的 “Courant-Hilbert”, 即《数学物理方法》(*Methoden der mathematischen Physik*) 出版以后, 才略逊了一筹. 韦伯还同斯特拉斯堡的同事韦尔施泰因 (J. Wellstein) 等人出版了一部三卷本的 *Encyklopädie der Elementar-Mathematik* (1903—1907 年). 另外也出现过一部类似的意大利文的 *Enciclopedia delle mathematiche elementari*, 由 L. Berzolari of Pavia 编辑 (1930—1950 年).

到 1935 年去世, 一直在距费城 (Philadelphia) 不远的布林莫尔学院 (Bryn Mawr College) 教书. 在哥廷根时, 她和她的学生们发展了交换环的一般理论和一种理想理论 (受到戴德金的启发), 还有环上的模以及非交换代数的基本问题, 全部使用严格的公理方式. ① 在她的学生当中, 有阿廷、布饶尔 (Richard Brauer) 和范德瓦尔登 (Bartel R. L. van der Waerden), 后者那本被广泛使用的《近世代数学》(*Moderne Algebra*, 1930 年) 是受了阿廷 (在汉堡) 和诺特授课的启发. 在苏联, 新代数得到施密特 (Otto Schmidt) 的激励, 此人还作为地球物理学家和极地研究的组织家而为人们所知.

七

在代数和其他领域的发展之间存在着许多联系, 特别是代数几何学和集合论. 施泰尼茨本人就指出某些定理是不能用选择公理 (Auswahlprinzip) 证明的, 这里提到的选择公理与策梅洛这个名字相关.

策梅洛 (Ernst Zermelo) 于 1902 年在哥廷根时, 发表了良序定理. 这个定理表述为, 每一个集都可以引进 $a \prec b$(a 在 b 之前) 的关 [201]
系, 即对于任意两个元素 a 和 b, 总有 $a = b$ 或 $a \prec b$ 或 $b \prec a$, 而对于三个元素 a, b, c, 如果 $a \prec b$ 并且 $b \prec c$, 则 $a \prec c$, 因此每一个子集都有一个首元素. 这个定理是康托尔理论广泛影响的结果, 康托尔本人就在他的理论中留下了许多待解的问题. 其中之一是维数的问题 (希尔伯特第 1 问题), 此外也有这个良序可能性的问题. 因为策梅洛论证的基础是选择原则, 表述为从给定集的每一个子集里都能挑选出一个元素. 数学家们对于接受这条没有给出挑选这样一个元素具体过程的证明持有不同的看法, 希尔伯特和阿达马认为可以接受, 庞加莱则不接受.

这种争议只是对于由康托尔集合论引起的关于证明的性质的广泛讨论的一部分, 集合论会在数学的最根本处引起矛盾, 形成悖

① *Abstrakter Aufbau der Idealtheorie in algebraischen Zahl-und Funktionenkörpern* (*Math. Ann.*, Vol. 96 [1927]).

论! 这种似曾相识的事情在历史上已经出现过两次: 毕达格拉斯发现与数的性质 (arithmos) 不相吻合的无理数; 牛顿时代对于微积分基础的分歧, 小量 h 或者 dx 必须为零又在同一运算中不是零, 最终克服困难用的是一种迂回论的辩证方式. 对于这两次情形, 大多数数学家似乎都不太在意, 大家还是乐观地相信, 自己所信奉的科学是 "真实" 的. 相同的事情会不会再一次发生?

由康托尔理论产生的悖论具有不同的性质, 但罗素的一个例子 (1903 年) 就足够了. 令 S 是所有不是自己成员的集的集, 问题是:S 是否是自己的成员? 如果是, 它就不是自己的成员; 如果不是, 它就是自己的成员. 这使我们想起古代克里特岛人 (Cretan) 说所有克里特岛人都说谎的悖论. 显然我们必须要仔细运用集合论, 特别是在使用 "所有" 这个词的时候, 要避免语意上的失误.

人们曾多次尝试表示数学的真正价值, 一个方法是为康托尔集合论建立一个公理集, 这就是策梅洛在 1908 年的成就. 他的七公理系统仅用了两个技术词汇: "集合" 和 "元素", 但加入了一条限制性公式明确子集的属性, 用以避免罗素悖论. 公理 6 就是选择公理, 策梅洛搁置了独立性和相容性的问题. 当时在马尔堡的弗伦克尔 (Adolf Fraenkel), 还有在奥斯陆 (Oslo) 的斯科伦 (Albert Skolem) 又对此做了改进, 但公理 6 仍然是讨论的要点, 特别是在哥德尔 (Kurt Gödel) 评论之后 (1930 年及以后). ①

弗伦克尔因其一流著作《集合论导论》(*Einleitung in die Mengenlehre*, 1919 年) 而为人所知, 名声甚至超出了本专业的圈子. 他的这本书诞生于一战时期, 是弗伦克尔在战壕里的构思 —— 这令
[202] 人联想到庞斯莱 1812 年以后和他的同志们在俄国集中营的场景. 1929 年以后, 弗伦克尔在后来成为以色列的地方任教.

① 策梅洛的工作影响了很多领域. 作者本人记得曾听到普林斯海姆 (Alfred Pringsheim, 那个时代一位著名的餐后侃爷, 就像美国的 J. L. Coolidge.) 一次在啤酒店里高论, 称函数论 ist bekleidet mit dem Zermelin der Mengenlehre ("披着策梅洛集合论的外衣", 策梅洛在德语里与貂皮发音相似). 巧的是, 这位魏尔斯特拉斯学派的函数论专家、从 1901 年到纳粹时代一直是慕尼黑教授的普林斯海姆, 还是曼恩 (Thomas Mann) 的岳父.

希尔伯特在他关于几何基础的书中 (1899 年) 已经将几何公理的一致性简化为与算术公理一样, 他曾经深度关注的算术公理的一致性, 现在因为构建及其基础上的明显矛盾的争论正处于阴云之下. 为此他设想了一种称为*形式体系*的方法: 将数学简化为有限的博弈, 具有一个有限定义的无限的公式结构. 博弈的各项规则必须前后一致, 最后永远不会得到类似 $0 = 1$ 这样的矛盾. 这样产生的思想领域称为*元数学*, 或者证明论, 是一门可以研究形式数学层次上的科学, 避免了恶性循环, 也消除了不一致性.

希尔伯特的思想, 后来先后写进与阿克曼 (W. Ackermann) 合著 (1928 年)、与贝尔奈斯 (Paul Bernays) 合著 (1934 年) 的两部书中, ①曾遭到人们不少怀疑. 其中最尖锐的批评出自布劳威尔, 他于 1907 年以一篇论文闯入这个圈子, 宣称构建出的而不是连贯下来的真理才是数学的真髓. 在 1913 年到 1919 年之间, 布劳威尔发展了他的*直觉主义*, 将数学看作是始于*原初直觉*, 即自然数的一种基本直觉, 只有这样的本质才可能给出构建的方法. 在这个过程中, 无穷集合接受排中律并不是必须的. 直觉主义否定了数量可观的经典数学, 在 20 世纪 20 年代掀起了阵阵激烈的争论. 当时在苏黎世的外尔 (Hermann Weyl, 他的论文导师是希尔伯特) 站到了布劳威尔一边. 外尔此时已经在积分方程和边界值问题做了杰出的工作, 并且在《黎曼曲面的概念》(*Die Idee der Riemannschen Fläche*, 1913 年) 一书中, 借助布劳威尔的拓扑定理, 清晰地定义了复值函数论. 外尔后来又对自己关于基础问题的立场有所修正, 研究他的思想可见他根据 1926 年所写的一篇文章所著的《数学与自然科学之哲学》(*Philosophy of Mathematics and Natural Science*, 1949 年) 一书. (译者注: 此书有中译本, 齐民友, 译, 上海科技教育出版社, 2007—2008 年.) ②

尽管大多数数学家拒绝追随布劳威尔丢弃不符合构造需要的

① *Grundzüge der theoretischen Logik* (1928); *Grundlagen der Mathematik* (1934).

② H. Weyl, "Philosophie der Mathematik und Naturwissenschaft", in R. Oldenburg, *Handbuch der Philosophie* (1926).

那部分数学, 他们却不得不同意一个实际的构造过程对于一个纯粹定义的优势, 即使是与公理一致的过程. 哥德尔 1931 年证明了希尔伯特的程序无法实现以后, 布劳威尔的直觉主义又以更新的形式继续发展, 特别是他的荷兰同胞海廷在 1930 年及其以后又做了新的工作.

哥德尔所著《数学原理及有关系统中的形式不可判定命题》① 在希尔伯特 1934 年的《数学基础》(*Grundlagen der Mathematik*) 之
[203] 前问世, 对希尔伯特的希望给予粉碎性的打击. 该书的主要结果是, 在一个算术系统 S 没有矛盾的情况下, 矛盾的这个自由度无法用该系统的方法证明. 这篇讨论完备性、判定和一致性的文章为基础问题的工作开创了一个新的时期.

《数学原理》(*The Principia Mathematica*, 三卷, 1910—1913 年) 一书由剑桥的两位学者怀特黑德和罗素在弗雷格、康托尔和佩亚诺的影响下合著而成, 这一部登峰造极之作讨论的逻辑方法, 在试图用少量的概念和原理通过逻辑演绎构造整个数学方面不同于希尔伯特的形式主义. 全书采用了复杂而精确的符号体系, 研读此书的人不由地要对书中的逻辑美发出赞赏. 然而, 就像希尔伯特的方法一样, 它在最终的目标上功亏一篑, 尽管对于数学逻辑所做的贡献不可磨灭.

怀特黑德比罗素 (1872—1970 年) 年长 11 岁, 与罗素合作之前已经根据格拉斯曼、布尔和哈密顿的工作写作了《泛代数》(*Universal Algebra*, 1898 年), 还著书论述射影几何学与画法几何学的公理 (1906 年, 1907 年). 1924 年, 他应聘哈佛大学, 成为一名人们熟知的哲学家. 他的《科学与现代世界》(*Science and the Modern World*, 1925 年) 具有一种强烈的柏拉图主义意味. 罗素也写过《论几何基础》(*Essay on the Foundations of Geometry*, 1897 年) 的文章.

① "Über formal unentscheidbare Sätze der Principia Mathematica und verwandter Systeme", *Monatshefte für Mathematik und Physik*, Vol. 38 (1931), pp. 173–198(1962 年译成英文). 见 E. Nagel 与 J. R. Newman 合著, *Gödel's Proof* (New York, 1958).

八

几何学的基础, 是帕施 (Pasch)、怀特黑德和罗素的研究项目, 也成为数学界广泛关注的课题, 随着希尔伯特《几何基础》(*Grundlagen der Geometrie*) 的问世, 甚至引起数学界以外人们的注意. 该书第一次出版是在 1899 年, 后来经过多次再版, 又在希尔伯特 1943 年去世后得到他一生的合作者、苏黎世的贝尔奈斯增补修改 (第九版, 1962 年), 而贝尔奈斯本人也是一位思想深刻的基础研究者 (Grundlagenforscher). 这本书为基础问题的新型研究所开辟的道路不仅局限在欧几里得几何, 也包括其他几何. 一个例子是德恩的哥廷根定理 (1903 年), 成立的条件就是阿基米德假定对于勒让德定理 (一个平面三角形的内角之和不会大于两个直角之和) 必不可少. 以后德恩解决了希尔伯特第 3 问题.

希尔伯特在一本书的前言里谈到帕多瓦的教授韦罗内塞 (Giuseppe Veronese), 韦罗内塞是首先构建非阿基米德几何的人之一, 并且开创了高维空间 S_n 的度量几何学和射影几何学, 为此有一种五维空间中的曲面以他的名字命名 (它在三维空间中的射影就是施泰纳曲面; 见前第八章第十六节). 韦罗内塞的同事塞格雷 (Corrado Segre) 研究过 S_n 中的线性变换和代数曲面, 他的一个学生就是 1908 年以后在哈佛的库利奇, 此人还曾在波恩 (Bonn) 师从施图迪. 施图迪以几何学中不严格构成的批评家而著名, 并与塞格雷一样, 是首先严格审视复域几何的学者之一.

在这个由德国人和意大利人主导的 S_n 领域中, 还要谈到一位荷兰人: 格罗宁根的斯豪特 (Pieter Hendrik Schoute). 此人专
门研究正多面体, 诸如超正方体 (S_4 的超立方体), 他有几篇文章 [204]
是与斯托特 (Alice Boole Stott) 合作而成, 后者是逻辑学家布尔的

女儿.①

对于多维空间完全不同而且更加基础的探究可以追索到黎曼 1854 年的文章, 他引进一种拓扑流形, 赋予它一个二次线形元素, 使得 $ds^2 = g_{ij}dx^i dx^j$ (以我们现在的记号表示). 以后经过克里斯托费尔、利普希茨 (Lipschitz) 和贝尔特拉米的工作, 一直到帕多瓦的里奇的绝对微分学 (1883 年及以后). 里奇的研究在微分不变式、S_n 微分几何、弹性和理论力学的广泛应用概述在《数学年刊》(*Mathematische Annalen*) 第 54 卷 (1901 年) 的一篇文章里, 该文的题目是《绝对微分学方法》(*Méthodes de calcul différentiel absolu*), 是里奇与他的学生列维 – 齐维塔合作写就的, 这位学生也对研究有自己的贡献. 这篇文章在 1913 年以后更加风行一时, 因为爱因斯坦在他的广义相对论中采用了这种演算方法, 并且赋予绝对微分学一个新的名称 —— 张量分析. 爱因斯坦的采用引发了大量研究, 人们将张量应用到各种问题, 不仅在相对论, 张量分析的记法还扩展到黎曼几何的范围以外. 以后又经过列维 – 齐维塔在 1917 年一篇文章介绍的以他的名字命名的列维 – 齐维塔平行性, 得以极大地推动. 以后外尔 (1918 年) 和埃丁顿 (A. S. Eddington, 1923 年) 引进了新的思想, 代尔夫特 (Delft) 的斯豪滕 (J. A. Schouten, 曾于 1918 年独立地发现了平行性) 在他的《里奇演算》(*Ricci-Calcül*, 1924 年, 德文; 1954 年全部用英文重写) 一文中也系统地整理了全新的演算.

嘉当 1894 年的巴黎论文曾以李群论为主题, 1909 年以后他又在巴黎从李群论的观点出发, 将自己对于微分系统的研究扩展到

---

① 布尔的五个女儿都极富才能. 其中之一的 Mary Ellen 嫁给普林斯顿的数学教授 C. H. Hinton, 他有一部半通俗的著作 *The Fourth Dimension*(1909 年). 另一个女儿 Ethel Boole Voynich 因为是小说《牛虻》(1897 年) 的作者而成名, 尤其在俄国很有名气.

那一段时间, 基础几何增加了一些新的定理, 其中的 Frank Morley 定理一直被人们广泛讨论 (并证明): 三角形相邻三等分角线的三个交点构成一个等边三角形 (约 1899 年, 开始只是口头流传). 见 H. S. M. Coxeter 所著 *Introduction to Geometry* (1967), pp. 23–25. Morley 出生于英国, 是巴尔的摩约翰霍普金斯 (Johns Hopkins in Baltimore) 的教授.

外微分形式.① 对此他以完全原创的方式扩充了广义流形的微分几何, 同时也在 1923 年以后引进对于李群整体性质的拓扑方法. 他的关于《欧几里得空间、仿射和射影联结》的文章与著作昭示了他在完全不同的领域里游刃有余, 同时又熟练地沿着蒙日和达布传统运用几何进行分析, 然后再反向行之. ②

现代意义的 "张量" 一词由哥廷根的物理学家和晶体学家沃伊特 (Woldemar Voigt) 于 1908 年引入, 我们因此可以进行所谓的矢量分析 (同时进行代数与微积分). 从哈密顿和格拉斯曼 19 世纪 30 年代和 40 年代工作中的思想出发, 吉布斯和赫维塞德在 19 世纪 80 年代将矢量分析发展成为工程人员和物理学家的一项工具. 到
19 世纪末, 从莱比锡的福波 (A. Föppl) 所著关于麦克斯韦理论一 [205]
书 (1894 年) 的德文开始, 这一概念之中的思想以及有关文字已经规范化. 吉布斯的思想由他的学生威尔逊 (E. B. Wilson) 在《矢量分析》(*Vector Analysis*, 1901 年) 进一步充实, 在这个领域里包括吉布斯的许多作者, 将矢量的概念扩展到其他有向量, 用诸如极向量和轴向量、并向量、仿射量、转子、张量等符号丰富了这一领域. 因为不同的国家记法有所不同, 结果又出现了大量的混淆, 1905 年以后, 狭义相对论将这些概念扩展到四维, 引入新记号以后混淆更加严重, 这种演算的理论基础也常有所缺失. 为此克莱因在 1908 年前后开始梳理 (以后又由斯豪滕在 1914 年继续), 提出在群论的基础上对有向量分类, 这才达到了嘉当曾以毫不张扬的独立方式达到的深入程度. 1912 年之后伴随着广义相对论的提出, 里奇的张量计算方法更有可能成为了解这一领域的总体方法, 其基础也会得到明确.③

① 见 E. Goursat, *Leçons sur le problème de Pfaff* (1922).

② 例如可见 E. Cartan, *Leçons sur les invariants intégraux* (1922); *Leçons sur la théorie des espaces à connexion projective* (1937). 他与爱因斯坦在 1929 年至 1932 年关于 "远平行性" (或称 "绝对平行性") 的通信于 1979 年由普林斯顿大学出版社出版.

③ 经典理论中不变量和共变量的关系见 R. Weitzenböck, *Invariantentheorie* (1923); O. Veblen and J. H. C. Whitehead, *The Foundations of Differential Geometry* (1932) 开始确定拓扑学的基础.

九

这一时期还见证了传统数论的进一步扩展. 在解析数论中, 我们已经提到阿达马和德拉瓦莱普森关于素数分布的结论. 在哥廷根, 这一领域的代表人物是兰道 (Edmund Landau), 以其简洁、形似欧几里得的公式而著称, 读他的著作《素数分布论讲义》(*Handbuch der Lehre von der Verteilung der Primzahlen*, 1909 年) 即可窥见一斑. 此时还有将在以后介绍的英国的哈代和利特尔伍德 (J. E. Littlewood) 以及俄国的沃罗诺伊 (G. F. Voronoï). 沃罗诺伊对数的几何很有贡献, 这是闵可夫斯基在著作《数的几何》(*Geometrie der Zahlen*, 1896 年; 第二版, 1910 年) 介绍的新领域, 他在三元二次型方面的工作结果引出了凸体理论以及球体 (和其他形体) 的 "填装" 理论.

闵可夫斯基 (曾在 18 岁就因证明一个整数可以表示为 5 个整数的平方和而获得巴黎科学院的大奖, 1881 年) 在 1896 年至 1902 年间是苏黎世的教授, 然后就到哥廷根和他的朋友希尔伯特在一起, 任教直到 1909 年 45 岁去世. 闵可夫斯基非常着迷电动力学, 在科隆 (Cologne) 的演讲 "空间与时间" (Raum und Zeit, 1908 年) 令学术界震惊: 他将爱因斯坦的狭义相对论置于四维的 "闵可夫斯基空间", 并且大胆宣布: "从这一时刻开始, 空间与时间本身就会完全隐去, 只有二者的一种结合体独立存在."① 这个 "宣言" 开辟的道路不仅成就了爱因斯坦的广义相对论, 也鼓舞了纯数学的多方面研究.

十

[206] 1914—1918 年的世界大战干扰甚至毁坏了国际关系, 数学界也不能例外. 德国的数学家谴责法国的数学家 (不过希尔伯特拒绝这样做), 而法国的同事们则反唇相讥. 德国文化与英、法文化互不相让, 一些如沃尔泰拉这样的数学家充当了政府的顾问, 维布伦领

① "Von Stund an sollen Raum fur sich und Zeit für sich völlig zu Schatten herabsinken und nur noch eine Art Union der beiden soll Selbständigkeit bewahren".

导了一个研究弹道学的数学家小组, 在马里兰的阿伯丁 (Aberdeen) 建有基地. 不过直到第二次世界大战, 数学家才在军队里获得显著的位置, 而且以后更是日益增强. 国际数学教育委员会[①]于 1908 年在罗马大会上成立, 克莱因首任主席, 但委员会在 1914 年 4 月巴黎的一次促进会议[②] 后逐渐停摆. 前文已经提到过法语《百科全书》的命运.

战后第一届国际大会于 1920 年在斯特拉斯堡举行 (这是一个带有挑逗性的选择, 斯特拉斯堡刚刚重归法国所有), 没有包括战败国参加. 1924 年在多伦多 (Toronto) 召开的大会情况也是如此, 但是在博洛尼亚召开的由博洛尼亚的平凯莱 (S. Pincherle) 担任主席的 1928 年的大会则摒弃了这种歧视. 欧洲仍然是主体, 836 名代表中只有 52 人来自非欧国家的美国. 1919 年在布鲁塞尔 (Brussels) 成立的国际数学联盟才真正具有国际性, 到 1928 年, 苏联也有 37 位代表参加, 1932 年的苏黎世大会共有来自 40 个国家的 667 名代表, 其中有 66 名来自美国, 10 名来自苏联. 下一届国际大会于 1936 年在奥斯陆 (Oslo) 召开, 规模比前几届小一些 (487 人参会, 来自 27 个国家), 当时希特勒带来的世界危机正在加剧, 而再下一届国际大会直到 1950 年才召开.

数学此时也许仍然以欧洲的传统地区为中心, 但在美国和新成立的苏联也有迅速发展, 哈佛、普林斯顿、芝加哥、莫斯科和列宁格勒已经成为重要的中心. 随着法西斯主义的阴影退出德国和奥地利以及附近的地区 (特别是波兰), 集中在拓扑学和基础问题的数学强力学派已经在波兰构成, 在匈牙利和意大利也继续开展着充满活力的研究. 至此近代数学的成果也会来自加拿大、日本、澳大利亚和印度. 数学文章的发表总量稳步上升.

---

① 德语中常称为 IMUK. 1928 年博洛尼亚 (Bologna) 会议上恢复活动.

② 会议有来自 17 个国家 160 名代表出席, 参会者有卡斯泰尔诺沃 (Castelnuovo, 主席)、博雷尔、达布、奥卡涅和施特克尔 (Stäckel), 见 H. Fehr (Geneva), *Compte-Rendu*, 1914 年; 以及后续报告, R. C. Archibald (Providence, R.I.), 1918 年, 包括来自 18 个国家的报告.

专门领域期刊的发行量本身也在昭示着数学日益专门化.《基础数学》于 1920 年在波兰创刊, 专门关注拓扑学及其基础. 德文期刊 *ZAMM*(《应用数学与力学杂志》, *Zeitschrift für Angewandte Mathematik und Mechanik*) 于 1921 年问世. 各国还出现了专题论文丛刊: 法语的《数学科学备忘录》(*Mémorial des sciences mathématiques*)、德语的《精确科学成果》(*Ergebnisse der exakten Wissenschaften*) 和《基础》(*Grundlehren*, 德国斯普林格出版社 (Springer) 的 "黄皮书
[207] 系列")、波兰语的《数学专著》(*Monografie Matematyczne*). 在专门的课题上还举行了国际研讨会, 诸如在代尔夫特的应用数学与力学研讨会 (1924 年)、莫斯科的张量研讨会 (1934 年) 和拓扑学研讨会 (1935 年).

十一

在魏玛共和国时代, 哥廷根保持着自从克莱因 1886 年到来以后一直所拥有的领军地位. 希尔伯特即使在 1930 年正式退休以后都是那里数学界的元老, 其他的教研人员也很强: 数论有兰道, 微分方程和积分方程等几个分析领域有赫格洛茨 (Gustav Herglotz), 克莱因的继任库朗在狄利克雷原理之后又将克莱因和希尔伯特的思想运用到边界问题. 另外在 1931 年以后, 外尔作为希尔伯特的继任, 也从苏黎世来到这里. 外尔的视野和他的论文导师希尔伯特一样, 涵盖了几乎全部数学. 闵可夫斯基从 1902 年至他 1909 年早逝, 一直是这里的教研人员. 在哥廷根还有贝尔奈斯和诺特, 前者是希尔伯特试图重建数学基础的合作者, 后者是新代数的开创者. 而应用部门以普朗特 (Ludwig Prandtl, 空气动力学) 和龙格 (Carl Runge, 数值问题), 以及集合论中康托尔 – 伯恩斯坦等价定理中的伯恩斯坦为代表, 康托尔在 1921 年以后成为数理统计研究所的所长. 离此地不远是同样杰出的物理系, 玻恩 (Max Born) 领导的由年轻物理学家组成的小组已经跨入了量子力学的时代, 其中的两位年轻人就是海森伯 (Werner Heisenberg) 和泡利 (Wolfgang Pauli). 学生和

访问者们络绎不绝地涌向这块圣地, 课堂和演讲厅常常人满为患. 前面已经提到过的一本在这个浪潮中脱颖而出的书籍, 希尔伯特与库朗合著的《数学物理方法》(1924 年及以后), 恰逢新兴物理需要书中所论及的数学方法 (诸如边界问题) 的时刻进入人们的视线. (译者注: 此书分为三卷出版, 前两卷有中译本. 卷 I, 钱敏, 郭敦仁, 译, 科学出版社, 2011 年; 卷 II, 熊振翔, 杨应辰, 译, 科学出版社, 2012 年.)

希尔伯特在 1922 年正是 60 岁的年纪, 他 1896 年从哥尼斯堡应克莱因的邀请来到哥廷根. 希尔伯特早期的工作是在代数不变量和代数数论, 他向德国数学学会提交的《数论报告》几十年来一直举世无双. 以后在 1900 年前后研究几何基础, 1906 年前后研究变分法、狄利克雷原理以及将积分方程建立为一个专门领域. 经过对于数学物理公理的兴趣 (约 1913 年对于相对论), 最终在 1918 年之后, 他的工作转向数学基础 (形式主义学派). 他不仅建立了重要的理论领域, 还参与到一些特殊问题的求解, 例如华林问题以及三维空间中每一个负常曲率的曲面都有奇点等. 他在基础问题上的形式主义方法不应该使我们遗忘他在数学物理方面的热情关注. 通过发表的文章、为众的学生、著名的演讲, 他影响了整个数学世界, 同时在目标和严格、逻辑的手段上指明了方向. 希尔伯特于 1943 年逝世. 前面已经提到, 在他 1930 年退休之后的继承者是外尔. [208]

外尔曾经是希尔伯特的学生, 1913—1930 年任教苏黎世. 他追随希尔伯特研究积分方程和边界问题, 结合施图姆 – 刘维尔问题和希尔伯特空间的算子, 1913 年外尔发表了《黎曼曲面的概念》(*Idee der Riemannschen Fläche*). 以后他转向广义相对论, 发表了著名的《空间、时间、物质》(*Raum-Zeit-Materie*, 1918 年). 之后他又探索了许多领域, 特别是群论及其与量子物理的关系. 外尔在多部著作和文章中表述自己的思想, 一直持续到 1933 年以后在普林斯顿高等研究院任职. 前面已经提到的他所著《数学与自然科学之哲学》一书, 从历史的、哲学的角度详细地展示了他对数学及自然世界的理解.

我们曾经提到新代数思想的开拓者诺特, 她曾是 —— 至今也是 —— 数学史上最杰出的女数学家. 她的事业起步于埃尔朗根, 跟随戈丹研究代数形式 (这里是三元双二次) 的不变论;1915 年她在希尔伯特的邀请下来到哥廷根, 先和希尔伯特和克莱因一起用他们的公理组方法研究爱因斯坦的新理论, 不过诺特的主要目标是新的抽象代数学. 诺特因为遭受到各方面的偏见, 所获得的最高职位也不过是一名普通教授 (nichtbeamteter ausserordentlicher Professor).① 1928—1929 年, 她到莫斯科任教. 诺特以抽象方式把握问题核心的能力无人能及.

在其他的德国大学里也不乏强势的数学系. 在柏林有研究代数与群论的舒尔 (I. Schur) 和研究希尔伯特空间的 "施密特正交化方法" 的施密特 (Erhardt Schmidt); 1924 年以后在慕尼黑的团队里, 有柏林出生的希腊裔卡拉泰奥多里 (Constantin Carathéodory), 以在变分法、复映射和单值化上的研究而为人所知, 他还为欧拉全集编辑了欧拉讲述变分法的著作.

多数这些收获的时期在纳粹 1933 年上台以后就结束了, 其中哥廷根的情况尤为严重, 大量优秀人才流失, 或是愤而出走 (库朗、诺特、外尔), 或是遭到解聘 (兰道).

十二

法国数学因年轻人在战争中大批死伤而损失惨重, 但仍然出现了杰出的人物: 阿达马、弗雷歇、朱利安 (Gaston Julian)、莱维 (Paul Lévy)、博雷尔、嘉当, 他们的研究从抽象空间和函数到群论和概率. 巴黎仍然是学术的中心, 充满活力的物理研究以居里夫妇 (Curies) 和郎之万 (Paul Langevin) 为代表, 后者是德布罗意 (Louis de Broglie) 的论文导师 (1908 年). 他们的研究结果常常发表在期刊上, 诸如《科学和工业新闻》(*Actualités scientifiques et industrielles*, 1929 年及以后) 和前文提到过的《数学科学备忘录》.《新闻》和

① 这个属于阳性名词的职称不发工资, 她同时兼任另外一个讲课的工作 (Lehrauftrag) 获得菲薄的收入.

《庞加莱研究所年报》(*Annales of the Institut Henri Poincaré*, 1930 年以后) 都同时包括纯数学、纯物理和应用数学、应用物理的研究内容. 前辈科学家通过教育和大量发表文章, 鼓励了新一代人在 1940 年开创了布尔巴基学派 (Bourbaki enterprise). ① [209]

另一个中心在英国发展起来, 也具有自己独特的个性, 冲破了大不列颠长时期的偏狭. 这里同样也是在优秀的数学家周围有着更多优秀的物理学家: 从 1919 年起卢瑟福 (Ernest Rutherford) 就主持了卡文迪什实验室 (Cavendish Laboratory). 那里现代分析的代表人物是利特尔伍德和哈代. 哈代从学生时代的 1896 年直到 1942 年退休一直在三一学院 (Trinity College), 只有 1919 年到 1931 年在牛津 (Oxford) 十余年; 利特尔伍德从学生时代直到 1950 年退休都在剑桥 (从 1910 年起也是在三一学院), 中间只有 3 年在曼彻斯特 (Manchester). 哈代的《纯数学教程》(*A Course in Pure Mathematics*, 1908 年) 以一种严格的风格向英国介绍了分析学 (数、极限、函数) 当时的现代概念. 他的很多进一步的研究成果 —— 都是他在那本常被引用和争论的小书《一个数学家的辩白》(*A Mathematician's Apology*, 1940 年) (译者注: 此书有中译本, 李文林, 戴宗铎, 高嵘, 译, 大连理工大学出版社, 2009 年.)② 里推崇的 "纯" 数学 —— 是自 1911 年以后与利特尔伍德合作完成的, 其中有傅里叶级数的 "哈代 – 利特尔伍德定理" 、华林 – 哥德巴赫问题、丢番图逼近、素数定理. 发现印度马德拉斯 (Madras) 的数字理论天才拉马努金 (Srinivara Ramanujan) 被哈代称作是他人生中一段浪漫插曲, 哈代设法安排拉马努金在 1917—1919 年来到剑桥, 此后拉马努金回到印度, 于 1920年32岁去世. 两人合作做出不少成果, 特别是在数的分拆方面.

哈代曾是罗素的学生, 很多学者会因他们去剑桥访问, 其中就有与罗素合著《数学原理》的怀特黑德. 与哈代关系密切的同事有分析学家贝西科维奇 (A. E. Besikovitch) 和蒂奇马什 (E. C. Titchmarsh), 后者是著名的《函数论》(*Theory of Functions*, 1932 年)

① 见 C. Boyer, *History of Mathematics* (1968), pp. 674–676.

② 1967 年重印, 由斯诺 (C. P. Snow) 作序. 哈代已于 1947 年去世.

的作者. 在哈代的纯数学和卢瑟福的物理之间, 有一位名叫福勒 (R. H. Fowler) 的人, 他的学生之一就是狄拉克 (P. A. M. Dirac), 狄拉克和利特尔伍德都曾协助福勒编纂那本标准的《统计力学》(*Statistical Mechanics*, 1929 年).

大批的学生和访问者受这些人物的吸引来到剑桥, 特别是三一学院. 随着哈代从牛津返回, 又有许多数学家来到剑桥, 其中很多人是法西斯主义或革命的难民, 使得剑桥取代哥廷根成为数学史上一个重要中心.

从 1912 年至 1946 年都在爱丁堡 (Edinburgh) 的惠特克 (Edmund T. Whittaker) 是一位数学物理学家 (也是一位天主教哲学家), 几代学生拜他所赐读到精彩的 "惠特克 – 沃森"《现代分析学》(*Modern Analysis*, 1915 年), 就是他与当年在剑桥的沃森 (G. N. Watson) 合著的. 该书详尽地阐述了主要的超越复函数, 并配有习题, 有些还很有难度, 就像哈代和蒂奇马什的书一样. 这项英国传统来自剑桥长期的学位考试 (Tripos), 很强调解决问题的技巧, 只是这个传统慢慢被人们丢弃了.

剑桥培养的杨 (William Henry Young) 身兼数个学术头衔, 其中
[210] 之一是在加尔各答 (1913—1916 年). 他在 1902 年前后独立地将法国的勒贝格与贝尔学派介绍到英国, 并研究了傅里叶级数和其他分析领域. 这些工作是和他的妻子格雷斯 · 杨 (Grace Chisholm Young) 一起合作的,① 格雷斯曾和克莱因合写过从群论的观点研究球面三角学的论文 (1895 年). 杨夫妇是劳伦斯 · 杨 (Laurence Young) 的父母, 通过劳伦斯的笔墨, 我们对哈代 – 利特尔伍德时代的剑桥更增加了一种非常个人化的了解, 就像里德 (Constance Reid) 所描述的哥廷根的氛围.②

---

① *Theory of Sets of Points* (1906 年).

② L. Young, *Mathematicians and Their Times* (Amsterdam, etc., 1981); C. Reid, *Hilbert* (New York, 1970); *Courant in Göttingen and New York* (New York, 1976). 杨早期的一位老师阿博特校长 (Edwin A. Abbott) 写过一本对于二维世界奇思妙想的书《平面图》(1884 年), 曾经广受人们喜爱, 特别是当时正值 20 世纪 20 年代和 30 年代因爱因斯坦的理论广泛流行, 闵可夫斯基和爱因斯坦引进的四维空间正在大受关注.

十三

1917 年的十月革命对于俄国科学的发展有着强烈的影响, 数学也不能置身其外. 以罗巴切夫斯基、奥斯特罗格拉茨基 (M. V. Ostrogradskiĭ), 特别是切比雪夫这些圣彼得堡数学学派的奠基人为基础, 后继有人又培养出马尔科夫 (A. A. Markov)、李雅普诺夫 (A. M. Ljapunov), 俄国数学已经具有深厚的传统. 切比雪夫在圣彼得堡活跃的时期是从 1847 年至 1894 年去世, 他对多个领域都有贡献, 从数论 (素数定理)、近似问题、积分法、微分几何直到运动学和概率, 对于纯数学和应用数学之间的关系有着敏锐的意识. 在概率方面, 他强调尖锐的定义, 从而导致马尔科夫 (1886—1905 年圣彼得堡教授, 至 1922 年功勋教授) 提出并研究随机变量的 "马尔科夫链" (1906 年及以后). 这些链在统计物理学、遗传学、经济学都显示出重要性, 它们的理论基础又经科尔莫戈罗夫 (A. N. Kolmogorov) 加以强化. ①

李雅普诺夫的研究是在拉普拉斯这条线上, 既有对于概率论的贡献, 也有对于天体力学的工作, 前者是他推广了中心极限定理 (1900—1901 年).

谈到圣彼得堡学院, 还不能忘记沃罗诺伊 (Voronoi), 1894 年以后他在华沙 (Warsaw, 当时在俄国统治之下) 做教授, 他在数论方面的研究值得一提.

十月革命以后, 莫斯科成为苏联首都, 莫斯科数学学派就此发展起来, 所受的多方面影响主要来自卢津 (Luzin). 卢津是叶戈罗夫 (D. T. Egorov) 的学生, 因可测函数定理 (1911 年) 而为人所知. 卢津去过哥廷根和巴黎 (1901 年, 1910 年), 从 1914 年直到 1953 年去世都在莫斯科任教. 他是最早将测量理论应用到实函数的数学家之一, 而且还特别研究了三角级数. 他通过讲座以及授课和教材培养了整整一代在分析、积分和集合论等多个领域的年轻人. 谢尔

① 对于这一段时间马尔科夫链的发展, 参见 M. Fréchet, *Recherches théoriques modernes sur le calcul des probabilités* (Paris, 1934).

[211] 品斯基 (Sierpiński) 是一位对于波兰很重要的数学家, 就像卢津对于莫斯科, 他曾与卢津保持着紧密联系.

深受卢津影响的年轻人有亚历山德罗夫 (Paul S. Aleksandrov)、辛钦 (A. Ja. Hinčin 或 Khintchin)、乌雷松 (P. S. Urysohn)、科尔莫戈罗夫、柳斯捷尔尼克 (P. A. Ljusternik)、庞特里亚金 (L. S. Pontrjagin). 亚历山德罗夫与庞特里亚金和乌雷松 (后者在 1924 年 26 岁时游水溺毙) 一起建立了莫斯科拓扑学派, 并与西方 (哥廷根、布劳威尔、豪斯多夫) 保持着稳定的联系. 这些年轻人中有几位追随卢津研究函数论, 整个这一领域里的典型做法是将关注点投放在理论与在力学、物理和工业应用的联系上, 苏联政府鼓励发展工业. 对概率论的研究仍颇具活力, 人们熟知的理论成果之一是建立在科尔莫戈罗夫公理学基础上的集合理论的《概率论基础》(*Grundbegriffe der Wahrscheinlichkeitsrechnung*, 1934 年).

维诺格拉多夫 (I. M. Vinogradov) 是一位领军的算术家, 他先是在列宁格勒, 1934 年以后在莫斯科. 沃罗诺伊对他的影响有些像哈代与利特尔伍德, 因此他所做的许多贡献都涉及数的位置理论、华林 (Waring) 问题和哥德巴赫 (Goldbach) 问题, 这种联系使我们想到希尔伯特第 8 问题.

几何以卡甘 (V. F. Kagan) 为代表, 他开始在敖德萨 (Odessa), 1922 年以后在莫斯科. 他早期本着希尔伯特的精神研究几何基础, 但在莫斯科他致力于微分几何和张量分析, 曾就这个题目做过一次世界闻名的演讲, 相关文章在 1933 年及以后陆续发表. 此时他已经是罗巴切夫斯基几何的权威.

乌克兰重要的大学之一是哈可夫 (Harkov 或 Kharkov), 伯恩斯坦 (Serge Bernstein) 从 1907 年到 1933 年在那里执教. 在这之后他去了圣彼得堡, 1943 年又去了莫斯科. 伯恩斯坦曾在巴黎和哥廷根学习, 论文写于巴黎 (1904 年). 在他以后的文章中, 可以看到切比雪夫 (逼近、概率) 和魏尔斯特拉斯两人的影响, 而且我们再次看到人们对于应用数学问题 (生物) 的深切关注.

波兰在 1919 年成为一个独立的国家, 我们已经看到早在 1911

年谢尔品斯基就为波兰技术学派打下了基础, 出版了《基础数学》, 这是第一份专门讨论单一课题领域的刊物. 在谢尔品斯基的学生中, 有库拉托夫斯基 (K. Kuratowski) 和塔斯基 (Alfred Tarski), 后者是一位著名的逻辑学家, 后来去了加州伯克利.① 另一个学派在利沃夫 (Lwów, 当时属于波兰) 的巴拿赫和卢布林 (Lublin) 的施坦豪斯 (Hugo Steinhaus) 领导下发展起来, 在这个学派里, 巴拿赫对函数分析做出了巨大的贡献, 使其从一项因沃尔泰拉和希尔伯特而比较独特的研究方向发展成为一门综合领域. 巴拿赫的这一贡献与他引入赋范线性空间的概念密切相关, 其中完全赋范的空间就以他的名字命名 (1922 年及以后). 施坦豪斯更多地关注应用方面, 从概率到生物和工程. 他的一部《数学万花筒》(*Mathematical* [212]
Snapshots) 是直观数学的典范, 使他赢得很多人的喜爱.② 巴拿赫和施坦豪斯于 1929 年创办了期刊《数学研究》(*Studia Mathematica*).

1939—1945 年的纳粹占领严重影响了波兰数学, 许多未能逃离的数学家惨遭杀害. 巴拿赫和施坦豪斯设法躲过了这一劫, 不过巴拿赫在二战后几个月就去世了.

十四

在布里尔 (A. Brill) 和德国的诺特的培育下, 意大利的几何传统非常强盛, 特别是代数几何. 除了塞格雷以外, 还要提到卡斯泰尔诺沃 (Castelnuovo)、塞韦里 (Francesco Severi) 和恩里克斯 (Federigo Enriques) 发表的文章和教学活动. 他们的许多成果都可以通过塞韦里的几部著作加以研读, 特别是德文版的《代数几何基础》(*Vorlesungen über algebraische Geometrie*, 1921 年). 这部书以及

① K. Kuratowski, *A Half Century of Polish Mathematics: Remembrances and Reflections* (Oxford and Warsaw, 1980).

② 晶体学以及对于数学美学价值的考虑, 也都涉及直观数学. 美国插图画家 Jay Hambidge 所作的 *The Elements of Dynamic Symmetry*(1926 年, 1967 年 Dover 重印) 是一部很有影响的著作. 另见 Hermann Weyl 的 *Symmetry*(1952 年) 及前面提到过的 G. D. Birkhoffs 的 *Aesthetic Measure* (1933 年, 1961 年再版) 和 A. Speiser 的 *Theorie der Gruppen von endlicher Ordnung* (Berlin, 1923 年; 第四版. Basel, 1956 年), 这些书都有很有意思的插图.

以后的研究涉及高维空间的代数曲线和变量、黎曼曲面和阿贝尔积分. 恩里克斯就像德国的克莱因, 也深切地关注着教育问题, 他所著《科学问题和逻辑》(*Problèmes de la science et la logique*, 1909 年) 和《科学思想史》(*Storia del pensiero scientifico*, 1932 年, 与德桑蒂拉纳 (Giorgio de Santillana) 合著, 后者此后在麻省理工学院教书) 都显示了恩里克斯对于科学哲学的关注, 他站在现实主义的立场, 反对流行的实证 – 理想主义的潮流.

这些人最后都聚拢到罗马, 吸引了许多学生和访问者, 特别是在沃尔泰拉和列维 – 齐维塔都居住在那里 (沃尔泰拉是自 1900 年, 列维 – 齐维塔是自 1918 年) 以后. 列维 – 齐维塔在张量之外的领域也很活跃, 对力学 (三体问题)、流体力学 (运河波浪) 和相对论都有贡献, 他和嘉当都与爱因斯坦常有信件往来, 而且随时会向年轻人提供亲切的帮助.

逐渐地, 法西斯主义在德国以外也兴盛起来, 意大利深受危害. 沃尔泰拉和列维 – 齐维塔失去了教师的职位, 其他人出走国外, 其中有物理学家费米 (Enrico Fermi).

荷兰进入现代资本主义世界带来了艺术和科学的复兴, 其中包括物理学 (代表人物有范 · 德 · 瓦耳斯 (J. D. van der Waals) 和洛伦兹)、天文学 (代表人物有卡普坦 (J. C. Kapteyn)) 和数学. 洛伦兹的电子理论诞生于 1909 年, 当时的领军数学家是阿姆斯特丹 (Amsterdam) 的科尔泰沃赫 (D. J. Korteweg)、莱顿 (Leiden) 的克鲁维 (J. C. Kluyver) 和格罗宁根的斯豪特. 科尔泰沃赫的主要贡献是在力学和流体动力学, 在这个领域还留下了 KdV 方程. 克鲁维
[213] 的论文主要本着沙勒和埃尔米特的精神, 我们也已经看到斯豪特对于多面体场的贡献. 科尔泰沃赫是布劳威尔的论文导师,[①] 也是《惠更斯全集》(*Oeuvres of Huygens*) 的编辑. 布劳威尔也受到曼诺利 (G. Mannoury) 这位自学成才的数学家影响, 曼诺利为荷兰引进了拓扑学和基础研究, 也是一门称为符号意义 (significa) 的语义

① 前面第五节已经提到布劳威尔的论文, 是科尔泰沃赫建议他删去大部分原来全文充斥着的 "哲学", 见 W. P. van Stigt, *HM* Vol. 6 (1979), pp. 385–404.

学的创建人. 比较年轻的一代人包括以张量闻名的斯豪滕 (J. A. Schouten), 他吸引了许多学生, 他的助手中有一位丹济赫 (D. van Dantzig), 在不少领域里都很活跃, 从射影微分几何学和拓扑学到后来进行的数理统计. [①]范德瓦尔登是阿姆斯特丹大学的毕业生 (论文:1926 年), 弗赖登塔尔 (Hans Freudenthal) 在纳粹时期来到荷兰, 并且从 1946 年起就一直在乌得勒支 (Utrecht).

谈到匈牙利时我们要提到塞格德的里斯 (1946 年以后在布达佩斯), 他的贡献在泛函分析和研究希尔伯特空间的线性算子 (我们曾经提到里斯 – 菲舍尔定理). 还有费耶 (Lipot Fejér), 从 1911 年直到 1959 年在布达佩斯去世 (中间有过短暂的干扰), 他的研究工作主要是在调和分析. 维也纳 (Vienna) 的哈恩 (Hans Hahn) 主要也是一位分析学家, 研究实函数和抽象空间.

哈恩的兴趣在于数学的哲学, 曾为施利克 (Moritz Schlick) 去维也纳出过力. 在 1922 年以后的年代里, 施利克周围形成维也纳学派, 汇聚了数位数学家和其他一些对在世界上以 "不形而上学" 的科学构建前景颇感兴趣的科学家. 数学家哈恩、哥德尔 (曾经师从哈恩) 以及卡纳普 (Rudolf Carnap) 都是这个 "逻辑实证主义者" 学派的成员. 特别有影响的是维特根斯坦 (Ludwig Wittgenstein). 卡纳普是《语言的逻辑句法》(*Die logische Syntax der Sprache*, 1934 年) 的作者, 维特根斯坦是《逻辑哲学导论》(*Tractatus logico-philosophicus*, 1922 年) 的作者, 每个人都试图以自己的方式为沟通语义学、数学逻辑和科学查询基础建设一条通路. 随着法西斯主义的兴起, 维也纳学派被迫解散, 有几位成员在国外得到富有影响力的职位. 卡纳普去了芝加哥, 哥德尔去了普林斯顿, 维特根斯坦去了英国剑桥.[②]

在斯堪的纳维亚 (Scandinavia), 挪威有斯科伦 (T. A. Skolem), 斯德哥尔摩有卡莱曼 (T. Carleman), 还有玻尔 (Harald Bohr, 拟周

① 见 *Two Decades of Mathematics in the Netherlands*, 1920—1940, E. M. J. Bertin, H. J. M. Bos, and A. W. Grootendorst, Eds. (2 parts; Amsterdam, 1970). 又见后面 "文献" 部分 Van der Corput 的文章.

② 这种探索中的理想主义面临了很多批评, 例如见 M. Cornforth, *Marxism and the Linguistic Philosophy* (New York, 1965). Cornforth 是 1930 年前后在剑桥追随维特根斯坦的学生之一.

期函数) 在哥本哈根 (Copenhagen). 在瑞士 (Switzerland) 赫尔维茨 (Hurwitz) 和闵可夫斯基在巴塞尔 (闵可夫斯基在的时间是 1896—1902 年). 1911 年, 划时代的《欧拉全集》在瑞士自然科学基金会的组织下面世.

日本在这些年间进入了数学的现代时期. 其中要提到代数学家高木贞治 (Tejii Takagi) 和他的几位学生 (阿贝尔域, 与希尔伯特第 12 问题相关), 河口商次 (A. Kawaguchi) 及其追随者发展了微分几何和张量. 在印度、加拿大、捷克斯拉伐克 (Czechoslovakia) 也开始形成新的数学学派.

十五

[214] 数学在美国提升到世界水平得益于 19 世纪 80 年代到欧洲、特别是在德国学习的一批人. 他们中间有 E. H. 莫尔, 他在芝加哥建立了自己的学派, 还有奥斯古德 (William F. Osgood) 和博歇 (Maxime Bôcher) 都在哈佛多年 (分别是 1890—1933 年和 1891—1918 年). 奥斯古德所著的《函数论教程》(*Lehrbuch der Funktionentheorie*, 1907 年) 因叙述精确很长时间都是一部标准教材.

年轻的一代包括在哈佛的伯克霍夫和在普林斯顿的维布伦 (分别是 1912—1944 年和 1905—1960 年), 维布伦从 1932—1950 年一直在当时刚刚成立的普林斯顿高等研究院. ①伯克霍夫在 1913 年成功地证明了庞加莱限制性三体问题的"最后定理"之后, 沿着庞加莱的思路继续充实进度量可递性的概念, 并在 1931 年以后又加进遍历定理. 他关注的视角覆盖多个方向, 包括他的引力理论 (1944 年, 赞同爱因斯坦的狭义相对论, 但不赞同广义相对论), 我们曾经提到他的《美学标准》(*Aesthetic Measure*, 1933 年, 图文并茂) 一

① 一所私人捐资的纯研究机构, 根据教育家、学者弗莱克斯纳 (Abraham Flexner) 在他批判性的《现代大学论 —— 美英德大学研究》(*Universities, American, British, German*, 1930 年) 一书中提出的理念而建. 研究院中数学学院成立最早, 早期成员包括维布伦、冯 · 诺伊曼 (John von Neumann) 和莫尔斯 (Marston Morse), 此外还有爱因斯坦、外尔和其他一些来自纳粹占领国家的科学家.

书.①其子加维特 · 伯克霍夫 (Garrett Birkhoff) 在 20 世纪 40 年代从布尔代数 (布尔格) 开始了自己的研究工作.

维布伦开始于公理学, 与杨 (John W. Young) 合著、1911 年在达特茅斯 (Dartmouth) 开始动笔的两卷本《射影几何学》(*Projective Geometry*, 1912 年、1918 年) 为此打下印记.② 他的一本《位置分析》(*Analysis Situs*, 1922 年) 为众多数学家开辟了一条新路, 并产生了普林斯顿拓扑学派. 从研究组合拓扑学开始, 这个学派经过亚历山大和莱夫谢茨的工作, 转而关注代数拓扑和同调代数 (后来莱夫谢茨又将其介绍到墨西哥). 维布伦又与怀特黑德 (J. H. C. Whitehead) 合著了《微分几何基础》(*The Foundations of Differential Geometry*, 1932 年).

这一时期的美国数学, 还有老一代迪克森对有限群的研究及其影响深远的三卷本《数论的历史》(*History of the Theory of Numbers*, 1919—1923 年)、冯 · 诺伊曼的早期工作以及维纳的工作. 冯 · 诺伊曼在匈牙利出生, 后到哥廷根担任教职, 于 1930 年来到普林斯顿, 他当时的研究是在群论和希尔伯特空间、算符和遍历定理, 对希尔伯特第 5 问题有基础性的贡献, 他还对量子力学和量子热力学中的数学有所贡献. 维纳早期研究逻辑, 以后就全神贯注在布朗
运动和涉及陶伯定理的广义调和分析,③继而研究转向创立控制论 [215]
(1948 年). 维纳从 1919 年起直到 1964 年去世, 一直在 MIT 任教.④

这个时期的其他数学家还包括莫尔斯, 他继续伯克霍夫父子在拓扑学和变分法方面的工作; 还有斯通 (Marshall H. Stone), 研究

---

① 这个内容可见文献 W. L. Schaaf, *Amer. Math. Monthly*, Vol. 55 (1951), pp. 157–177.

② 不要将美国几何学家 John W. 杨 (1879—1932 年) 与前面提到的英国分析学家 William H. 杨 (1863—1942 年) 混淆. 还有一位英国牧师阿尔弗雷德 · 杨 (Alfred Young, 1873—1940 年), 曾本着戈丹和弗罗贝尼乌斯的精神, 与他在剑桥的学生 J. H. Grace 合著了 *Algebra of Invariants* (1903 年).

③ 陶伯 (Alfred Tauber, 1866—1942 年) 在维也纳发表了级数研究中的一些积分条件, 哈代和利特尔伍德使用后命名为陶伯定理.

④ MIT 即麻省理工学院 (The Massachusetts Institute of Technology), 当时以维纳以及布什 (Vannevar Bush) 等人的工作为代表的数学家、物理学家和电子工程师的合作, 产生了计算机的雏形.

的是希尔伯特空间的线性算符和布尔代数.

因为纳粹时期欧洲大批精英的移民, 数学在美国获得长足推进, 前面已经提到一些人, 诸如爱因斯坦、外尔、诺特, 其他人还有阿廷、库朗、波利亚、拉德马赫 (H. Rademacher)、胡雷维奇 (V. Hurewicz)、诺伊格鲍尔 (O. Neugebauer)、韦伊 (André Weil) 和米泽斯 (R. von Mises). 塔马金此时已经离开俄国来到布朗大学 (Brown University).①

十六

第二次世界大战以后, 人们迎来了电子计算机的伟大时代. 计算机的史前时代悠久漫长, 一直可以追溯到开普勒的朋友席卡德 (Wilhelm Schickard, 曾在 1623—1624 年制造了世界上第一台现代机械计算机工作模型, 建议开普勒使用)、帕斯卡和莱布尼茨. 1808 年, 机织工匠雅卡尔 (Joseph Marie Jacquard) 发明了一种用打洞卡片控制拉花机的方法, 巴比奇 (Charles Babbage) 在他的 "分析机" 上借用了这一思路 (1833 年), 巴比奇在这项工作中曾得到拜伦 (Byron) 的女儿罗夫莱斯女士 (Lady Ann Lovelace) 的帮助. 这台一直未完成的机器却蕴含着现代计算机的许多基本思想: 它能够 "储存", 有执行计算的 "工厂" 以及控制部分. 然而虽然计算机的运作完全是机械性的, 却只有当代的电子技术才能使其付诸实行.

1884 年到 1890 年之间, 一位参与美国 1890 年人口普查的统计学家霍尔瑞斯 (Herman Hollerith) 开发了一种运行打孔卡的机械系统, 一人一卡, 每一个孔的位置代表一条项目 (职业、年龄等). 1934 年, 德国人楚泽 (Konrad Zuse) 采用莱布尼茨二进制的思想改善了这个系统.

MIT 的布什 (Vannevar Bush) 与维纳 (Norbert Wiener) 合作, 也独立地在 1939 年建造出一台模拟计算机, 用于计算某些积分和求

① 详见 G. Birkhoff, "Some Leaders in American Mathematics", in *The Bicentennial Tribute to American Mathematics*, 1776—1976, D. Tarwater, Ed. (Math. Assoc. of Amer., 1977), pp. 25–78.

解某些类型的微分方程. 1936 年在普林斯顿, 年轻的英国人图灵 (Alan M. Turing) 描述了 "图灵机", 这种设想出来可以进行逻辑运算的抽象模型可以用于处理诸如希尔伯特决策那样的问题. 1945 年以后在英国曼彻斯特, 图灵将他的想法付诸构造一台实际的计算机. 当时正在 MIT 的香农 (Claude E. Shannon) 也在他的信息理论的逻辑设计上迈出了更多的步伐.

由艾肯 (Howard H. Aiken) 从 1937 年就开始在哈佛研发, 并且 [216]
得到 IBM(International Business Machines Corporation, 国际商业机器公司) 的帮助而建造的马克 I (Mark I) 开创了工作计算机的新时代, 大工业也开始对计算机发生兴趣. 马克 I 已经具备现代技术与财力的所有优越性, 尽管含有磁性设备, 但还是以机械为主. 随之而来的改进更加迅速, 马克 II(Mark II, 1945—1947 年) 可以完成所有由电磁继电器进行的算术操作和传递操作. 第一台电子计算机 ENIAC 于 1946 年在费城的宾夕法尼亚大学诞生. 所有这些当时还只是大学的研究工作, 但是到了 20 世纪 50 年代, 计算机已能参与商业应用, 计算机时代正式开始.

参考文献

已经提到的 C. Boyer, M. Kline, N. Bourbaki 和 H. Wussing 的著述以及本书俄译本 I. B. Pogrebysskiĭ 的附录 (德译本也有收录) 中都有全面概述的内容. 更多内容可见:

Dubbey, J. M. *Development of Modern Mathematics.* New York, 1970.

Freudenthal, H. "The Implicit Philosophy of Mathematics Today". In *Contemporary Philosophy, a Survey*, R. Klibansky, ed. Florence, 1968, pp. 342–368.

Prasad, G. *Mathematical Research in the Last Twenty Years.* Berlin, 1923. Weyl, H. "A Half Century of Mathematics". *Amer. Math. Monthly*, Vol. 58 (1951), pp. 523–583.

专门的话题, 除了查阅科学家传记大辞典中传记与评论、

Meschkowski 的 *Lexikon*, 以及文中提到的 Black, Birkhoff, Kuratowski, Bertin 和 Young 的书目, 其他则选自以下著述:

Benacerraf, P., and Putnam, H. *Philosophy of Mathematics: Selected Readings.* Englewood Cliffs, N.J., 1964. (Carnap, von Neumann, Bernays, Gödel, Wittgenstein 等人的文章.)

Bockstael, P *Het Intuitionisme bÿ de Franse Wiskundigen.* Verh. Kon. Vlaamse Acad. Wet., 11 (1949), No. 32.

Bott, R. "Marston Morse and His Mathematical Works". *Bull. Amer. Math. Soc. (New Ser.)*, Vol. 3 (1980), pp. 907–950.

Cahiers du séminaire d'histoire des mathématiques (1980 — 现在). (很多关于当代课题和作者的文章).

van Dalen, D. and Monna, A. F. *Sets and Integration. An Outline of the Development.* Groningen, 1973.

Dieudonné, J. *Cours de géométrie algebrique I.* Paris, 1974. (关于这门学科 1950 年以后的历史.)

——. *History of Functional Analysis.* Amsterdam, 1981. (译者注: 此书有中译本,《泛函分析史》, 曲安京, 译, 高等教育出版社, 2016 年.)

Felix, L. *The Modern Aspect of Mathematics.*

Goldstine, H. H. *The Computer from Pascal to von Neumann.* Princeton, N. J., 1970.

Grattan-Guinness, I. "On the Development of Logic Between the Two World Wars". *Amer. Math. Monthly*, Vol. 88 (1981), pp. 495–529.

[217] Hawkins, J. *Lebesgue's Theory of Integration.* Madison, Wis., 1970.

Heins, S. J. *John von Neumann and Norbert Wiener.* Cambridge, Mass., 1980.

Le Lionnais, F. *Les grands courants de la pensée mathématique.* Paris, 1948; 2nd ed. augmentée, 1962. (一组 Borel, Fréchet, Denjoy, Weil 等人的文章.)

On Luzin: *Uspekhi Matem. Nauk*, Vols. 6 (1951), 7 (1952), and 8

(1953).

Kennedy, H. *Life and Work of Giuseppe Peano.* Dordrecht and Boston, 1980.

Emmy Noether: A Tribute to Her Life and Work, J. W. Brewer and M. K. Smith, Eds. New York and Basel, 1981.

Reid, C. *Hilbert.* Berlin, etc., 1970.

——. *Courant in Göttingen and New York.* New York, 1976.

Resnik, M. D. *Frege and the Philosophy of Mathematics.* Ithaca and London, 1980.

Van der Corput, J. G. "Wiskunde". In *Geestelijk Nederland* 1920—1940, K. E Proost and J. Romein, Eds. Amsterdam and Antwerp, [1947?], pp. 255–291. 另见 *The Development of Science in the Netherlands During the Last Half Century.* Leiden, 1930, pp. 44–51.

On Volterra: *Rendiconti Semin. Mat. e Fis. Milano,* Vol. 17 (1946), pp. 6–61.

Weil, A. "L'avenir des mathématiques". In Le Lionnais, 同上, pp. 307–320.

On N. Wiener: *Bull. Amer. Math. Soc.,* Vol. 72, No. 1, Part II, 1966 (145 pp.).

索引

(索引页码为原著页码, 见本书边栏)

译后记

记得小时候和母亲一起收拾书架, 发现有好几册相同的小书. 我不禁要问为什么这书有这么多本, 母亲笑道: “你看看这本书是谁写的, 再看看书中的前言是谁写的?” 我一看才知道这是母亲关娴所译、舅舅关肇直为中文版作序、斯特罗伊克博士所著的《数学简史》第一版. 由此我也才知道母亲曾有一部译作问世.

一年初冬的一天, 一位名叫林开亮的数学博士生来到我家, 问我是否愿意翻译《数学简史》的第四版, 他告诉我, 之所以找我, 就是因为我母亲曾译过此书. 我欣然接受了, 因为我知道, 母亲为我付出了很多, 以致耽误了她自己的事业发展. 记得有一次在我的床前, 母亲曾提议我们两人一起翻译一本计算机编程语言的教科书, 她挑选了我们共同熟悉的内容. 但是, 这项工作只做了几页就搁浅了, 因为照顾我的劳作实在是太辛苦了.

我衷心感谢林开亮博士. 翻译此书本是他自己的选题, 但又满腔热情地接受了出版社的安排. 他一遍又一遍地帮我修改每一章节, 甚至还帮我打字、与出版社沟通. 就是我手中的原书也是他的同学吴帆从国外买来送我的. 可以说, 这本书的完成, 有他一半的功劳.

我弟妹司马玉帮我找到了原书的电子版, 我的翻译工作基本上借此完成.

此外感谢出版社的吴晓丽编辑, 她做了大量后期工作.

当然, 我们都要感谢斯特罗伊克博士, 没有他的精彩写作, 就没有我所说的一切. 遗憾的是, 他老人家已于 2000 年逝世, 享年 106 岁.

胡滨

2018 年 1月

《数学概览》(Panorama of Mathematics)

(主编: 严加安　季理真)

9 787040 351675
1. Klein 数学讲座 (2013)
(F. 克莱因　著/陈光还、徐佩　译)

9 787040 351828
2. Littlewood数学随笔集 (2014)
(J. E. 李特尔伍德　著, B. 博罗巴斯　编/李培廉　译)

9 787040 339956
3. 直观几何 (上册) (2013)
(D. 希尔伯特, S. 康福森　著/王联芳　译, 江泽涵　校)

9 787040 339949
4. 直观几何 (下册)　附亚历山德罗夫的《拓扑学基本概念》(2013)
(D. 希尔伯特, S. 康福森　著/王联芳、齐民友　译)

9 787040 367591
5. 惠更斯与巴罗, 牛顿与胡克:
数学分析与突变理论的起步, 从渐伸线到准晶体 (2013)
(B. И. 阿诺尔德　著/李培廉　译)

9 787040 351750
6. 生命 · 艺术 · 几何 (2014)
(M. 吉卡　著/盛立人　译, 张小萍、刘建元　校)

9 787040 378207
7. 关于概率的哲学随笔 (2013)
(P.-S. 拉普拉斯　著/龚光鲁、钱敏平　译)

9 787040 393606
8. 代数基本概念 (2014)
(I. R. 沙法列维奇　著/李福安　译)

9 787040 416756
9. 圆与球 (2015)
(W. 布拉施克　著/苏步青　译)

9 787040 432374
10.1. 数学的世界 I (2015)
(J. R. 纽曼　编/王善平、李璐　译)

9 787040 446401
10.2. 数学的世界 II (2016)
(J. R. 纽曼　编/李文林　等译)

9 787040 436990
10.3. 数学的世界 III (2015)
(J. R. 纽曼　编/王耀东、李文林、袁向东、冯绪宁　译)

9 787040 498011
10.4. 数学的世界 IV (2018)
(J. R. 纽曼　编/王作勤、陈光还　译)

9 787040 493641
10.5. 数学的世界 V (2018)
(J. R. 纽曼　编/李培廉　译)

9 787040 499698
10.6 数学的世界 VI (2018)
(J. R. 纽曼　编/涂泓　译, 冯承天　译校)

9 787040 450705
11. 对称的观念在 19 世纪的演变: Klein 和 Lie (2016)
(I. M. 亚格洛姆　著/赵振江　译)

9 787040 454949
12. 泛函分析史 (2016)
(J. 迪厄多内　著/曲安京、李亚亚　等译)

9 787040 467468
13. Milnor 眼中的数学和数学家 (2017)
(J. 米尔诺　著/赵学志、熊金城　译)

9 787040 502367
14. 数学简史 (第四版) (2018)
(D. J. 斯特罗伊克　著/胡滨　译)

9 787040 477764
15. 数学欣赏: 论数与形 (2017)
(H. 拉德马赫, O. 特普利茨　著/左平　译)

9 787040 488074
16. 数学杂谈 (2018)
(高木贞治　著/高明芝　译)

9 787040 499292
17. Langlands 纲领和他的数学世界
(R. 朗兰兹　著/季理真　选文/黎景辉　等译)